制御工学入門

Introduction to Control Engineering

村 松 鋭 一

養 賢 堂

はじめに

パソコンのハードディスク，エアコン，自動車など，身の回りで制御が働いている機器は数多くある．さらに大規模なシステムを考えてみると，工場の製造ライン，電車，航空機や人工衛星などがあり，高精度な動作や安全性の確保のため制御は重要な役割を果たしている．それらの制御システムの解析・設計法の基礎を教えてくれる制御工学は，機械，電気，鉄鋼，化学，医療・福祉など，あらゆる産業分野で必要とされている．

制御工学が持つこのような分野横断的な性格は，大学・高専のカリキュラムからも見てとれる．機械系，電気系，情報系など，さまざまな学科において制御工学の授業が行われており，筆者が所属する応用生命システム工学科においても，ロボット制御の基礎として，あるいは生体や生命現象のダイナミクスを解明するための基礎として制御工学は重要な科目として位置づけられている．

筆者が山形大学に着任後にこれらを授業を担当することになったとき，授業に適した教科書を探した．制御理論の研究でご活躍されている先輩方が書かれた良書は数多いが，担当する授業にちょうど適した教科書となると，見つけ出すのがなかなか難しかった．制御理論の主要な定理が網羅され，それぞれに厳密な証明が記された本は，制御を研究するためには必須の書であるが，制御工学を初めて学ぶ学部生が1学期の授業で使うには消化不良となってしまいそうである．そんな危惧から筆者はプリントを自作し授業で配布することにした．制御工学の習得に必須と思われることを選び出し，それらをできるだけわかりやすい文章で解説するよう心がけながら執筆した．そのプリントが本書の素となっている．

作成したプリント原稿は，毎回の授業前に数ページずつ印刷して学生に配布していた．と同時に，意欲のある学生が予習できるように，PDF ファイルを筆者のウェブサイトに掲載しダウンロードできるようにもしておいた．このPDF ファイルはインターネットを通じて学外の学生さんにも読んでいただいたようで，「難解と思っていた制御工学がわかるようになった」，「レポート作成の参考になった」など，好評のメールをたびたびいただくようになった．これは予想外のことであったが，筆者にはうれしく励みになった．また，他大学の先生が授業のテキストとして採用してくださるという，筆者にとって光栄な出来事もあった．

このような話を学内の先生にしたところ，著書として出版することを勧めてくださった．これもまた予想外の展開で少し躊躇もあったのだが，本にまとめてみることにした．制御工学についてはすでに数々の良書が存在する中，どんなところで本書の価値を出せるかを検討し，「授業にちょうど良いもの」を特徴とすることに決めた．そのため，授業で配布していたプリントのテイストをできるだけ守りながら一冊の本としてまとめた．

本書の構成を述べておく．第 1 章から第 15 章までは，伝達関数に基づく古典制御理論の内容となっている．第 16 章から第 24 章までは，状態方程式に基づく現代制御理論について書かれている．授業にフィットさせることを狙って書いてあるので，前・後期の 2 学期で制御工学の授業があれば，この本に書かれてあるすべてを学ぶ（あるいは教える）ことができると思う．

この本の出版に当たりご尽力いただいた山形大学の渡辺一実先生，湯浅哲也先生，養賢堂編集部の三浦信幸氏に感謝する．また，大分大学の柴田克成先生には講義プリントの段階から貴重なコメントを寄せていただいた．山形大学でご指導いただいた渡部慶二先生，熱心に講義を受けてくれた学生の皆さんにもお礼を申し上げたい．

2010 年 3 月

村　松　鋭　一

目次

第1章 序　論

この章では制御工学の授業で用いる基礎的な用語について解説しています．特に重要なのは「動的システム」，「入出力システム」，「フィードバック制御」です．まずは個々の単語から，制御工学とは何か，フィードバック制御とはどんな制御か，おおよその感じをつかんでほしいと思います．

1.1 制御系設計

自動制御 automatic control：機械・設備などに，コントローラ，センサ，アクチュエータを付けて，自動的に状態の変化を感知させ，機械自身が必要な操作・調整を行うのが「自動制御」である．一方，機械・設備を人間が監視し，人間が操作・調整を行う制御は「手動制御」と呼ばれる．制御工学で扱うのは自動制御の方法論である．

制御対象 plant：制御されるシステムを意味する．例えば，ロボット，航空機，人工衛星，磁気浮上系，原料入りタンク，生体など，数多くの例があげられる．操作を加えることによって動かせるものが制御対象になり得る．制御工学では対象を特には限定しない．

入出力システム input-output system：制御工学では，制御対象を「入出力システム」としてみなす．これは，図 1.1 のように表され，入力信号 $u(t)$ に対して出力信号 $y(t)$ が反応するシステムである（$u(t)$ と $y(t)$ の間には因果関係がある）．一つの例をあげてみる．図 1.2(a) のように，回路の左側端子の電圧を入力 $u(t)$，右側端子の電圧を出力 $y(t)$ と定義した RLC 回路は入出力システムである．入力電圧に応じて出力電圧が変化する．すると，上の電気回路は図 1.2(b) のようにも表現できる．このように，システム内のある変数を入力，それに応じて変化する別の変数を出力と定義することによって，いろい

図 1.1 入出力システム

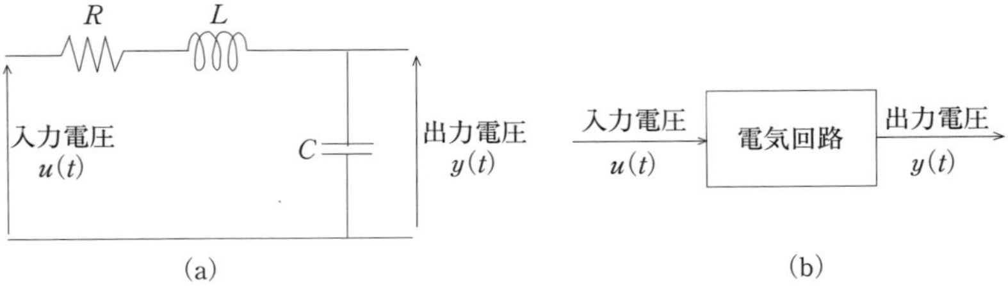

図 1.2 RLC 回路

ろな物を入出力システムとして見ることができる．

コントローラ controller：先ほどの制御対象が制御「される」ものであるのに対し，制御「する」装置がコントローラである．最近の制御システムではコンピュータが使われるので，コントローラといえばコンピュータであるが，それに信号の入出力装置（AD 変換器，DA 変換器）を組み合わせたものも含めて「コントローラ」と呼ぶことが多い．

コンピュータで制御する場合，指令値を計算するプログラムを組む必要がある．このとき，どのような計算させるかが重要であり，そのための計算式を求めるための基礎が制御工学のテーマとなっている．

フィードバック制御 feedback control：図 1.3 で表される制御はフィードバック制御と呼ばれる．制御対象の出力をセンサで観測し，目標値との偏差に基づきコントローラが制御入力を発生する．それが制御対象に加わり，制御対象の出力が制御される．出力をまたセンサで観測し，再び目標値と比較する．この繰返しによって，出力を目標値に近づける制御がフィードバック制御である．

例えば，図 1.4 のエアコンを用いた室温制御を見てみよう．ここでは，温度

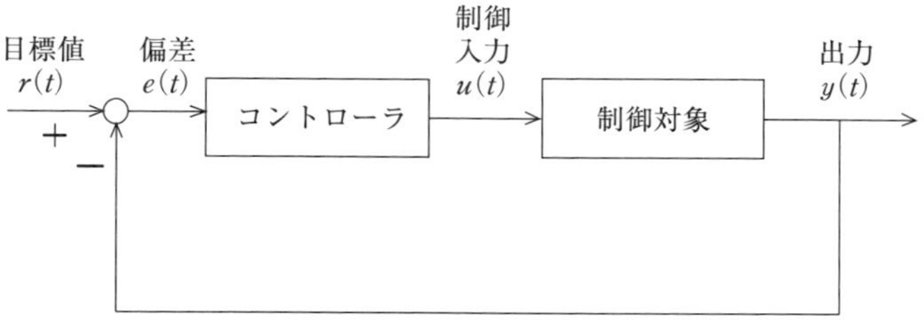

図 1.3　フィードバック制御

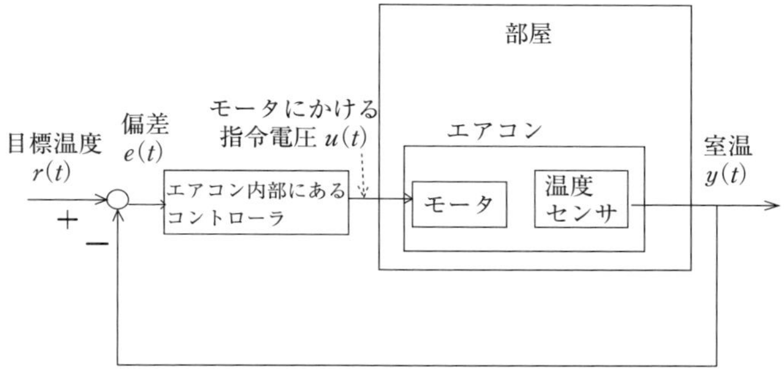

図 1.4　エアコンによる室温の制御

センサが室温を測る．それが目標温度と比較され，偏差が計算される．コントローラは偏差に応じて適切な指令値を計算する．それがモータに伝わりモータの回転数が変化し，エアコンから吹き出る風の温度も変化する．それによって室温が変化する．そうして制御された室温は，常に目標温度と比較されている．コントローラが適切な指令値を計算すれば，図 1.5 のように室温は時間の経過とともに目標温度に近づく．

システム（あるいは 系） system：「少し複雑に動くもの」，「いろいろな物の組合せ」，「仕組み」などをカタカナ一言でいいたいとき，「システム」という言葉を使うことが多い．制御工学では，「制御対象」を意味することが多い．また，「コントローラ」もシステムである．あるいは，制御対象とコントローラが組み合わさったもの（図 1.3 や図 1.4 が表しているもの）もシステムである．

制御入力 control input：制御対象に加える入力（エアコンの制御の例の

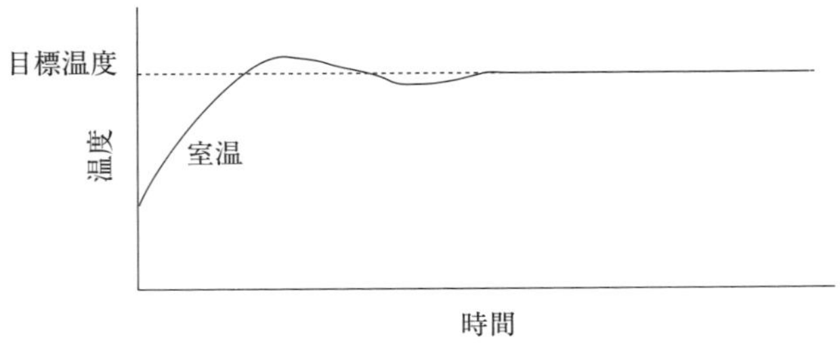

図 1.5 室温の変化

場合，モータにかける指令電圧）を制御入力という．

制御出力 controlled output：制御される量（エアコンの制御の例の場合，室温）が制御出力となる．

センサ sensor：計測器．角度，位置などを計測するもの．

アクチュエータ actuator：コントローラの指令に従って制御対象に対して働きかけるもの．（例）エアコン内のモータ，エンジン，ロボットの腕に付いているモータなど．

外乱 disturbance：制御に悪影響を及ぼす外部からの信号や作用を外乱という．例えば，エアコンの制御の場合，外気や室内の熱源が外乱となる．

雑音 noise：センサに加わり，本来の計測信号を乱すもの．振動や電磁波などがセンサ内の回路に影響して発生する．

制御系 control system ：本書では制御系といえば「フィードバック制御系」を表す．ただし，一般に制御系という言葉は，フィードバック制御系とは限らずもっと広い意味を持ち，フィードバック系でない制御系もある．

制御系設計 control system design：制御対象をどう制御するかを考え，それを実現するまでの一連の仕事を制御系設計と呼ぶ（図 1.6）．制御系設計は「**モデリング**」と「**制御則の設計**」の 2 段階に分けられる．まず，モデリングでは制御対象（具体的なシステム）の数式表現（例えば伝達関数）を求める．制御則の設計とは，コントローラにどのような計算をさせるべきかを検討すること（その計算式を求めること）を意味する．制御の目的は安定性や速応性が良くなるようにシステムの挙動を改善することである．このとき，モデリングに

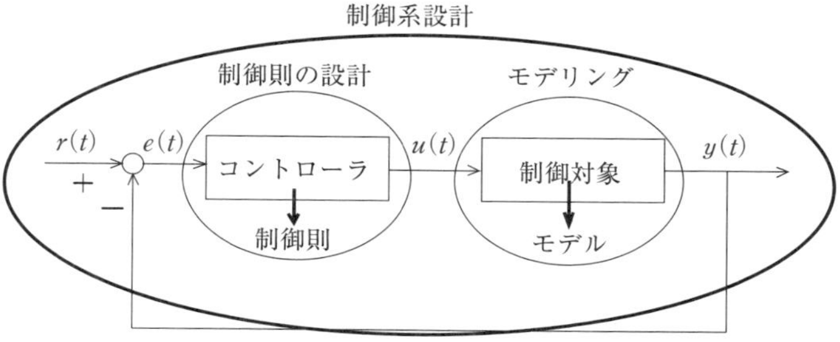

図 1.6 制御系設計

よって得られたモデル（伝達関数）を利用して，理論に基づいて計算法を考えることが重要である．伝達関数をどうやって求めるか，伝達関数にはどのような性質があるか，その性質をどのように制御則の設計に結びつけるか，といったことを勉強しなければならない．

モデル model：具体的なシステム（電気回路，機械，ロボット，自動車など）の動きの様子を数式で表現したものは「モデル」と呼ばれる．ここで用いる数式にはいろいろな種類があり，制御工学では，微分方程式，「伝達関数」，「状態方程式」などをモデルとすることが多い．

モデリング modeling：一般には，システムのモデル（数式や図による表現）を求める作業をモデリングという．この本の前半で学ぶモデリングは，与えられたシステムの回路方程式や運動方程式を求め，それをラプラス変換して伝達関数を求めることである．このとき，何を入力変数として何を出力変数とするかを考えなければならない．

解析・設計 analysis, design：与えられたシステムの性質をよく調べることを「解析」という．一方，システムの性質が望ましいものになるようにつくり替えるための検討は「設計」と呼ばれる．

1.2 動的システム

動的システム（dynamical system ）静的システム（static system）：現在の出力に過去の入力が影響するシステムは「動的システム」と呼ばれる．

一方，現在の出力が現在の入力のみによって決まるシステムは「静的システム」と呼ばれる．

動的システムと静的システムの例：図 1.7 のシステムは静的システムである．時刻 t の $y(t)$ は時刻 t の $u(t)$ のみによって決まるからである．

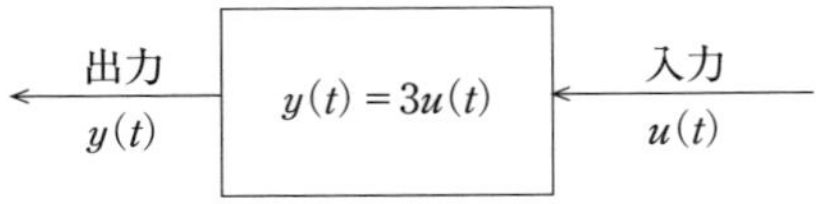

図 1.7　静的システムの例

図 1.8 のシステムは動的システムである．

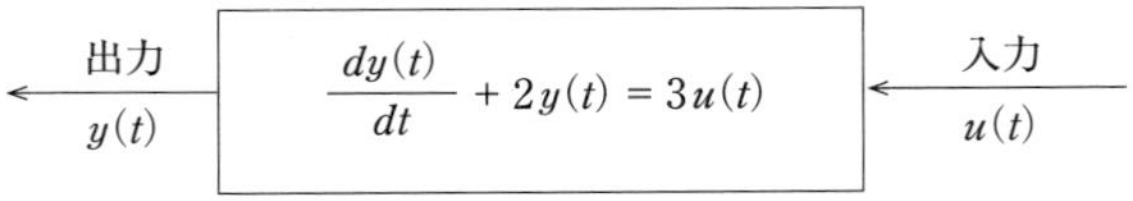

図 1.8　動的システムの例

微分方程式

$$\frac{dy(t)}{dt} + 2y(t) = 3u(t) \tag{1.1}$$

の解は（初期値を $y(0) = 0$ とすると），

$$y(t) = 3\int_0^t e^{-2(t-\tau)}u(\tau)d\tau \tag{1.2}$$

と表される．これより図 1.8 のシステムは図 1.9 のようにも表される．図 1.9 における時刻 t の $y(t)$ は，時刻 0 から t までの $u(t)$ に関係していて，動的システムであることがより明確になっている．

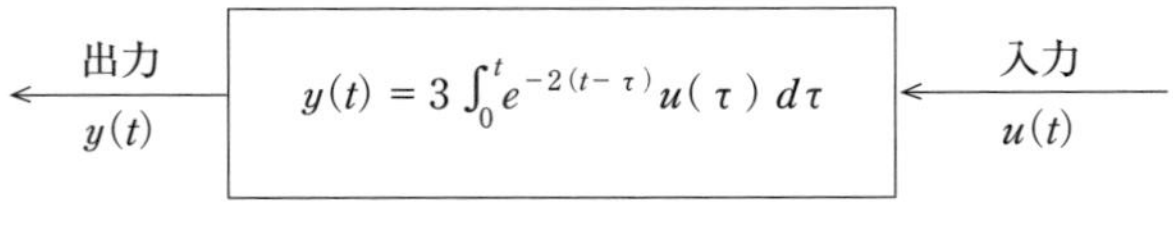

図 1.9　動的システムの例

なお，制御工学では図 1.8 あるいは図 1.9 のシステムは，図 1.10 のように表す．この図における $3/(s+2)$ が「伝達関数」と呼ばれるものである．

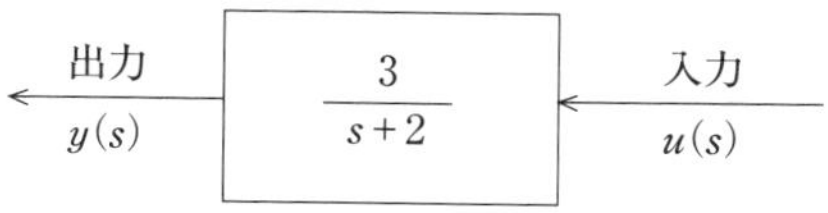

図 1.10　伝達関数を用いた動的システムの表現

動的システムの出力の特徴：入力 $u(t)$ として図 1.11 のような信号を加えたとする.

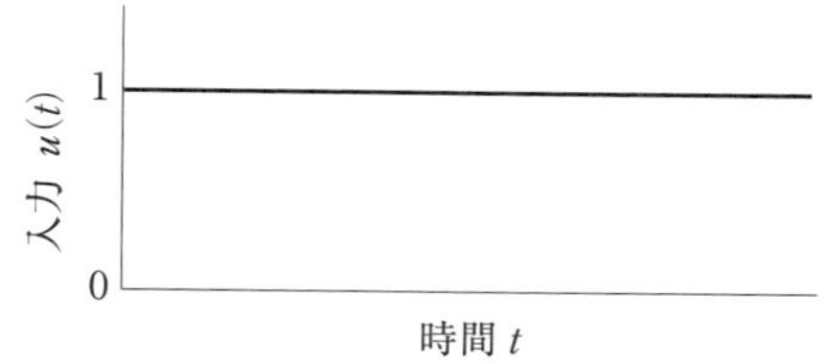

図 1.11　入力信号 $u(t)$

図 1.7 の静的システムにこの $u(t)$ が加わった場合，出力 $y(t)$ は図 1.12 のような信号になる（単に大きさが 3 倍になるだけである）.

図 1.11 の $u(t)$ が，図 1.8（あるいは図 1.9，図 1.10）の動的システムに印加された場合，出力 $y(t)$ は図 1.13 のような信号になる．この例に見られるように，動的システムの出力 $y(t)$ は，入力 $u(t)$ の影響が徐々に（時間的に少し遅れて）現れ，曲線的な波形となる.

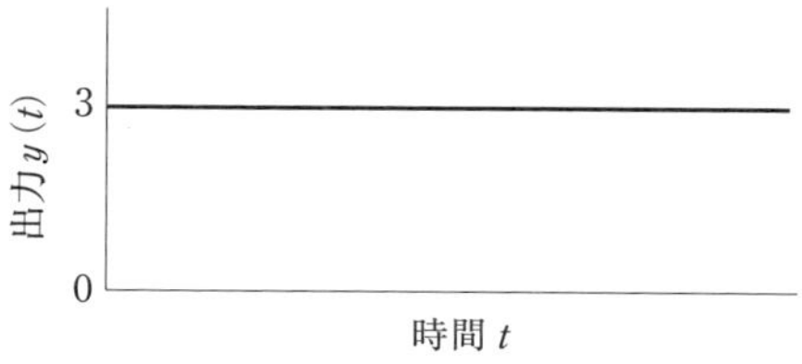

図 1.12　静的システムの出力

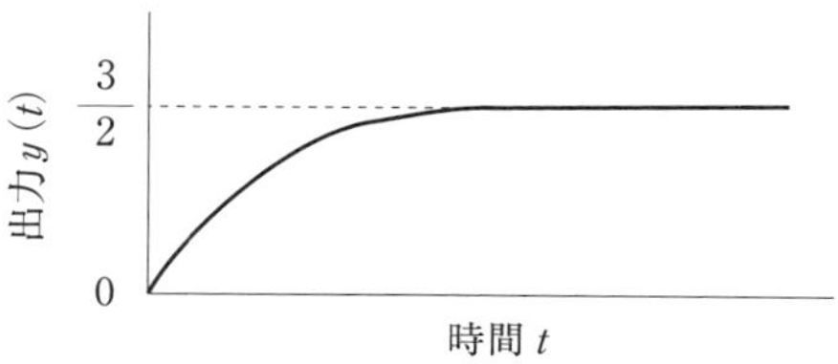

図 1.13　動的システムの出力

1.3 制御系の安定性

制御対象の変数の値が時間の経過とともに発散してしまうのは，制御においても最も避けたい状況である．

不安定な制御対象 unstable plant ：何も制御を加えないと，制御対象の出力が発散してしまう場合，その制御対象は「不安定」であるという．制御しないと不安定でも，フィードバック制御によって出力の発散を抑えられる可能性がある．

不安定な制御系 unstable control system：制御対象とコントローラがフィードバック結合したものが，ここでいう「制御系」である．制御系が不安定というのは，制御系内の信号が発散していることである．制御系内の信号が発散すれば，それに伴って制御対象の出力も発散する（図 1.14）．

フィードバック制御によって必ず出力が目標値に近づくとは限らない．下手にフィードバックすると，かえって不安定になってしまうことがある．フィードバックのし過ぎ（過剰な制御）あるいは制御の不足は不安定につながる．

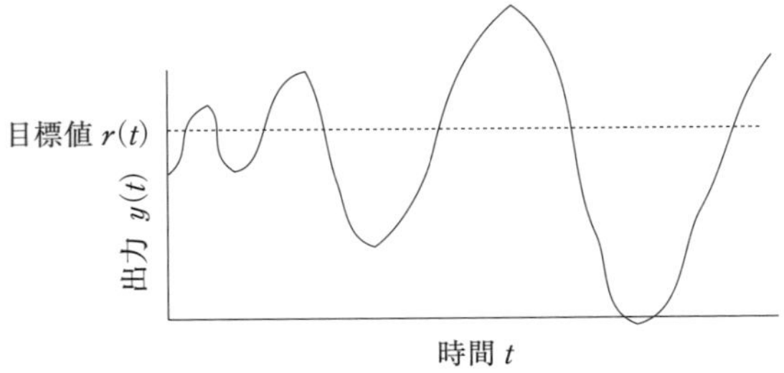

図 1.14 不安定な制御系の制御出力

安定な制御系 stable control system：時間の経過とともに制御系内の信号が発散しないとき，制御系は安定であるという（図 1.15）．出力を目標値に近づけるためには，まず制御系の安定性を確保しなければならない．安定であることは，制御系に望まれる第一条件である．

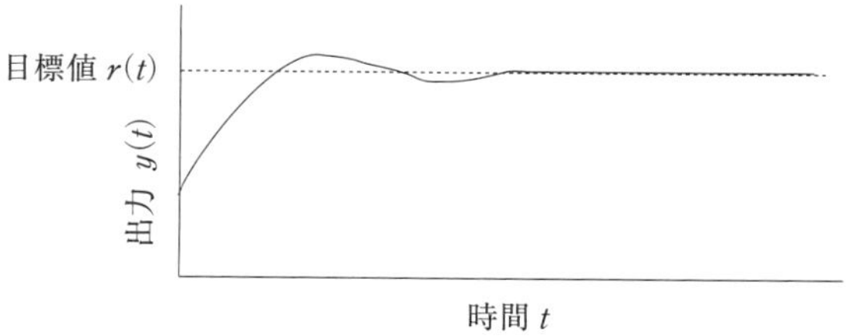

図 1.15　安定な制御系の制御出力

1.4　フィードバック制御系の考え方

1.4.1　情報処理の観点からのフィードバック制御

通常の情報処理（会計処理や表計算）でのコンピュータの役割は，データを処理して計算結果を出力（表示）することである（図 1.16）.

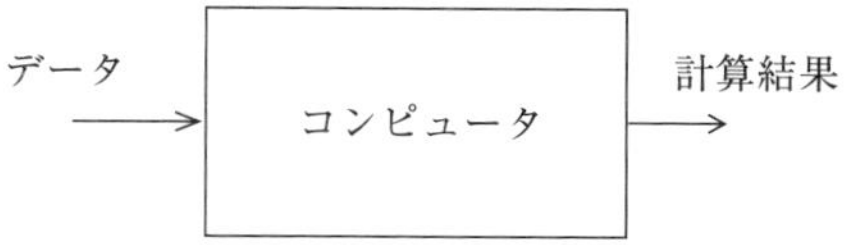

図 1.16　通常の情報処理

一方，フィードバック制御系を情報処理システムとしてとらえてみると，図 1.17 のようになる.

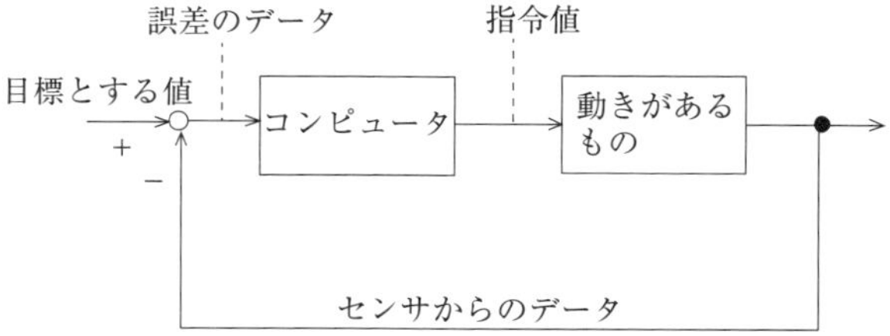

図 1.17　フィードバック制御系における情報処理

コンピュータは誤差をデータを処理して制御対象に対する指令値を算出する．通常の情報処理と比較しての特徴は次のとおりである．

- コンピュータに入力されるデータ（誤差のデータ）が時々刻々と変化し続け，延々と入力される．制御対象は動くものであるため，指令や外乱の影響によって動き続け，これによりセンサからのデータも動き続けるからである．データが次々と送り込まれるので，コンピュータの処理はいつまで経っても終わらない（計算を次々に繰り返す．1回当たりの計算は短時間で終らせなければならない）．
- コンピュータの出力結果（指令値）が，フィードバックによって入力データ（誤差のデータ）に影響する．それがまた指令値に影響するというループができ上がっている．このループのため，下手な指令値を送ると誤差を爆発的に増大させてしまう．
- 動的システムを扱わなければならない．制御対象は図1.13のように，入力の影響が少し遅れて現れるような動的システムなので，制御を行う上では動特性に対する考慮が必要となる．

このように，制御系を設計するには，通常の情報処理と比べると厄介な（しかし興味深い）問題を考えなければならない．

1.4.2 生体でのフィードバック制御

例えば，人間の身体であれば脳の指令によって動いている．筋肉を動かす神経と感覚を伝える神経が同時に働いて望ましい動きが実現されている（図1.18）．この仕組みも一種のフィードバック制御とみることができる．

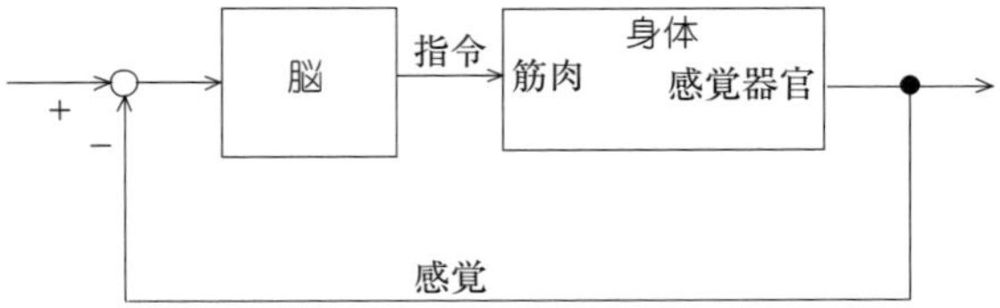

図1.18 生体におけるフィードバック制御

1.4.3 フィードバック制御を解析しようとする人の見方

フィードバック制御系の動きを理論的に考察したいとする．この場合，制御対象もコントローラも式に置き換えるのが有効である．式を使えば数学的に安定性や過渡特性を考察できる．

制御系では動くものが対象となる．それを式に置き換えると，多くのものは微分方程式になる（ニュートンの運動方程式も，電気回路の方程式も，ある種の微分方程式である）．このようにフィードバック系を解析したり設計する人は，図 1.19 をもとに考察することになる．

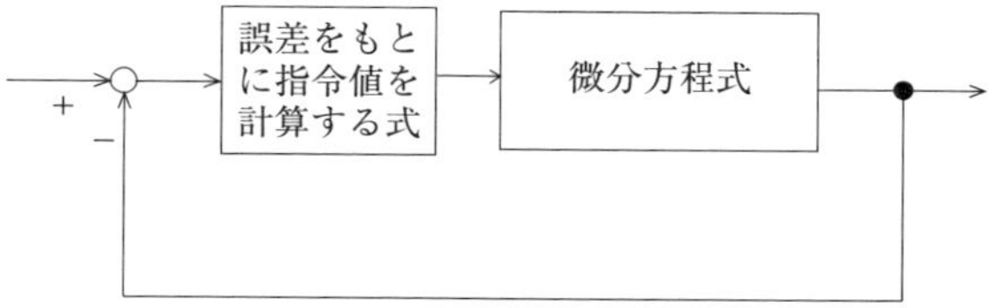

図 1.19　フィードバック制御系の微分方程式による表現

上記のように動くものの制御系を解析しようとすると，微分方程式が現れる．微分方程式をそのまま扱うよりも，それを伝達関数に置き換えて考えたほうが，簡単で便利になる（この意味は章が進むにつれて明らかになるであろう）．その考えに基づき，図 1.19 を図 1.20 のように置き換えてみよう．この本の前半では図 1.20 のように伝達関数が組み合わさったシステムを解析する方法を説明していく．

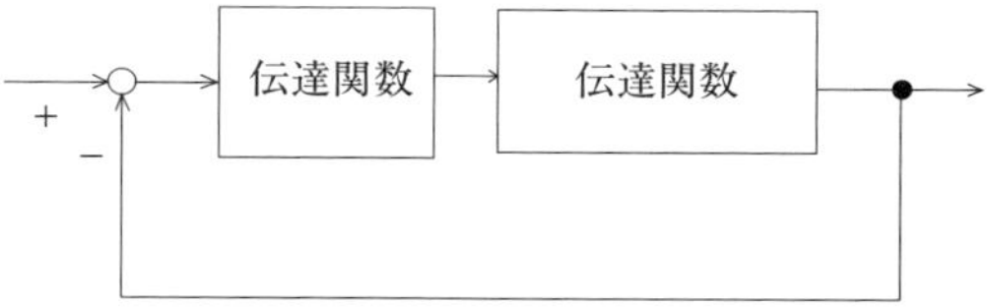

図 1.20　フィードバック制御系の伝達関数による表現

第2章 ラプラス変換

ラプラス変換については，他の授業（あるいは他書）で学習ずみであることを想定しています．この章では，ラプラス変換が制御工学でどのように応用されているかについて説明します．

2.1 ラプラス変換の定義

時間 $t \geq 0$ で定義された関数 $x(t)$ に対して

$$X(s) = \int_0^\infty x(t)e^{-st}dt \tag{2.1}$$

を求めること，また，こうして求められる $X(s)$ を $x(t)$ のラプラス変換と呼ぶ．ラプラス変換により，変数が t から s に変わることに注意してほしい．

$x(t)$ のラプラス変換を $\mathcal{L}[x(t)]$ と書くことにする．すなわち，$\mathcal{L}[x(t)]$ は

$$\mathcal{L}[x(t)] = X(s) = \int_0^\infty x(t)e^{-st}dt \tag{2.2}$$

を意味する．

2.2 いろいろな信号のラプラス変換

2.2.1 ステップ信号のラプラス変換

例えば，ステップ信号のラプラス変換を求めてみる．ステップ信号 $u_s(t)$ を式で書くと，

$$u_s(t) = \begin{cases} 0, & t < 0 \\ 1, & t \geq 0 \end{cases} \tag{2.3}$$

である．これを (2.1) 式の $f(t)$ に代入すると，

$$F(s) = \int_0^\infty e^{-st}dt = \left[\frac{-1}{s}e^{-st}\right]_0^\infty = \frac{1}{s} \tag{2.4}$$

となる．すなわち，ステップ信号 $u_s(t)$ のラプラス変換は $1/s$ である．

2.2.2 指数関数で表される信号のラプラス変換

$$x(t) = e^{-at} \tag{2.5}$$

の場合を考えてみる．ただし，a は定数である．ラプラス変換は

$$\int_0^\infty e^{-at}e^{-st}dt = \left[\frac{-1}{s+a}e^{-(s+a)t}\right]_0^\infty = \frac{1}{s+a} \tag{2.6}$$

となる．

2.2.3 代表的な信号のラプラス変換

ステップ信号や指数関数のラプラス変換のように，さまざまな信号に対してラプラス変換が計算できる．代表的な信号に対するラプラス変換は次のようなものである．

$$\mathcal{L}[u_s(t)] = \frac{1}{s} \quad (u_s(t)\ \text{はステップ信号}) \tag{2.7}$$

$$\mathcal{L}[t] = \frac{1}{s^2} \tag{2.8}$$

$$\mathcal{L}[t^n] = \frac{n!}{s^{n+1}} \tag{2.9}$$

$$\mathcal{L}[e^{-at}] = \frac{1}{s+a} \tag{2.10}$$

$$\mathcal{L}[te^{-at}] = \frac{1}{(s+a)^2} \tag{2.11}$$

$$\mathcal{L}[t^n e^{-at}] = \frac{n!}{(s+a)^{n+1}} \tag{2.12}$$

$$\mathcal{L}[\sin\omega t] = \frac{\omega}{s^2+\omega^2} \tag{2.13}$$

$$\mathcal{L}[e^{-at}\sin\omega t] = \frac{\omega}{(s+a)^2+\omega^2} \tag{2.14}$$

$$\mathcal{L}[\cos\omega t] = \frac{s}{s^2+\omega^2} \tag{2.15}$$

$$\mathcal{L}[e^{-at}\cos\omega t] = \frac{s+a}{(s+a)^2+\omega^2} \tag{2.16}$$

$$\mathcal{L}[\delta(t)] = 1 \quad (\delta(t)\text{ はデルタ関数を表す}) \tag{2.17}$$

2.3 ラプラス変換の線形性

a を定数とする．$\mathcal{L}[x(t)]$ と $\mathcal{L}[ax(t)]$ にはどんな関係があるか？ 答えは，

$$\mathcal{L}[ax(t)] = a\mathcal{L}[x(t)]$$

である．これが成り立つことは (2.1) 式を用いればわかる．

$\mathcal{L}[x_1(t)]$,$\mathcal{L}[x_2(t)]$ と $\mathcal{L}[x_1(t)+x_2(t)]$ にはどんな関係があるか？ 答えは，

$$\mathcal{L}[x_1(t)+x_2(t)] = \mathcal{L}[x_1(t)] + \mathcal{L}[x_2(t)]$$

である．これも (2.1) 式より明らかである．

上の関係からわかるように，a_1, a_2 を定数とすれば

$$\mathcal{L}[a_1x_1(t)+a_2x_2(t)] = a_1\mathcal{L}[x_1(t)] + a_2\mathcal{L}[x_2(t)] \tag{2.18}$$

が成り立つ．定数を掛けたり，和をとった関数のラプラス変換（左辺）は，ラプラス変換してから定数を掛けたり和をとったもの（右辺）と等しい．いわゆる重ね合わせの理が成り立つので，ラプラス変換は線形な変換である．

ここで「重ね合わせの理」について述べておこう．Xの世界からYの世界への変換Vがあるとする．Xの世界で定数を掛けたり，和をとった後Vで変換したものが，それぞれをVで変換後にYの世界で定数を掛けたり，和をとったものと等しくなるとき，「変換Vには重ね合わせの理が成り立つ」，「変換Vには線形性が成り立つ」，「Vによる変換は線形である」などという（図 2.1）．

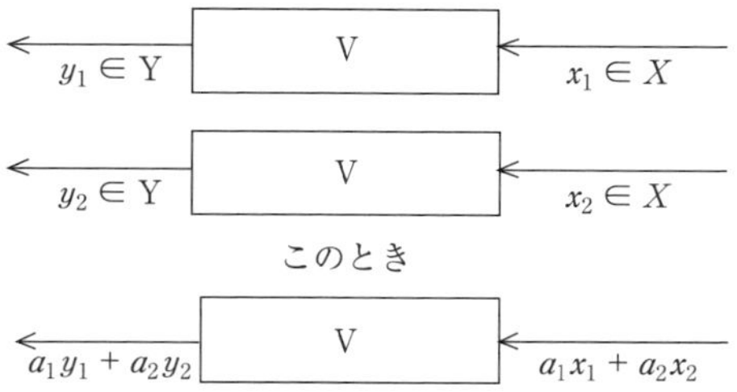

図 2.1　線形変換

2.4　ラプラス変換の性質

2.4.1　1 階導関数のラプラス変換

$\mathcal{L}[x(t)] = X(s)$ とする．これと $\mathcal{L}\left[dx(t)/dt\right]$ にはどんな関係があるか？ 答えは，

$$\mathcal{L}\left[\frac{dx(t)}{dt}\right] = sX(s) - x(0) \tag{2.19}$$

である．

（証明） 部分積分を適用すればよい．

$$\begin{aligned}\mathcal{L}\left[\frac{dx(t)}{dt}\right] &= \int_0^{\infty} \frac{dx(t)}{dt} e^{-st} dt \\ &= \left[x(t)e^{-st}\right]_0^{\infty} + \int_0^{\infty} x(t)se^{-st} dt \\ &= -x(0)e^{-s0} + s\int_0^{\infty} x(t)e^{-st} dt \\ &= sX(s) - x(0) \end{aligned} \tag{2.20}$$

$x(0) = 0$ と仮定する（初期値を 0 とする．この仮定は，今後もたびたび使われる）と，

$$\mathcal{L}\left[\frac{dx(t)}{dt}\right] = sX(s) \tag{2.21}$$

である．この式から読みとれることは，「t 領域で微分することは， s 領域では s をかけることに相当する」ということである．

2.4.2 2階以上の導関数のラプラス変換

(2.19) 式を n 階導関数に拡張すると，次のようになる．

$$\mathcal{L}\left[\frac{d^n x(t)}{dt^n}\right] = s^n X(s) - s^{n-1}x(0) - s^{n-2}\dot{x}(0) - \cdots - x^{(n-1)}(0) \tag{2.22}$$

ただし，$x^{(k)}$ は $x(t)$ の k 階導関数を表す．

$x(0) = 0,\ \dot{x}(0) = 0,\ \cdots\ x^{(n-1)}(0) = 0$（すべての初期値を 0 とする）を仮定すると，

$$\mathcal{L}\left[\frac{d^n x(t)}{dt^n}\right] = s^n X(s) \tag{2.23}$$

となる．すなわち， $x(t)$ を n 階微分することは，$X(s)$ に s^n を掛けることに相当する．

2.4.3 積分した関数のラプラス変換

$\mathcal{L}[x(t)] = X(s)$ とすると，

$$\mathcal{L}\left[\int_0^t x(\tau)d\tau\right] = \frac{1}{s}X(s) \tag{2.24}$$

が成り立つ．t 領域で積分することには，s 領域で $1/s$ を掛けることが相当する．

このように，微分・積分が，ラプラス変換によって s を掛けたり割ったりすることに変換されることは，制御工学において，後に重要な役割を担うことになる．

そのほか，ラプラス変換において成り立つ性質をいくつか述べておく．

時間がずれた関数のラプラス変換：

a を定数として，$x(t-a)$ を考える．ただし，$t-a<0$ では x は 0 とする．このとき，次式が成り立つ．

$$\mathcal{L}\left[x(t-a)\right] = e^{-as}X(s) \tag{2.25}$$

指数関数がかかった関数のラプラス変換：

$$\mathcal{L}\left[e^{at}x(t)\right] = X(s-a) \tag{2.26}$$

初期値定理：

$$\lim_{t\to 0} x(t) = \lim_{s\to\infty} sX(s) \tag{2.27}$$

最終値定理：

$$\lim_{t\to\infty} x(t) = \lim_{s\to 0} sX(s) \tag{2.28}$$

合成積のラプラス変換：

$$\mathcal{L}\left[\int_0^t x(t-\tau)y(\tau)d\tau\right] = X(s)Y(s) \tag{2.29}$$

2.5 ラプラス逆変換

(2.1) 式のように得られた $X(s)$ から

$$x(t) = \frac{1}{2\pi j}\int_{c-j\infty}^{c+j\infty} X(s)e^{st}ds \tag{2.30}$$

を求めること，また，こうして求められる $x(t)$ をラプラス逆変換という．上式はいわゆる複素積分であり，積分路は複素平面上で虚軸に平行な直線（$s=c+j\omega,\ \omega\in[-\infty,\infty]$）である．

少し難しいように思われたであろうが，本書では (2.30) 式を使ってラプラス逆変換を行うことはなく，(2.7)~(2.17) 式の公式を利用する．(2.7)~(2.17) 式はラプラス変換の公式であり，かつ，ラプラス逆変換の公式でもある．例えば，$1/(s+a)$ のラプラス逆変換は e^{-at} であることが (2.10) 式からわかる．

2.6 微分方程式のラプラス変換

「微分方程式をラプラス変換する」とは，両辺に現れている関数（およびその導関数）をラプラス変換して，s に関する方程式へ変換することである．

例えば，次の微分方程式をラプラス変換することを考える．

$$\frac{d^2y(t)}{dt^2}+2\frac{dy(t)}{dt}+3y(t)=4\frac{du(t)}{dt}+5u(t) \tag{2.31}$$

これは，$u(t)$ と $y(t)$ という関数とそれらの導関数との関係を記述している．

$u(t), y(t)$ が具体的にどんな関数か（ステップ関数か，正弦波か，指数関数かなど）はここでは考えないで，それらをラプラス変換を $U(s), Y(s)$ という記号で表してみる．そして，$U(s)$ と $Y(s)$ との間に成り立つ方程式を求めることが，微分方程式のラプラス変換である．このとき役に立つのが (2.19) 式，(2.22) 式である．

例えば，(2.31) 式の微分方程式をラプラス変換すると，

$$\begin{aligned}&(s^2Y(s)-sy(0)-\dot{y}(0))+2(sY(s)-y(0))+3Y(s)\\&\quad=4(sU(s)-u(0))+5U(s)\end{aligned} \tag{2.32}$$

となる．上の式は，t を含まず s に関する方程式である．すべての初期値を 0 とすると，

$$s^2Y(s)+2sY(s)+3Y(s)=4sU(s)+5U(s) \tag{2.33}$$

となる．

2.7 t 領域と s 領域

制御工学において t は時間を表す．時間なので正の実数で 0 から ∞ の値をとり得る．一方，伝達関数 $G(s)$ における s は複素数で，実部と虚部を持つ変数である．s のままで物理的意味を説明するのは難しいが，後の章で $s=j\omega$ を代入すると，角周波数との関連が出てくる（これは，第 7 章で学ぶ）．s 領域を用いる利点は，t 領域での微分・積分・合成積という少々厄介な計算が，掛

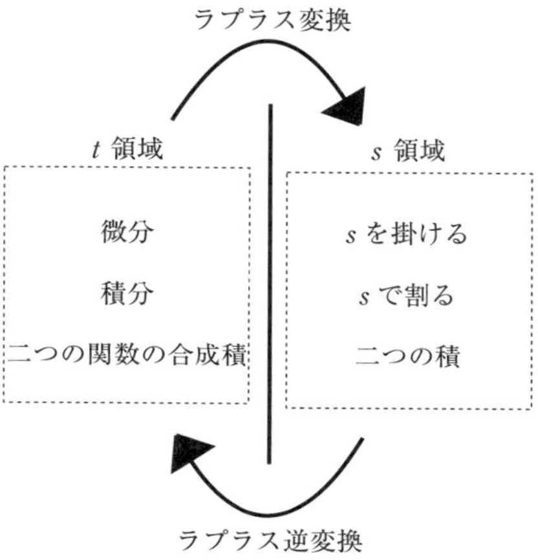

図 2.2　t 領域と s 領域

け算，割り算，単純な積という簡単で扱いやすい計算に変換されることにある（図 2.2）．

演習問題

問題 2.1　次の関数 $f(t)$ のラプラス変換 $F(s)$ を 2.2.3 項を参考にして求めよ．

$$f(t) = 2 - 2e^{-2t} + 3te^{-t}$$

第3章 伝達関数

制御したいものを一つの「システム」としてみなして，それに対する操作信号を「入力」，また入力に応じて変化するシステムの量（制御したい量）を「出力」とします．制御工学では，「システム」の特性を「入力」と「出力」との関係を表す式として表現します．ラプラス変換を用いて導出される入出力の関係式において「伝達関数」が現れます．この章では，微分方程式との関連から伝達関数を説明します．

3.1 伝達関数

制御工学では制御対象（制御したいもの）を入出力システムとして図3.1のようにとらえる．

図3.1 入出力システム

図中の「入力」はシステムを操作する信号，また「出力」はそれに応じて反応するシステムの変数であり，制御される量である．四角で囲った部分は動的なシステムで，次のような形の微分方程式で表されるとする（さまざまな制御対象がこの形で表される．後に電気回路の例を示す）．

$$a_n \frac{d^n y(t)}{dt^n} + a_{n-1} \frac{d^{n-1} y(t)}{dt^{n-1}} + \cdots + a_1 \frac{dy(t)}{dt} + a_0 y(t)$$
$$= b_m \frac{d^m u(t)}{dt^m} + b_{m-1} \frac{d^{m-1} u(t)}{dt^{m-1}} + \cdots + b_1 \frac{du(t)}{dt} + b_0 u(t)$$

ここで，$a_1, \cdots, a_n, b_1, \cdots, b_m$ は定数である．システムの特性をこのような微分方程式のまま解析すると，システムが結合した場合に計算が面倒になってしまう．

そこで制御工学においては，もっと扱いやすい式を用いる．図 3.1 の入出力システムを，ラプラス変換の s を使い，まずは図 3.2 のように表す．図 3.1 の「入出力システム」が，図 3.2 では $G(s)$ に置き換わっている．この $G(s)$ が伝達関数であり，入出力システムのモデルとなる．具体的な求め方を次に示す．

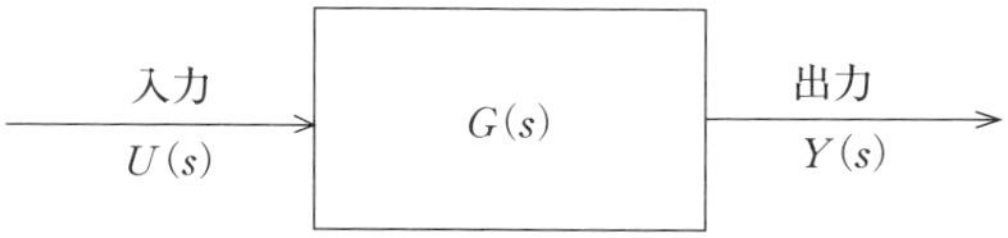

図 3.2　伝達関数

3.2　伝達関数の求め方

システムの伝達関数は次の (i)～(iii) の手順で求めることができる．

(i) $u(t)$ と $y(t)$ との間に成り立つ微分方程式を求める．

(ii) その微分方程式をラプラス変換する．このとき，すべての初期値（$u(0)$, $\dot{u}(0)$, $\ddot{u}(0)$, $\cdots$, $y(0)$, $\dot{y}(0)$, $\ddot{y}(0)$, $\cdots$）は 0 とする．

(iii) そうして得られた $U(s)$, $Y(s)$ と，s で書かれた方程式を次の形に変形する．

$$Y(s) = G(s)U(s) \quad \text{あるいは} \quad \frac{Y(s)}{U(s)} = G(s) \tag{3.1}$$

この式に現れる $G(s)$ は s に関する有理式（分母と分子が多項式の分数式）になる．この有理式が伝達関数である．

図 3.3 のように，回路の左側端子の電圧を入力 $u(t)$，また右側端子の電圧を出力 $y(t)$ と定義した RC 回路について考えてみよう．$u(t)$ を操作すると，それに応じて $y(t)$ が変化する．$R = 2\Omega$, $C = 4\mathrm{F}$ として，この電気回路の伝達関数を求めてみる．

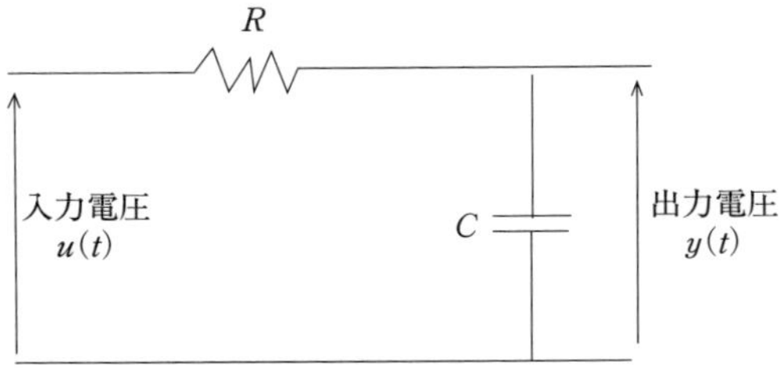

図 3.3　RC 回路

(i) まず，この回路に成り立っている微分方程式（回路方程式）を求めてみる．回路に流れる電流を $i(t)$ とすると，

$$u(t) = Ri(t) + y(t) \tag{3.2}$$

となる．回路に流れる電流とコンデンサの両端の電圧の関係として，

$$i(t) = C\frac{dy(t)}{dt} \tag{3.3}$$

があるので，これを (3.2) 式に代入すると

$$RC\frac{dy(t)}{dt} + y(t) = u(t) \tag{3.4}$$

(ii) (3.4) 式をラプラス変換してすべての初期値を 0 とすると，

$$RCsY(s) + Y(s) = U(s) \tag{3.5}$$

となる．

(iii) 上式より

$$Y(s) = \frac{1}{RCs+1}U(s) \tag{3.6}$$

が得られ，伝達関数 $G(s)$ は

$$G(s) = \frac{1}{RCs+1} \tag{3.7}$$

である．さらに，$R = 2\Omega$, $C = 4\mathrm{F}$ を代入すると，

$$G(s) = \frac{1}{8s+1} \tag{3.8}$$

となる．

3.3　伝達関数の形（一般の場合）

図 3.4 の入出力システムにおいて，$u(t)$ と $y(t)$ との関係が

$$
\begin{aligned}
&a_n\frac{d^n y(t)}{dt^n}+a_{n-1}\frac{d^{n-1}y(t)}{dt^{n-1}}+\cdots+a_1\frac{dy(t)}{dt}+a_0y(t)\\
&\quad=b_m\frac{d^m u(t)}{dt^m}+b_{m-1}\frac{d^{m-1}u(t)}{dt^{m-1}}+\cdots+b_1\frac{du(t)}{dt}+b_0u(t)
\end{aligned}
\tag{3.9}
$$

という微分方程式で表されるとする（a_1, $\cdots$, a_n, b_1, $\cdots$, b_m は定数である）このシステムの伝達関数を求めてみる．

図 3.4　入出力システム

手順 (ii) のように，(3.9) 式をラプラス変換して初期値を 0 とおくと，

$$
\begin{aligned}
&(a_n s^n+a_{n-1}s^{n-1}+\cdots+a_1 s+a_0)Y(s)\\
&\quad=(b_m s^m+b_{m-1}s^{m-1}+\cdots+b_1 s+b_0)U(s)
\end{aligned}
\tag{3.10}
$$

となる．手順 (iii) の変形をすると，

$$
Y(s)=\frac{b_m s^m+b_{m-1}s^{m-1}+\cdots+b_1 s+b_0}{a_n s^n+a_{n-1}s^{n-1}+\cdots+a_1 s+a_0}U(s) \tag{3.11}
$$

となる．したがって，伝達関数 $G(s)$ は，

$$
G(s)=\frac{b_m s^m+b_{m-1}s^{m-1}+\cdots+b_1 s+b_0}{a_n s^n+a_{n-1}s^{n-1}+\cdots+a_1 s+a_0} \tag{3.12}
$$

である．

制御対象（例えば，電気系，機械系や，それらを組み合わせたシステム）を回路方程式や運動方程式で表したとしよう．それらは多くの場合，(3.9) 式の

形の微分方程式に変換することができる（図 3.3 の電気回路の場合 (3.4) 式が相当する）．(3.12) 式は伝達関数の一般形であり，その分子と分母は s の多項式で，通常 $n \geq m$ となる．例えば，

$$\begin{aligned} &G(s) = \frac{s^2+3s+1}{3s^2+5s+1}\ ,\quad G(s) = \frac{s+1}{s^{15}+3s^8-2s+2}\ , \\ &G(s) = \frac{1}{s^2-4s+3},\quad G(s) = 3 \end{aligned} \tag{3.13}$$

などはすべて (3.12) 式の一種である．また，

$$\begin{aligned} G(s) &= \frac{s^2+3s+1}{3s^2+5s+1} + \frac{1}{s^2-4s+3} = \frac{s^4-s^3-5s^2+10s+4}{3s^5-s^4-10s^3+11s^2+3} \\ G(s) &= \frac{s^2+3s+1}{3s^2+5s+1} \cdot \frac{1}{s^2-4s+3} = \frac{s^2+3s+1}{3s^5-s^4-10s^3+11s^2+3} \end{aligned}$$

を見ればわかるように，伝達関数どうしの積，伝達関数どうしの和や差もまた伝達関数である．

補足： 入力と出力との関係が定数 L を用いて

$$y(t) = u(t-L) \tag{3.14}$$

と表されるシステムがある．これは，L 秒前の入力がそのまま出力に現れるシステム，すなわち L 秒間だけ信号の伝達を遅らせるもので「むだ時間システム」と呼ばれている．(2.25) 式を用いて上式の両辺をラプラス変換することにより，むだ時間システムの伝達関数は e^{-sL} と求められる．このように有理式とは異なる形をした伝達関数も存在するが，本書では (3.12) 式のような形で表される伝達関数を考察の対象とする．

3.4　伝達関数を用いる利点

$Y(s) = G(s)U(s)$ という式から，入力 U に G を掛けたものが 出力 Y になることがわかる．このように，伝達関数 $G(s)$ を使えば，入出力の関係が単なる掛け算で表される．このことによって，微分方程式をそのまま扱うよりもシステムを扱う計算が簡単になる．

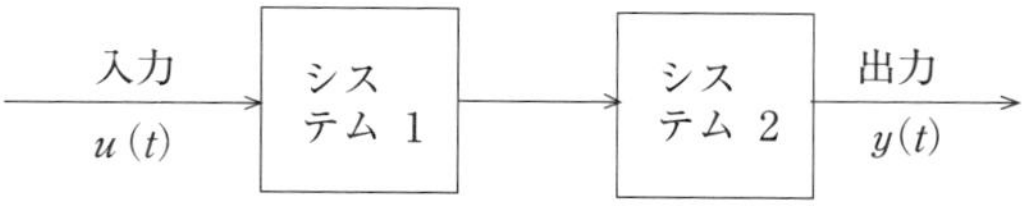

図 3.5　システムの直列結合

例えば，二つの入出力システムが直列につながった場合を考える（図 3.5）．システム 1 とシステム 2 がそれぞれ微分方程式で記述されるとき，$u(t)$ と $y(t)$ との関係を一つの微分方程式で表すのは可能であるが，容易ではない．しかし，システム 1 とシステム 2 を伝達関数 $G_1(s)$, $G_2(s)$ で表現しておくと，$U(s)$ と $Y(s)$ との関係は，

$$Y(s) = G_2(s)G_1(s)U(s) \tag{3.15}$$

という積を用いた一つの式で表すことができる．伝達関数を使う利点はほかにもたくさんあり，そららは後の章で説明する．

3.5　伝達関数によるモデリング

伝達関数を用いるそもそもの目的は，制御対象の特性を簡単で扱いやすい式で表そうということである．制御対象を伝達関数でモデル化（式で表現）する手順を再度確認すると，図 3.6 のようになる．

図のような手順により，具体的な制御対象が伝達関数 $G(s)$ という比較的簡単な式に変換され，制御対象の特性を伝達関数を用いて解析することが可能になる

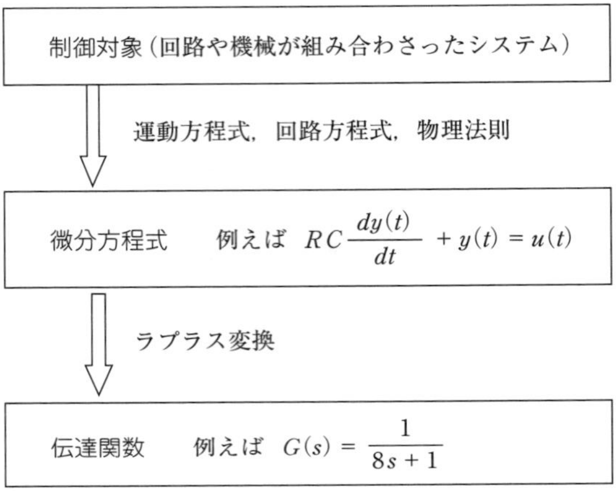

図 3.6　制御対象の伝達関数による表現

演習問題

問題 3.1　入力 $u(t)$ と出力 $y(t)$ との関係が

$$\frac{d^2y(t)}{dt^2}+2\frac{dy(t)}{dt}+5y(t)=3u(t)$$

で表されるシステムの伝達関数を求めよ

第4章 ブロック線図

あるシステムの出力が別のシステムの入力になる場合など，複数のシステムが結合する場合，それらの関係を図で表すと，全体のシステムの構造が見やすくなります．制御工学におけるその図は「ブロック線図」と呼ばれています．この章では，ブロック線図と伝達関数との対応関係を説明します．

4.1 システムの結合とブロック線図

制御系を設計するときには，システムとシステムを結合させたり，あるシステムから出力された信号を別のシステムへ入力することを考えることが多い．このようなとき，ブロック線図を使うと，信号の流れや結合の様子を視覚的に表現できる．

4.2 ブロック線図の構成要素

ブロック線図の構成要素として，「ブロック」，「加え合わせ点」，「引き出し点」がある．前章での伝達関数の説明で，すでに図 4.1 を使ったが，これがブロック線図の基本的な構成要素となる．

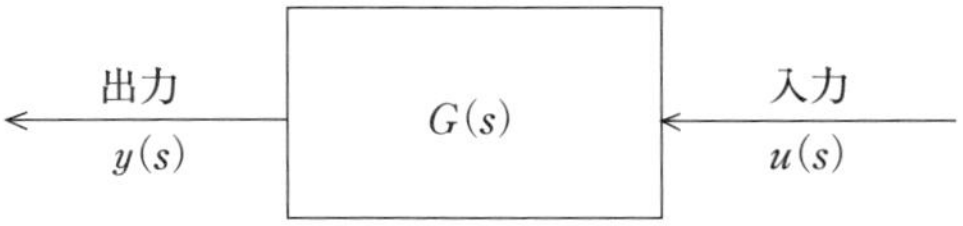

図 4.1　信号と伝達関数

図 4.1 は

$$y(s) = G(s)u(s) \tag{4.1}$$

という式を図で表現したものである．←は信号を表し，矢印の向きは信号の伝達方向を表している．矢印の近くに $u(s)$（あるいは，単に u）など信号の名前を書く．四角はシステムを表し，四角の中に $G(s)$ と書いて，そのシステムの伝達関数が $G(s)$ であることを表現している．中に伝達関数が書かれた四角は「**ブロック**」と呼ばれている．図 4.1 の矢印の向きから $u(s)$ がシステムの入力となり，$y(s)$ がシステムの出力であることがわかる．

信号の和や差は「**加え合わせ点**」を使って表現する．例えば信号 v, w, y の間に $v = w + y$ の関係があるとき，図 4.2 のように表す．図中の○印は加え合わせ点と呼ばれている．これは白い丸で書く（黒い●は別の用途がある）．○の近くに＋, －の記号を書いて和や差を表現している．図 4.3 の場合には

$$v(s) = w(s) - y(s) \tag{4.2}$$

という関係があることを表現している．

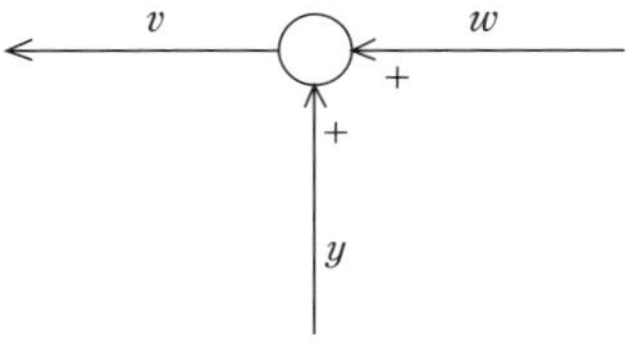

図 4.2　加え合わせ点 (1)

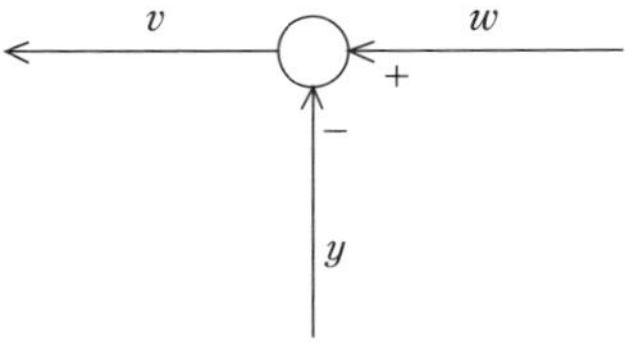

図 4.3　加え合わせ点 (2)

信号を引き出すときには図 4.4 で表す．●印は「**引き出し点**」と呼ばれている．線が分岐しても信号は同じ $v(s)$ であることに注意する（$(1/2)v(s)$ や $(1/3)v(s)$ にはならない）．

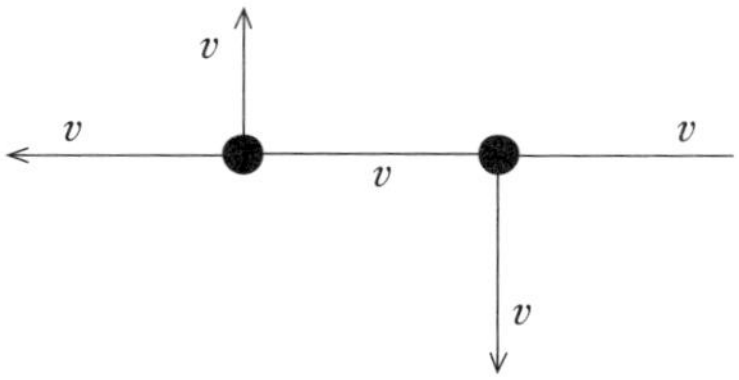

図 4.4　引き出し点

4.3　ブロックの直列結合

図 4.5 の場合には，$x(s)$ は伝達関数 $G_1(s)$ のシステムの出力であり，かつ伝達関数 $G_2(s)$ のシステムの入力でもある．図の関係を式で書くと，

$$y(s) = G_2(s)x(s),\ x(s) = G_1(s)u(s) \tag{4.3}$$

である．上式を一つにまとめると

$$y(s) = G_2(s)G_1(s)u(s) \tag{4.4}$$

であるので，信号 u から信号 y への伝達関数は $G_2(s)G_1(s)$ であることがわかる．このように，ブロックの**直列結合**には**各伝達関数の積**が対応する．図 4.5 の二つのブロックを一つにまとめると，図 4.6 のようになる．

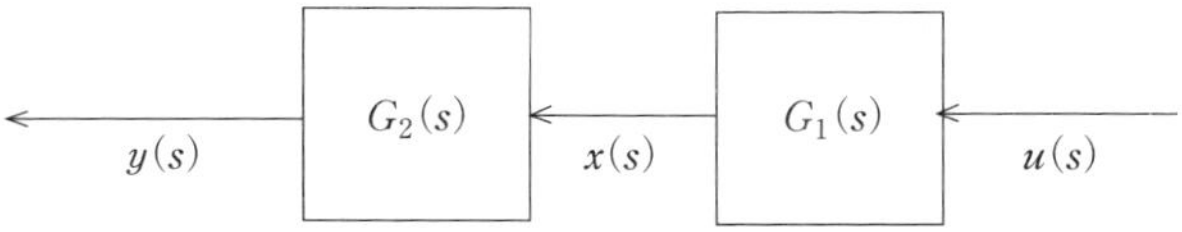

図 4.5　ブロックの直列結合

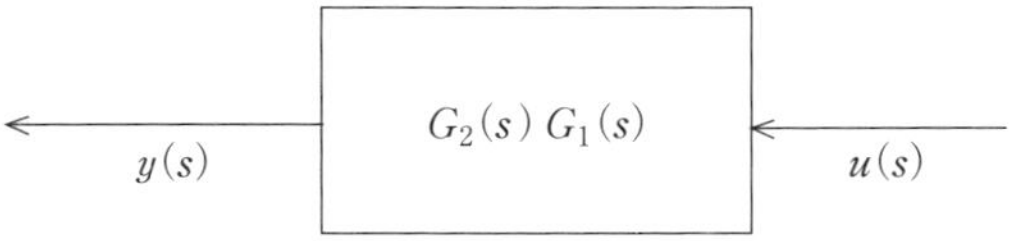

図 4.6　直列結合をまとめたブロック線図

4.4　ブロックの並列結合

図 4.7 の関係を式で書くと

$$y_1(s) = G_1(s)u(s),\ y_2(s) = G_2(s)u(s),\ y(s) = y_1(s) + y_2(s)$$

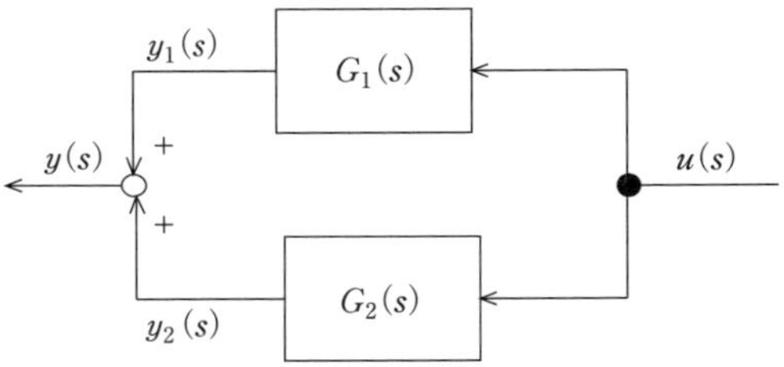

図 4.7　ブロックの並列結合

である．さらに，$y_1(s)$ と $y_2(s)$ を消去して u から y への関係にまとめれば，

$$y(s) = (G_1(s) + G_2(s))u(s) \tag{4.5}$$

となる．上式より u から y への伝達関数は $G_1(s) + G_2(s)$ であることがわかる．このように，ブロックの**並列結合**には**各伝達関数の和**が対応する．図 4.7 の二つのブロックを一つにまとめると，図 4.8 のようになる．

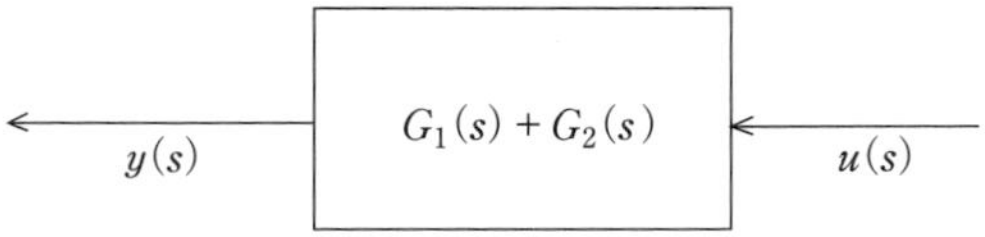

図 4.8　並列結合をまとめたブロック線図

4.5　フィードバック系のブロック線図と伝達関数

次のようなフィードバック系について考えてみよう．

問題：r から y への伝達関数を $G(s)$ と $K(s)$ を用いて表せ．

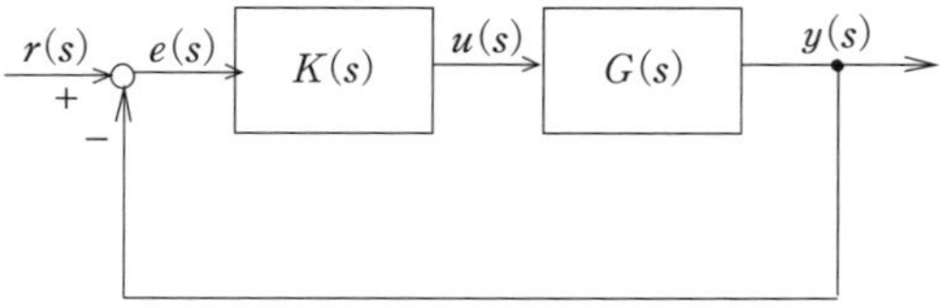

図 4.9　フィードバック系のブロック線図

解答：

図 4.9 より，

$$y(s) = G(s)u(s) \tag{4.6}$$
$$u(s) = K(s)e(s) \tag{4.7}$$
$$e(s) = r(s) - y(s) \tag{4.8}$$

の関係がある．(4.6) 式と (4.7) 式より，

$$y(s) = G(s)K(s)e(s) \tag{4.9}$$

が得られ，これに (4.8) 式を代入すると

$$y(s) = G(s)K(s)\{r(s) - y(s)\} \tag{4.10}$$

となる．これを変形して，

$$\{1 + G(s)K(s)\}y(s) = G(s)K(s)r(s) \tag{4.11}$$
$$y(s) = \frac{G(s)K(s)}{1 + G(s)K(s)}r(s) \tag{4.12}$$

よって，

図 4.9 のフィードバック系における r から y への伝達関数は

$$\frac{G(s)K(s)}{1 + G(s)K(s)} \tag{4.13}$$

である．

(4.6)∼(4.8) の三つの式から $u(s)$, $e(s)$ を消去して，まず (4.10) 式のような $r(s)$ と $y(s)$ との関係を導く．それを (4.12) 式のような形に変形すると，r から y への伝達関数が式の中に現れてくる．

図 4.9 の二つのブロックを一つにまとめると，図 4.10 のようになる．図 4.9（あるいは図 4.10）の r から y への伝達関数，すなわち，$G(s)K(s)/[1 + G(s)K(s)]$ は**閉ループ伝達関数**と呼ばれ，第 8 章以降にしばしば現れる．

例えば，

$$G(s) = \frac{1}{s+1}, \quad K(s) = \frac{s+2}{s+3} \tag{4.14}$$

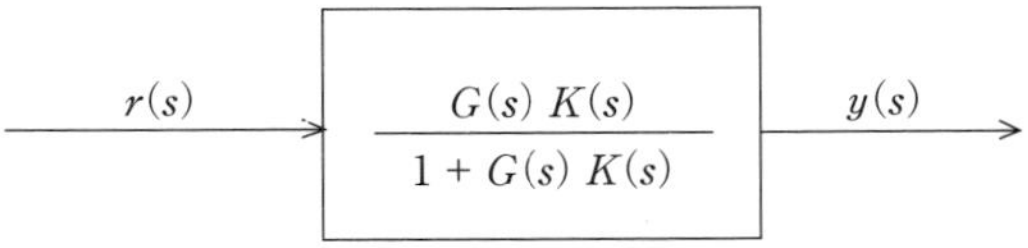

図 4.10　フィードバック結合をまとめたブロック線図

の場合，

$$\frac{G(s)K(s)}{1+G(s)K(s)} = \frac{s+2}{s^2+5s+5} \tag{4.15}$$

となり，閉ループ伝達関数も，やはり分子と分母が多項式の形になる．

演習問題

問題 4.1　下図のブロック線図で表されるシステムにおける r から y への伝達関数を求めよ．ただし，$G(s) = 2/(s+3)$, $K(s) = 1/(s+2)$ とする．

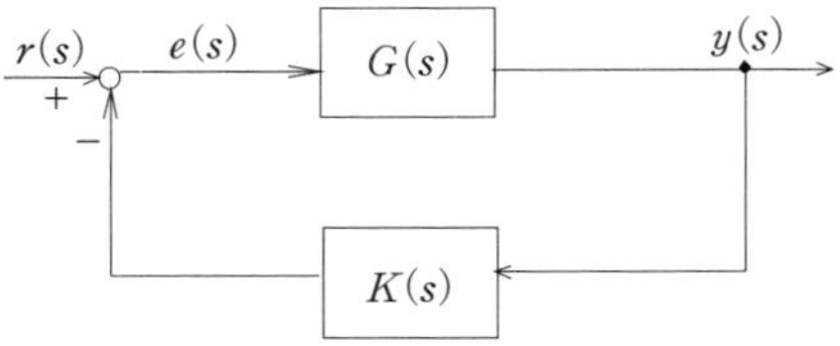

第5章 システムの応答解析

動的システムの特徴は，その出力波形によく現れます．単純な入力信号（例えばステップ信号）に対しても，システムの伝達関数によっては少し複雑な応答が現れます．この章では，応答波形を表す式を伝達関数を使って求める方法を説明します．また，伝達関数が **1** 次の場合と **2** 次の場合について，伝達関数と応答との対応関係を解説します．

5.1 伝達関数を用いた出力信号の求め方

入出力システムの伝達関数 $G(s)$ がわかっているとする．入力 $u(t)$ に対する出力 $y(t)$ の計算式（$y(t) = \cdots$ という式）は，一般に次の手順で求められる．

(i) 入力信号のラプラス変換 $u(s)$ を求める．
(ii) $y(s) = G(s)u(s)$ を計算する．
(iii) $y(s)$ を逆ラプラス変換して $y(t)$ を求める．

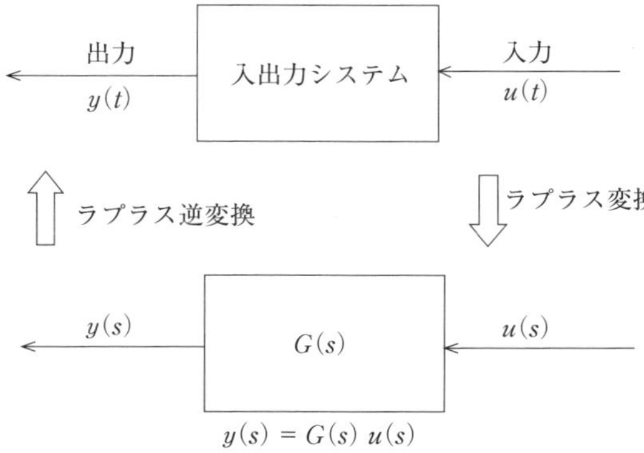

図 5.1 伝達関数を用いた出力信号の計算

図で表すと，図 5.1 のようになる．

入力 $u(t)$ に対する出力 $y(t)$ は，$G(s)$ を用いて

$$y(t) = \mathcal{L}^{-1}\left[G(s)\mathcal{L}[u(t)]\right] \tag{5.1}$$

で計算できる．

（注意）伝達関数を使って求められる応答は，すべての初期値を 0 とした場合の応答である．

さて，ここで入力信号 $u(t)$ に注目しよう．システムの特性を解析するためによく用いられる（比較的単純な）入力信号 $u(t)$ として，**インパルス関数**，**ステップ信号**がある．

5.2　インパルス関数と伝達関数

5.2.1　インパルス関数

時刻 $t = 0$ のみで大きな値を持ち，その他の t では 0 となる関数はインパルス関数と呼ばれている（図 5.2）．数学的には

$$\int_{-\infty}^{\infty} \delta(t)dt = 1,\quad t \neq 0 \text{ において } \delta(t) = 0$$

を満たし，かつ任意の連続関数 $f(t)$ に対して

$$\int_{-\infty}^{\infty} f(t)\delta(t)dt = f(0)$$

を満たす関数 $\delta(t)$ として定義される．インパルス関数はデルタ関数とも呼ばれる．

上の定義をもう少しわかりやすくすると

$$\delta_\varepsilon(t) = \begin{cases} 1/\varepsilon & 0 < t < \varepsilon \\ 0 & \text{その他の } t \end{cases} \tag{5.2}$$

において $\varepsilon \to 0$ の極限を考えたものが $\delta(t)$ である．

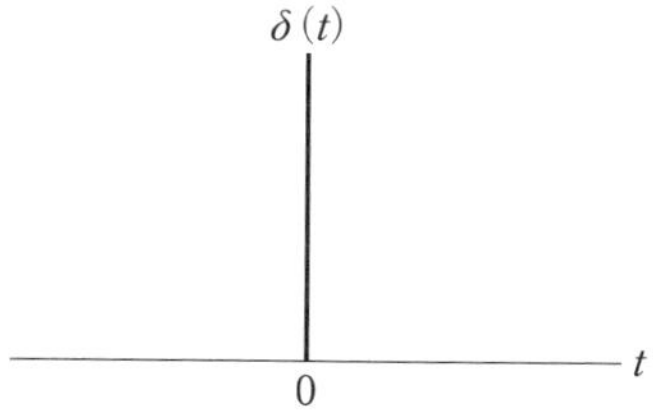

図 5.2　インパルス関数

5.2.2 インパルス応答の計算法

入力信号 $u(t)$ がインパルス関数のときの出力信号 $y(t)$ を**インパルス応答**という．インパルス応答 $y(t)$ を，他の $y(t)$ と区別するために $g(t)$ と書くことにする．$g(t)$ は (5.1) 式の考え方を使って求めることができる．まず，入力のラプラス変換，すなわちインパルス関数 $\delta(t)$ のラプラス変換を求める．第 2 章で述べた公式より，

$$\mathcal{L}[\delta(t)] = 1 \tag{5.3}$$

である．上の式と (5.1) 式を用いることにより，

> インパルス応答 $g(t)$ は，
>
> $$g(t) = \mathcal{L}^{-1}\left[G(s)\mathcal{L}[\delta(t)]\right] = \mathcal{L}^{-1}\left[G(s)\right] \tag{5.4}$$
>
> で求められる．

この式より，**伝達関数をラプラス逆変換するとインパルス応答になる**ことがわかる．(5.4) 式の関係は

$$G(s) = \mathcal{L}[g(t)] \tag{5.5}$$

とも書ける．したがって，**インパルス応答をラプラス変換すると伝達関数になる**ことがわかる．

5.2.3　インパルス応答と入出力との関係

入力信号がインパルス関数とは限らず，一般の $u(t)$ の場合の出力 $y(t)$ について考えてみる．伝達関数 $G(s)$ を用いると，入力信号のラプラス変換 $u(s)$ と出力信号のラプラス変換 $y(s)$ との関係は

$$y(s) = G(s)u(s) \tag{5.6}$$

で書かれる．

合成積のラプラス変換の公式（第 2 章の (2.29) 式）を使って (5.6) 式の両辺をラプラス逆変換すると，

$$y(t) = \mathcal{L}^{-1}\left[G(s)u(s)\right] = \int_0^t g(t-\tau)u(\tau)d\tau \tag{5.7}$$

となる．ここで，$g(t)$ は (5.4) 式に見られるように，伝達関数 $G(s)$ の逆ラプラス変換，すなわちインパルス応答であることに注意する．(5.7) 式より，**入力信号 $u(t)$ とインパルス応答 $g(t)$ の合成積（畳み込み積分）が出力信号 $y(t)$ になることがわかる．**

5.3　ステップ応答

図 5.3 のように，$t=0$ で階段状に大きさが 0 から 1 に変化する関数 $u_s(t)$ を単位ステップ関数という．式で書くと，

$$u_s(t) = \begin{cases} 1 & t \geq 0 \\ 0 & t < 0 \end{cases} \tag{5.8}$$

となる．入力信号 $u(t)$ がステップ関数のときの出力信号 $y(t)$ を**ステップ応答**という（図 5.4）．

ステップ関数 $u_s(t)$ のラプラス変換は（第 2 章の公式より），

$$\mathcal{L}[u_s(t)] = \frac{1}{s} \tag{5.9}$$

である．上の式と (5.1) 式を用いることにより，次のことがいえる．

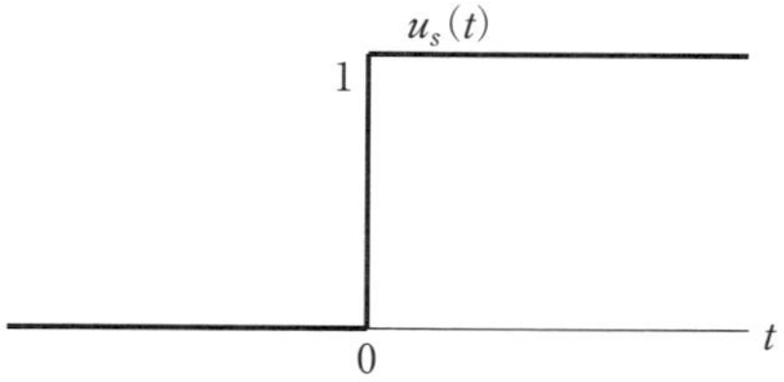

図 5.3　単位ステップ関数

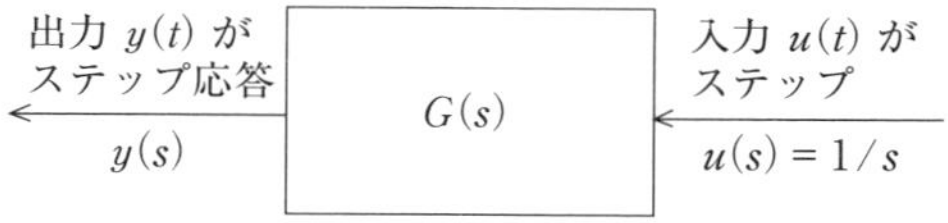

図 5.4　ステップ応答

ステップ応答は，

$$y(t) = \mathcal{L}^{-1}\left[G(s)\mathcal{L}[u_s(t)]\right] = \mathcal{L}^{-1}\left[G(s)\frac{1}{s}\right] \tag{5.10}$$

で求められる．

5.4　ラプラス逆変換

インパルス応答を (5.4) 式で求めるとき，またステップ応答を (5.10) 式で求めるとき，あるいは一般の $u(t)$ に対する応答 $y(t)$ を (5.1) 式として求めるとき，ラプラス逆変換をしなければならない．このとき，部分分数展開とラプラス逆変換の公式を使うとよい．

例えば，伝達関数が

$$G(s) = \frac{s+3}{s^2+3s+2} \tag{5.11}$$

であるシステムのステップ応答を求めたいとする．(5.10) 式を用いると

$$y(t) = \mathcal{L}^{-1}\left[G(s)\frac{1}{s}\right] = \mathcal{L}^{-1}\left[\frac{s+3}{s(s^2+3s+2)}\right] \tag{5.12}$$

を求めなければならない．上式におけるラプラス逆変換を行うには，まず，

$$\frac{s+3}{s(s^2+3s+2)} = \frac{s+3}{s(s+1)(s+2)} \tag{5.13}$$
$$= \frac{3}{2}\cdot\frac{1}{s} - 2\frac{1}{s+1} + \frac{1}{2}\cdot\frac{1}{s+2} \tag{5.14}$$

という部分分数展開（付録参照）を行う．そして，ラプラス逆変換の公式

$$\mathcal{L}^{-1}\left[\frac{1}{s}\right] = 1,\quad \mathcal{L}^{-1}\left[\frac{1}{s+a}\right] = e^{-at}$$

を用いて (5.14) 式を逆ラプラス変換すると，ステップ応答 $y(t)$ が

$$y(t) = \frac{3}{2} - 2e^{-t} + \frac{1}{2}e^{-2t} \tag{5.15}$$

という式で得られる．

5.5 ステップ応答の最終値の簡単な計算法

入力信号 $u(t)$ がステップ信号のとき，$t \to \infty$ での $y(t)$ の値（ステップ応答の最終値）について考えてみる．まず (5.10) 式で $y(t)$ の式を求めてから $t \to \infty$ としても求められるが，ラプラス変換の最終値の定理を利用するともっと簡単に求めることができる．

$$\begin{aligned}
\lim_{t\to\infty} y(t) &= \lim_{s\to 0} sy(s) \quad \text{（ラプラス変換の最終値の定理より）}\\
&= \lim_{s\to 0} s\{G(s)u(s)\} \quad (y(s) = G(s)u(s) \text{ なので）}\\
&= \lim_{s\to 0} s\{G(s)\mathcal{L}[u_s(t)]\} \quad (u(t) = u_s(t) \text{ なので）}\\
&= \lim_{s\to 0} s\left\{G(s)\frac{1}{s}\right\}\\
&\qquad \text{（ステップ入力 } u_s(t) \text{ のラプラス変換は } 1/s\text{）}\\
&= G(0)
\end{aligned} \tag{5.16}$$

したがって，

ステップ応答の最終値は $G(0)$，すなわち伝達関数の s に 0 を代入すれば得られる．

注意：このことは $y(t)$ が発散しない場合において成り立つ．

5.6　1 次系・2 次系の応答

5.6.1　1 次系

一般の伝達関数は

$$G(s) = \frac{n(s)}{d(s)} = \frac{b_m s^m + b_{m-1}s^{m-1} + \cdots + b_1 s + b_0}{s^n + a_{n-1}s^{n-1} + \cdots + a_1 s + a_0} \tag{5.17}$$

で表されるが，ここでは代表的なものについて考える．

システムの伝達関数が

$$G(s) = \frac{K}{Ts+1} \tag{5.18}$$

の形で表されるとき，そのシステムは**1 次系**と呼ばれる．

K, T は正の定数とする．例えば，第 2 章の RC 回路は，伝達関数が

$$G(s) = \frac{1}{RCs+1}$$

なので，1 次系である．

5.6.2　1 次系のステップ応答

伝達関数が

$$G(s) = \frac{K}{Ts+1} \tag{5.19}$$

の 1 次系に対してステップ応答を調べてみる（図 5.5）．

例えば，$K=1, T=1$ として，

$$G(s) = \frac{1}{s+1} \tag{5.20}$$

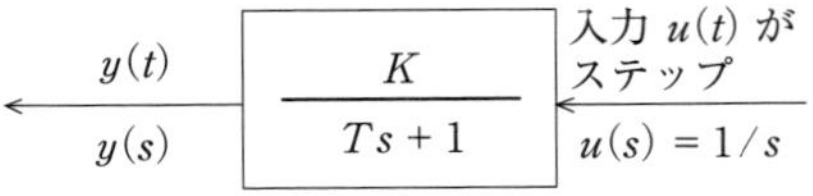

図 5.5　1 次系のステップ応答

のステップ応答は，図 5.6 のようになる．

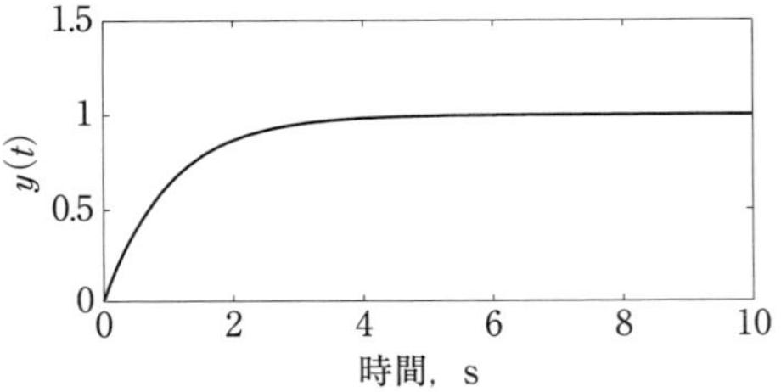

図 5.6　1 次系のステップ応答の例（$T=1$，$K=1$ の場合）

(5.10) 式を用いてステップ応答 $y(t)$ の式を求めてみる．

$$
\begin{aligned}
y(t) &= \mathcal{L}^{-1}\left[G(s)\frac{1}{s}\right] = \mathcal{L}^{-1}\left[\frac{K}{Ts+1}\frac{1}{s}\right] \\
&= \mathcal{L}^{-1}\left[\frac{K/T}{s(s+1/T)}\right] && (5.21) \\
&= \mathcal{L}^{-1}\left[\frac{K}{s} - \frac{K}{s+1/T}\right] && (5.22) \\
&= K(1-e^{-t/T}) && (5.23)
\end{aligned}
$$

(5.21) 式から (5.22) 式への変形には部分分数展開を用いた．(5.22) 式から (5.23) 式への変形にはラプラス逆変換の公式

$$
\mathcal{L}^{-1}\left[\frac{1}{s}\right] = 1,\quad \mathcal{L}^{-1}\left[\frac{1}{s+a}\right] = e^{-at}
$$

を使った．

時間の経過とともに上記の $y(t)$ は一定値になる．これは，(5.23) 式で $t \to \infty$ とすればわかる．$t \to \infty$ のとき $e^{-t/T} \to 0$ であることに注意すると

$$
\lim_{t\to\infty} y(t) = K \tag{5.24}
$$

であることがわかる．あるいは，(5.16) 式を利用して

$$\lim_{t \to \infty} y(t) = G(0) = K \tag{5.25}$$

としても同じことがわかる．

$T = 1$ とし，K をいろいろ変えてステップ応答をグラフにすると，図 5.7 のようになる．K は「1 次系のゲイン」と呼ばれる．K が大きいほどステップ応答の最終値が大きくなる．

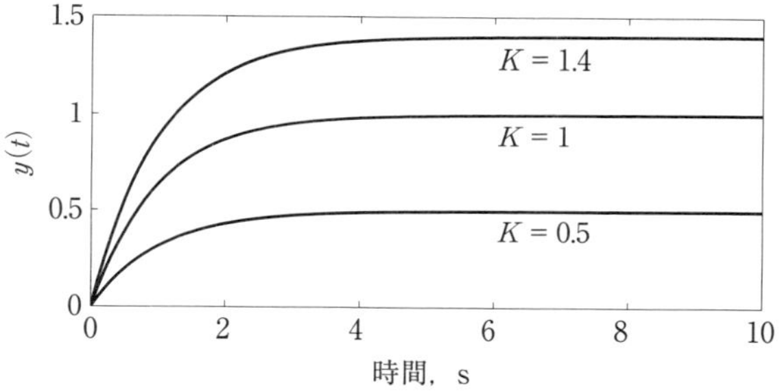

図 5.7　1次系のステップ応答（K を変えた場合）

$K = 1$ とし，T をいろいろ変えてステップ応答を調べると，図 5.8 のようになる．T は「1 次系の時定数」と呼ばれる．T が小さいほど $y(t)$ は速く反応する．時刻 $t = T$ において，最終値の 63.2 %に達することが知られている．

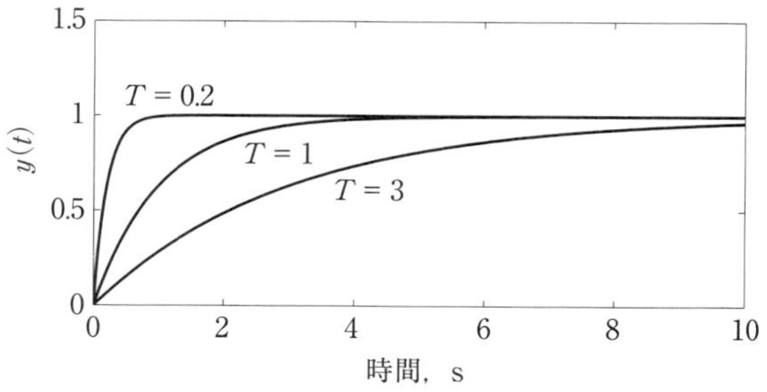

図 5.8　1次系のステップ応答（T を変えた場合）

5.6.3 2 次系

システムの伝達関数が

$$G(s) = \frac{K\omega_n^2}{s^2 + 2\zeta\omega_n s + \omega_n^2} \tag{5.26}$$

という形をしているとき，そのシステムは **2 次系**と呼ばれる．

K, ω_n, ζ は正の定数とする．RLC 回路や，ばねとダンパのついた物体は，伝達関数が

$$G(s) = \frac{1}{LCs^2 + RCs + 1}, \quad \text{あるいは} \quad G(s) = \frac{1}{Ms^2 + Ds + K}$$

と表され，これらは 2 次系である．

2 次系の応答は，「分母多項式 $= 0$」の解の種類によって応答波形が大きく変わってくる．(5.26) 式の場合であると，

$$s^2 + 2\zeta\omega_n s + \omega_n^2 = 0 \tag{5.27}$$

の解によって応答が変わる．2 次方程式の判別式により，上の方程式の解は

- $\zeta < 1$ のとき二つの複素数の解
- $\zeta = 1$ のとき重解
- $\zeta > 1$ のとき二つの実数解

となる．すなわち，解が複素数か実数かは ζ の値で決まり，それに応じて応答 $y(t)$ の様子が次に示すように変わる．

5.6.4 2 次系のステップ応答

図 5.9 の $y(t)$ で表される 2 次系のステップ応答について考察する．応答の様子は ζ の値が 1 より小さいか，あるいは大きいかで異なる．

$\zeta < 1$ の場合（複素数の解の場合）

(5.27) 式の二つの解を p_1, p_2 とすると，

$$p_1 = -\zeta\omega_n + j\omega_d, \quad p_2 = -\zeta\omega_n - j\omega_d \tag{5.28}$$

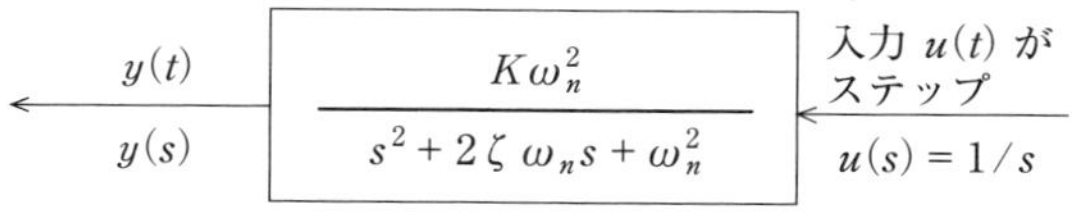

図 5.9　2次系のステップ応答

となる．ただし，記号 ω_d は

$$\omega_d = \omega_n\sqrt{1-\zeta^2} \tag{5.29}$$

と定義した．$\zeta < 1$ の場合，2 次系のステップ応答を式で求めてみる．少々面倒な計算であるが，次のように求めることができる．

$$\begin{aligned}
y(t) &= \mathcal{L}^{-1}\left[\frac{K\omega_n^2}{s^2+2\zeta\omega_n s+\omega_n^2}\frac{1}{s}\right] \\
&= \mathcal{L}^{-1}\left[\frac{K}{s} - \frac{K(s+2\zeta\omega_n)}{s^2+2\zeta\omega_n s+\omega_n^2}\right] \\
&= K\cdot\mathcal{L}^{-1}\left[\frac{1}{s} - \frac{s+\zeta\omega_n}{(s+\zeta\omega_n)^2+\omega_d^2} - \frac{\zeta}{\sqrt{1-\zeta^2}}\frac{\omega_d}{(s+\zeta\omega_n)^2+\omega_d^2}\right] \\
&= K\left\{1 - e^{-\zeta\omega_n t}\left(\cos\omega_d t + \frac{\zeta}{\sqrt{1-\zeta^2}}\sin\omega_d t\right)\right\} \qquad (5.30) \\
&= K\left\{1 - \frac{e^{-\zeta\omega_n t}}{\sqrt{1-\zeta^2}}\sin(\omega_d t+\theta)\right\} \qquad (5.31)
\end{aligned}$$

ただし，

$$\theta = \tan^{-1}\frac{\sqrt{1-\zeta^2}}{\zeta}$$

である．(5.30) 式の導出では，ラプラス逆変換の公式

$$\mathcal{L}^{-1}\left[\frac{s+a}{(s+a)^2+\omega^2}\right] = e^{-at}\cos\omega t\ ,\quad \mathcal{L}^{-1}\left[\frac{\omega}{(s+a)^2+\omega^2}\right] = e^{-at}\sin\omega t$$

を用いた．(5.30) 式から (5.31) 式への計算では三角関数の公式

$$a\cos\omega t + b\sin\omega t = \sqrt{a^2+b^2}\sin(\omega t+\phi)\ ,\quad \phi = \tan^{-1}\frac{a}{b}$$

を用いた．

$\zeta = 1$ の場合（重解の場合）

同様な計算により，次のようになる．

$$y(t) = K\{1 - e^{-\omega_n t}(1 + \omega_n t)\} \tag{5.32}$$

$\zeta > 1$ の場合（二つの実数解の場合）

同様な計算により，

$$y(t) = K\left\{1 - \frac{e^{-\zeta\omega_n t}}{2\beta}((\zeta + \beta)e^{\omega_n \beta t} - (\zeta - \beta)e^{-\omega_n \beta t})\right\} \tag{5.33}$$

となる．ただし，$\beta = \sqrt{\zeta^2 - 1}$ と定義した．

ステップ応答の波形が，ζ の値の違いによってどう変わるかを調べてみると，図 5.10 のようになる．この図からわかるように，$\zeta < 1$ のとき，行き過ぎて振動的になる．この振動は (5.31) 式の中に sin が含まれていることが原因となっている．$\zeta > 1$ のときは，(5.33) 式の中に sin がないことから振動はしない．$\zeta = 1$ はそれらの境界である．以上をまとめると，システムの特性を次のように分類できる．ζ は **2 次系の減衰係数**と呼ばれる．

- $\zeta < 1$ のとき　二つの複素数の解　・・・「不足制動」
- $\zeta = 1$ のとき　重解　・・・「臨界制動」
- $\zeta > 1$ のとき　二つの実数解　・・・「過制動」

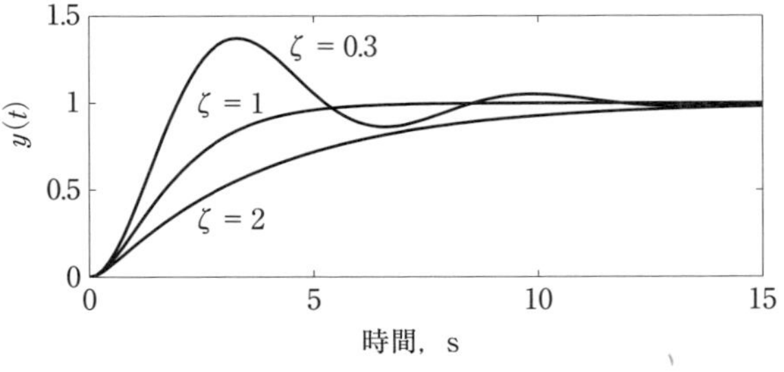

図 5.10　2 次系のステップ応答（ζ を変えた場合）

5.6.5　ω_n による応答の違い

2 次系において，例えば，$\zeta = 1$, $K = 1$ として ω_n をいろいろ変えてステップ応答を調べると，図 5.11 のようになる．$\zeta = 0.3$, $K = 1$ として，ω_n をいろいろ変えてステップ応答を調べると，図 5.12 のようになる．

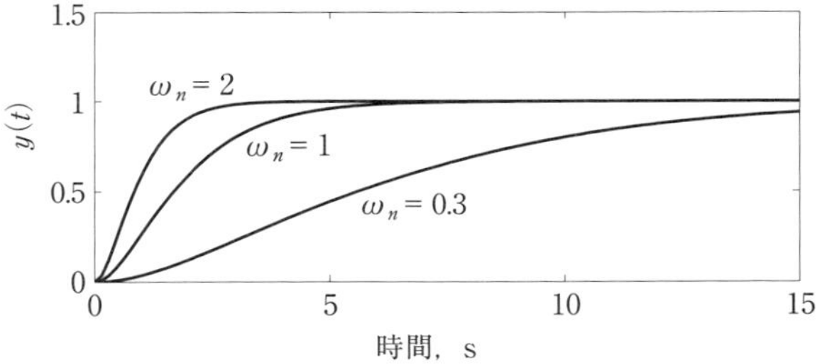

図 5.11　2次系のステップ応答（$\zeta = 1$ で ω_n を変えた場合）

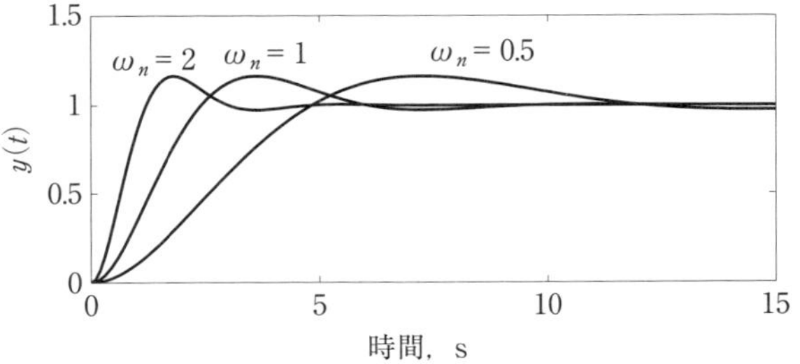

図 5.12　2次系のステップ応答（$\zeta = 0.3$ で ω_n を変えた場合）

どちらの場合も，ω_n が大きいほど $y(t)$ は速く反応する．ω_n は，2 次系の反応の速さを決めている．これは，(5.31) 式，(5.32) 式，(5.33) 式において，時間を表す変数 t に ω_n が掛かっていることからもわかる．ω_n は，**2 次系の固有角周波数**と呼ばれる．

5.6.6　1 次遅れ，2 次遅れ

1 次系の場合も 2 次系の場合も，ステップ応答は瞬時に最終値に到達せず，やや遅れて到達する．そのため，1 次系のことを「1 次遅れ」，また 2 次系のことを「2 次遅れ」と呼ぶこともある．

演習問題

問題 5.1　伝達関数が

$$G(s) = \frac{5s + 6}{s^2 + 3s + 2}$$

であるシステムのステップ応答 $y(t)$ を求めよ．

第6章 安定性・極と応答との関係

ステップ応答は時間とともに一定値に落ち着くとは限らず，システムによっては発散することもあります．そのようなシステムは「不安定なシステム」と呼ばれ，そうでないシステムは「安定なシステム」といいます．システムが安定かどうかは，その伝達関数からすぐに判別できます．この章では，安定かどうかの判別方法と，それに用いられる「極」というものを説明します．

6.1 入出力システムの安定性

図 6.1 のようなシステムに任意の有界な入力 $u(t)$ を加えたとき，出力 $y(t)$ もやはり有界であるとき，そのシステムは**安定**であるという．「有界」とは，大きさが有限であることであり，「有界な入力 $u(t)$」とはすべての t に対して $|u(t)| < \infty$ であるような $u(t)$ である（例えば，ステップ信号や正弦波などは有界な入力である）．出力 $y(t)$ が有界とはすべての t に対して $|y(t)| < \infty$ であること，すなわち発散しないことである．有界な入力に対しても出力が発散するとき，そのシステムは**不安定**であるという．

図 6.1　入出力システム

安定か不安定かはシステムの特性であり，その伝達関数によって決まる．システムの伝達関数がどのような場合に安定となり，どのような場合に不安定となるのか．それは次に述べる伝達関数の**極**によってわかる．

6.2 極と次数

伝達関数 $G(s)$ が

$$G(s) = \frac{n(s)}{d(s)} = \frac{b_m s^m + b_{m-1}s^{m-1} + \cdots + b_1 s + b_0}{s^n + a_{n-1}s^{n-1} + \cdots + a_1 s + a_0} \tag{6.1}$$

と表されるとする．このとき，$d(s) = 0$ の解を**極**と呼ぶ．すなわち，伝達関数の分母に注目し，それを $= 0$ と置いた代数方程式の解が極である．なお，$n(s) = 0$ の解は**零点**と呼ばれる．

多項式の最高次数をその多項式の次数と呼ぶ．(6.1) 式の伝達関数において，分子多項式の次数は m 次であり，分母多項式の次数は n 次である．

伝達関数の分母多項式の次数をその伝達関数の次数と呼ぶ．(6.1) 式の伝達関数の次数は n 次である．

n 次の代数方程式の解は n 個の複素数であるので，n 次の伝達関数には n 個の極がある．

6.3 極と安定性との関係

6.3.1 安定条件

入出力システムが安定かどうか，ステップ応答が発散しないかどうかを知りたいときには，まず，このシステムの伝達関数 $G(s)$ に注目する．この $G(s)$ の極を調べれば安定性を判別できる．

> システムの伝達関数を $G(s)$ とする．そのシステムが安定である必要十分条件は，$G(s)$ のすべての極の実部が負であることである．

例えば，システムの伝達関数が

$$G_b(s) = \frac{s+1}{s^2 + 2s + 4} \tag{6.2}$$

の場合，極は $s^2 + 2s + 4 = 0$ の解，すなわち $-1 \pm \sqrt{3}j$ であり，二つとも実

部が負なので，このシステムは安定である．実際，ステップ応答は図 6.2 のようになり，発散しないことが確認できる．

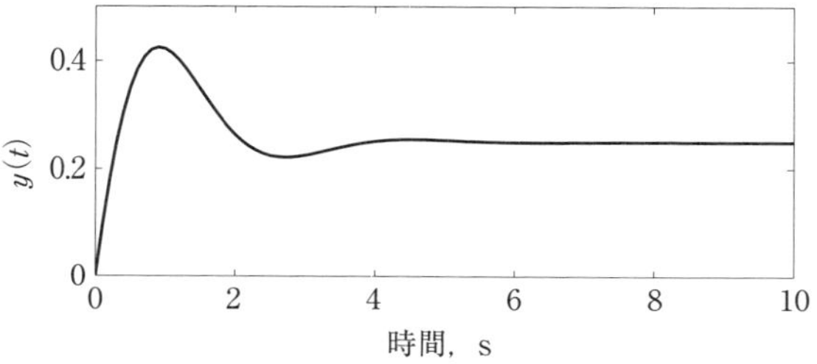

図 6.2　安定なシステムのステップ応答

伝達関数が

$$G_b(s) = \frac{s+1}{s^2 - 2s + 4} \tag{6.3}$$

の場合，極は $s^2 - 2s + 4 = 0$ の解，すなわち $1 \pm \sqrt{3}j$ であり，実部が正の極があるので，このシステムは安定ではない（不安定である）．ステップ応答は図 6.3 のように発散する．

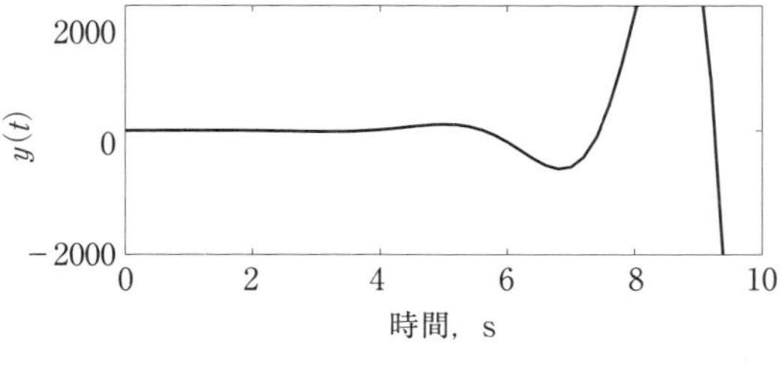

図 6.3　不安定なシステムのステップ応答

6.3.2　なぜ極の実部が安定性に関わるのか

伝達関数が $G(s)$ である入出力システムのステップ応答は，

$$y(t) = \mathcal{L}^{-1}\left[G(s)\frac{1}{s}\right] \tag{6.4}$$

で計算されることを前章で述べた．すなわち

$$y(s) = G(s)\frac{1}{s} \tag{6.5}$$

として，

$$y(t) = \mathcal{L}^{-1}\left[y(s)\right] \tag{6.6}$$

とすれば，ステップ応答の式が出る．その $y(t)$ と極の実部との関係を調べてみよう．

伝達関数 $G(s)$ を

$$G(s) = \frac{n(s)}{(s-\sigma_1)\cdots(s-\sigma_M)(s-\alpha_1 \pm j\omega_1)\cdots(s-\alpha_N \pm j\omega_N)} \tag{6.7}$$

とすると，$M+2N$ 個の極があり，それらは

・M 個の実数の極 σ_i $(i=1,\cdots,M)$ (6.8)

・$2N$ 個の複素数の極 $\alpha_i \pm j\omega_i$ $(i=1,\cdots,N)$ (6.9)

となる（σ_i と α_i が極の実部である．これらに注目しながら，以下の式を見てほしい）．このとき，(6.5) 式を部分分数展開すると，

$$y(s) = G(s)\frac{1}{s} = \frac{A_0}{s} + \sum_{i=1}^{M}\frac{A_i}{s-\sigma_i} + \sum_{i=1}^{N}\frac{B_i}{(s-\alpha_i)^2+\omega_i^2} \tag{6.10}$$

という形になる（第 3 項の分子は，一般には 1 次式になるが，ここでは簡単のため定数 B_i としておく）．上式をラプラス逆変換すると，

$$y(t) = A_0 + \sum_{i=1}^{M} A_i e^{\sigma_i t} + \sum_{i=1}^{N}\frac{B_i}{\omega_i}e^{\alpha_i t}\sin\omega_i t \tag{6.11}$$

となる．この式に基づいて $t \to \infty$ のときの $y(t)$ が発散するかしないかを考えてみる．発散するかしないかには，第 2 項と第 3 項にある $e^{\sigma_i t}$ と $e^{\alpha_i t}$ が関わっている．$\sigma_i < 0$ かつ $\alpha_i < 0$ のとき，$\lim_{t\to\infty} e^{\sigma_i t} = 0$, $\lim_{t\to\infty} e^{\alpha_i t} = 0$ となる．これがすべての i に対して成り立つとき，$y(t)$ は発散しない．逆に，ある i に対して $\sigma_i > 0$ あるいは $\alpha_i > 0$ となるとき，$y(t) \to \infty$ となる．

(6.8) 式，(6.9) 式を思い出すと，σ_i, α_i は伝達関数の極の実部であった．したがって，極の実部の符号が安定性を決め，それらがすべて負のとき，そのシステムは安定である．

6.4 安定な多項式

制御工学では「安定な多項式」という言葉がよく使われる．

$$a_n s^n + a_{n-1} s^{n-1} + \cdots + a_1 s + a_0 \tag{6.12}$$

という n 次多項式があるとする．このとき

$$a_n s^n + a_{n-1} s^{n-1} + \cdots + a_1 s + a_0 = 0 \tag{6.13}$$

のすべての解の実部が負であるとき，(6.12) 式の多項式を**安定な多項式**と呼ぶ (実部が負でない解が一つでもあれば安定な多項式ではない)．

このように，制御工学では「安定な」という言葉をいろいろな用語と組み合わせて用いる．例えば，

- システムは安定である
- $G(s)$ の極はすべて安定な極である
- $G(s)$ の分母多項式は安定である
- $G(s)$ は安定な伝達関数である

などがあげられる．

6.5 ラウスの方法

6.5.1 高次多項式の安定判別

伝達関数の次数が 2 次ならば，2 次方程式の解の公式

$$as^2 + bs + c = 0 \text{ に対して，} \quad s = \frac{-b \pm \sqrt{b^2 - 4ac}}{2a} \tag{6.14}$$

で極を求めて，その実部から安定性を判別できる．これは容易なことであるが，もっと高次（例えば4次など）の伝達関数の場合には，高次の代数方程式を解くことになってしまう．例えば，

$$s^4 + 5s^3 + 10s^2 + 10s + 4 = 0 \tag{6.15}$$

を解くのは容易ではない．

手計算で安定性を判別する方法としては，「ラウスの方法」や「フルビッツの方法」がある．これらの方法は，代数方程式を実際に解いて解を求めるのではなく，その係数から安定性を判別するものである．ここで，ラウスの方法について学んでみよう．

次の n 次多項式について考える．

$$a_n s^n + a_{n-1} s^{n-1} + \cdots + a_1 s + a_0 \tag{6.16}$$

ただし，最高次の項の係数 a_n は正とする（もし a_n が負の場合は，多項式全体に -1 を掛けて，その係数を改めて $a_n, a_{n-1} \cdots a_0$ とする）．この多項式が安定な多項式かどうかを，解を求めず，係数 $a_n, a_{n-1}, \cdots, a_1, a_0$ から判別する方法がある．これはラウスの方法と呼ばれており，次の二つの条件をチェックする．

(1) 係数 $a_n, a_{n-1}, \cdots, a_1, a_0$ がすべて正か調べる．もし一つでも負または0の係数があれば，安定な多項式ではない．すべて正であればさらに次の条件を調べる．

(2) 係数 $a_n, a_{n-1}, \cdots, a_1, a_0$ をもとに，次に示すラウス表をつくり，その最も左端の1列がすべて正の数となれば，(6.16) 式は安定な多項式である（一つでも正でない数があれば，安定な多項式ではない）．

<ラウス表のつくり方>

(i) まず，$a_n, a_{n-1}, \cdots, a_1, a_0$ を次にように2行にわたって並べる．

第1行	a_n	a_{n-2}	a_{n-4}	$\cdots$
第2行	a_{n-1}	a_{n-3}	a_{n-5}	$\cdots$

(ii) 上の 2 行を第 i 行と第 $i+1$ 行としたとき，その下にもう 1 行（第 $i+2$ 行）を次の規則によってつくる．

第 i 行	x_1	x_2	$\cdots$	x_k	x_{k+1}	$\cdots$
第 i+1 行	y_1	y_2	$\cdots$	y_k	y_{k+1}	$\cdots$
第 i+2 行	z_1	z_2	$\cdots$	z_k	z_{k+1}	$\cdots$

$$z_k = -\frac{1}{y_1}\begin{vmatrix} x_1 & x_{k+1} \\ y_1 & y_{k+1} \end{vmatrix} = -\frac{1}{y_1}(x_1 y_{k+1} - x_{k+1} y_1)$$

(iii) 上の (ii) の操作ができなくなるまで繰り返す．

6.5.2 ラウスの方法の例

例として，4 次の多項式

$$s^4 + 5s^3 + 10s^2 + 10s + 4 \tag{6.17}$$

が安定な多項式かどうか判別する．

まず (1) の条件，すなわち，係数がすべて正かどうかを見る．すべて正であるので (2) に進み，ラウス表をつくってみる．

ラウス表を (i)〜(iii) の手順に従ってつくると下の表になる．

第 1 行	1	10	4
第 2 行	5	10	·
第 3 行	8	4	
第 4 行	7.5	·	
第 5 行	4		

最も左の列は

$$\begin{matrix} 1 \\ 5 \\ 8 \\ 7.5 \\ 4 \end{matrix}$$

であり，すべて正の数が並んでいるので，(6.17) 式は安定な多項式であると判別される．

補足：　実際に

$$s^4 + 5s^3 + 10s^2 + 10s + 4 = 0$$

の解を求めてみると -1, -2, $-1+j$, $-1-j$ となり，四つとも実部は負で，確かに安定である．

6.5.3　2次の場合の安定条件

2次多項式 $as^2 + bs + c$ にラウスの方法を適用してみよう．$a > 0$ とする（もし a が負の場合は，多項式全体に -1 を掛けて，その係数を改めて a, b, c とする）．

> 2次の多項式
>
> $$as^2 + bs + c$$
>
> が安定多項式であるための必要十分条件は，a とともに b, c の符号も正となることである．

これは次のように証明される．ラウスの方法の (1) の条件から，まず，$a > 0$, $b > 0, c > 0$ が安定となるための必要条件であることがわかる．次に，$a > 0$, $b > 0, c > 0$ が十分条件であること，すなわち $a > 0, b > 0, c > 0$ であればラウスの方法の (2) の条件が満たされることを示す．$as^2 + bs + c$ からラウス表をつくると，

第1行	a	c
第2行	b	0
第3行	c	

となり，最も左の列は

$$\begin{matrix} a \\ b \\ c \end{matrix}$$

である．これより，$a > 0, b > 0, c > 0$ であれば最も左の列がすべて正となり，$as^2 + bs + c$ は安定多項式となる．

（注意）　上の事実は覚えて利用するとよい．2次方程式の解の実部がすべて負かどうかを判別したいとき，解を求めたり，ラウス表をつくらなくても，係数

がすべて正かどうかだけを見ればよいのである．例えば，$s^2+3s+8=0$ の二つの解の実部が負かどうかを判別したいとする．係数 1,3,8 がすべて正なので，解の実部は負であるといえる．

ただし，この方法が有効なのは 2 次以下の方程式の場合だけである．3 次以上の場合には，すべての係数が正の場合，安定である可能性はあるが，それだけで安定とは断定できず，実際に解を求めるかラウス表をつくらないと安定かどうかは判別できない．

6.6 極と応答波形との関係

伝達関数の極は安定性だけでなく，応答波形にも影響する．6.3.2 項と同様，伝達関数 $G(s)$ が次のような極を持つとしよう．

・M 個の実数の極 σ_i $(i=1,\cdots,M)$
・$2N$ 個の複素数の極 $\alpha_i \pm j\omega_i$ $(i=1,\cdots,N)$

このとき，ステップ応答は

$$y(t)=A_0+\sum_{i=1}^{M}A_ie^{\sigma_it}+\sum_{i=1}^{N}\frac{B_i}{\omega_i}e^{\alpha_it}\sin\omega_it \tag{6.18}$$

と表される．(6.18) 式の第 2 項に実数の極 σ_i が，また第 3 項には複素数の極の実部 α_i と虚部 ω_i が含まれていることに注意する．

極の実部 σ_i および α_i が (6.18) 式の第 2 項と第 3 項の指数関数の指数部に現れている．$\sigma<0$ のとき，$t\to\infty$ で $e^{\sigma_it}\to 0$ と収束する．そして，σ の値が大きいほうが 0 に速く収束する．$\sigma>0$ のとき，$t\to\infty$ で $e^{\sigma_it}\to\infty$ と発散する．そして，σ の値が大きいほうが速く発散する．e^{σ_it} と同様に，e^{α_it} についても α_i の値の大きさが収束（あるいは発散）の速さを決めている．以上をまとめると，**極の実部の符号が収束か発散かを決める．その絶対値が大きいほど収束（あるいは発散）は速くなる．**

複素極の虚部 ω_i は (6.18) 式の第 3 項に $\sin\omega_it$ として表れており，振動成分を表している．したがって，**システムが虚数の極を持つとき，そのステップ**

応答は振動成分を持つ．一般に，ω_i が大きいほど $\sin \omega_i t$ の振動の周波数は高くなる．したがって，**極の虚部の絶対値は応答の振動成分の周波数を決め，それが大きいほど周波数は高くなる．**

いろいろな伝達関数で，極の位置と応答波形との対応関係を調べてみる．

（例１）伝達関数が

$$G_1(s) = \frac{1}{s+1}, \quad （極は\ -1） \tag{6.19}$$

のシステムのステップ応答 $y(t)$ が図6.4の実線であり，

$$G_2(s) = \frac{5}{s+5}, \quad （極は\ -5） \tag{6.20}$$

の場合が破線である．極の実部の絶対値が大きいほうが収束が速いことが見てとれる．

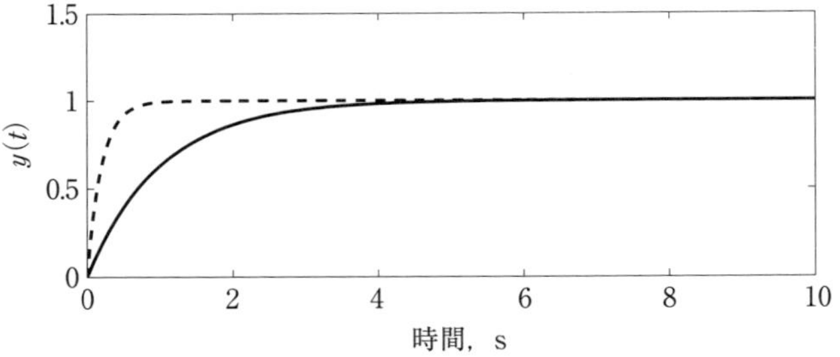

図6.4　ステップ応答の比較

（例２）伝達関数が

$$G_1(s) = \frac{4}{(s+1)^2+3}, \quad （極は\ -1 \pm \sqrt{3}j） \tag{6.21}$$

のシステムのステップ応答 $y(t)$ が図6.5の実線であり，

$$G_2(s) = \frac{12}{(s+3)^2+3}, \quad （極は\ -3 \pm \sqrt{3}j） \tag{6.22}$$

の場合が破線である．極の実部の絶対値が大きいほうが収束が速い．

（例３）伝達関数が

$$G_1(s) = \frac{3}{(s+1)^2+2}, \quad （極は\ -1 \pm \sqrt{2}j） \tag{6.23}$$

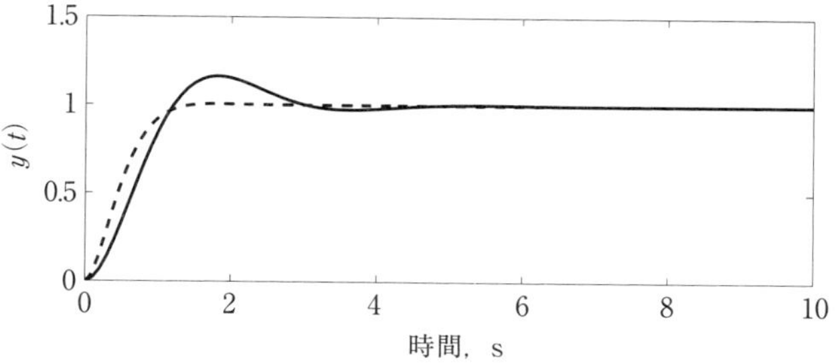

図 6.5 ステップ応答の比較

のシステムのステップ応答 $y(t)$ が図 6.6 の実線であり，

$$G_2(s) = \frac{11}{(s+1)^2+10}, \quad (\text{極は } -1 \pm \sqrt{10}j) \tag{6.24}$$

の場合が破線である．極の虚部の絶対値が大きいほうが振動の周波数が高い．

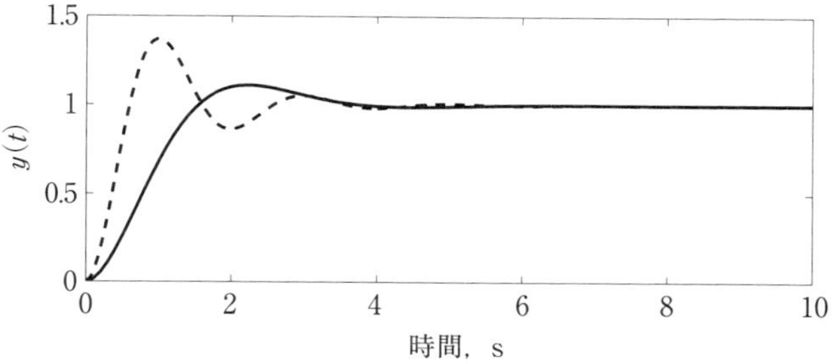

図 6.6 ステップ応答の比較

演習問題

問題 6.1 次の伝達関数で表されるシステムは安定か，不安定か．

$$G(s) = \frac{1}{s^4+6s^3+11s^2+6s+5}$$

第 7 章　周波数応答

入力信号 $u(t)$ が正弦波の場合，システムの応答 $y(t)$ も時間の経過とともに正弦波になっていきます．このとき，$u(t) = \sin \omega t$ の ω の値によって応答 $y(t)$ の振幅や位相が変わります．これらの変わり方は伝達関数 $G(s)$ と関係があり，システムの特性を表すものとなります．この章では，正弦波に対するシステムの応答と，応答の特性をグラフ化した「ボード線図」，「ベクトル軌跡」という図の説明をします．

7.1　正弦波入力に対する応答

ある入出力システムがあり，その伝達関数を $G(s)$ とする本章では，システムは安定であるとする．このシステムに正弦波の入力信号を与えるとする（図 7.1）．

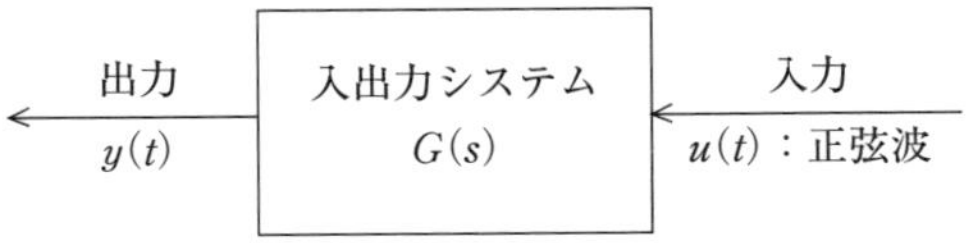

図 7.1　入出力システムへの正弦波の入力

図 7.2 の実線が正弦波の入力 $u(t)$ であり，破線が出力 $y(t)$ である．この図から，出力 $y(t)$ も時間の経過とともに正弦波になっていくことがわかる．しかし，入力 $u(t)$ と比べると $y(t)$ の振幅がやや小さく，波形が時間的に遅れている．次に，このことについて式を用いて調べてみる．

伝達関数が $G(s)$ のシステムに入力信号

$$u(t) = \sin \omega t \tag{7.1}$$

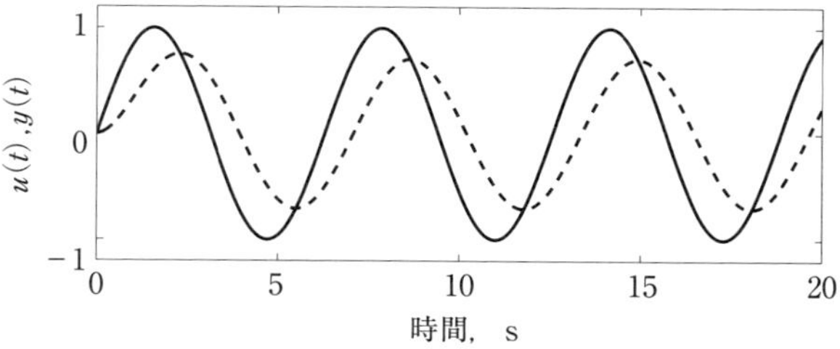

図 7.2 正弦波の入力（実線）に対する出力（破線）

を加えたとき，出力信号 $y(t)$ がどういう式になるか求めてみる．

ここでは，伝達関数 $G(s)$ を

$$G(s) = \frac{n(s)}{d(s)} = \frac{n(s)}{(s-p_1)(s-p_2)\cdots(s-p_n)} \tag{7.2}$$

と書く．(7.1) 式の $u(t)$ のラプラス変換は，公式より

$$\mathcal{L}[u(t)] = \mathcal{L}[\sin \omega t] = \frac{\omega}{s^2+\omega^2} \tag{7.3}$$

である．第 5 章の (5.1) 式を用いると，出力信号 $y(t)$ は

$$y(t) = \mathcal{L}^{-1}\left[G(s)\mathcal{L}[u(t)]\right] \tag{7.4}$$

で求めることができるので，まず $G(s)\mathcal{L}[u(t)]$ の部分を計算してみる．

$$\begin{aligned} y(s) &= G(s)\mathcal{L}[u(t)] \\ &= \frac{n(s)}{(s-p_1)(s-p_2)\cdots(s-p_n)} \cdot \frac{\omega}{s^2+\omega^2} \\ &= \frac{k_1}{s-p_1} + \cdots + \frac{k_n}{s-p_n} + \frac{k_{n+1}}{s-j\omega} + \frac{k_{n+2}}{s+j\omega} \end{aligned} \tag{7.5}$$

上の式は部分分数展開であり，分子の係数は

$$\begin{aligned} k_i &= \lim_{s\to p_i}(s-p_i)G(s)\frac{\omega}{s^2+\omega^2}, \quad i=1,\cdots,n \\ k_{n+1} &= \lim_{s\to j\omega}(s-j\omega)G(s)\frac{\omega}{s^2+\omega^2} \\ &= \lim_{s\to j\omega} G(s)\frac{\omega}{s+j\omega} = \frac{1}{2j}G(j\omega) \end{aligned} \tag{7.6}$$

$$
\begin{aligned}
k_{n+2} &= \lim_{s\to -j\omega}(s+j\omega)G(s)\frac{\omega}{s^2+\omega^2} \\
&= \lim_{s\to -j\omega}G(s)\frac{\omega}{s-j\omega} = -\frac{1}{2j}G(-j\omega)
\end{aligned} \tag{7.7}
$$

と求められる．(7.6) 式と (7.7) 式を (7.5) 式に代入すると

$$
y(s) = \sum_{i=1}^{n}\frac{k_i}{s-p_i} + \frac{1}{2j}\left[\frac{G(j\omega)}{s-j\omega} - \frac{G(-j\omega)}{s+j\omega}\right] \tag{7.8}
$$

となり，これを逆ラプラス変換して，

$$
\begin{aligned}
y(t) &= \sum_{i=1}^{n}k_i e^{p_i t} + \frac{1}{2j}\left[G(j\omega)e^{j\omega t} - G(-j\omega)e^{-j\omega t}\right] \\
&= \sum_{i=1}^{n}k_i e^{p_i t} + \mathrm{Im}\left[G(j\omega)e^{j\omega t}\right]
\end{aligned} \tag{7.9}
$$

となる（Im は複素数 z の虚部を表す記号である．z の共役複素数を $\bar{z}$ とするとき，$z-\bar{z}=2j\,\mathrm{Im}z$ であることを用いた）．さらに $G(j\omega)$ は複素数であることより，絶対値 $|G(j\omega)|$ と偏角 $\angle G(j\omega)$ を用いて

$$
G(j\omega) = |G(j\omega)|e^{j\angle G(j\omega)} \tag{7.10}
$$

と表すことができるので，これを (7.9) 式に代入して

$$
\begin{aligned}
y(t) &= \sum_{i=1}^{n}k_i e^{p_i t} + \mathrm{Im}\left[|G(j\omega)|e^{j(\omega t+\angle G(j\omega))}\right] \\
&= \sum_{i=1}^{n}k_i e^{p_i t} + |G(j\omega)|\sin(\omega t+\angle G(j\omega))
\end{aligned} \tag{7.11}
$$

となる（$\mathrm{Im}e^{j\phi} = \mathrm{Im}(\cos\phi + j\sin\phi) = \sin\phi$ を用いた）．さらに，$\mathrm{Re}[p_i] < 0$ のとき（極の実部が負のとき，すなわちシステムが安定のとき）$e^{p_i t}$ は時間の経過とともに 0 に近づき，定常状態での出力 $y(t)$ は

$$
y(t) = |G(j\omega)|\sin(\omega t+\angle G(j\omega)) \tag{7.12}
$$

となる．まとめると

伝達関数が $G(s)$ のシステムに $u(t) = \sin \omega t$ を入力すると，時間の経過とともに出力 $y(t)$ はつぎのようになる．

$$y(t) = |G(j\omega)| \sin(\omega t + \angle G(j\omega)) \tag{7.13}$$

この式より，出力 $y(t)$ も角周波数 ω の正弦波になることがわかる．ただし，出力の振幅は $|G(j\omega)|$ 倍され，sin の角度が $\angle G(j\omega)$ だけずれる．そして，これらの変化量は入力信号の周波数 ω の関数になっている．したがって，$u(t)$ に対する $y(t)$ の振幅変化や時間的ずれの度合いは，入力信号 u の角周波数 ω によって変わる．

例えば，伝達関数 $G(s) = 1/(s+1)$ のシステムに $u(t) = \sin 0.1t$ $(\omega = 0.1)$ の信号を入力したとき（図 7.3）と，$u(t) = \sin 3t$ $(\omega = 3)$ の信号を入力したとき（図 7.4）を比較してみよう．$\omega = 3$ のときのほうが振幅変化や時間的ずれが大きいことが見てわかる．

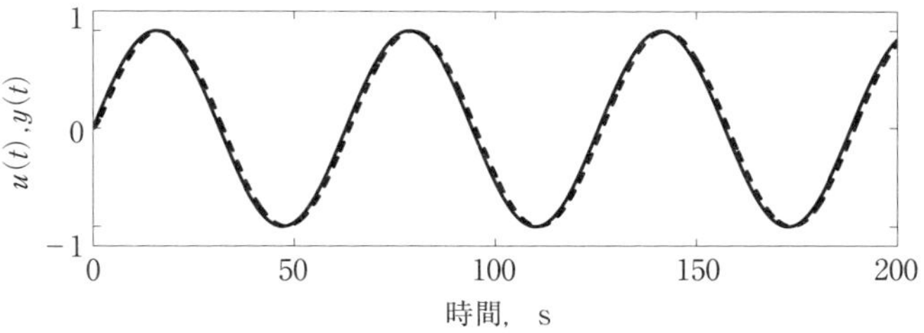

図 7.3 $\omega = 0.1$ の入力（実線）に対する出力（破線）

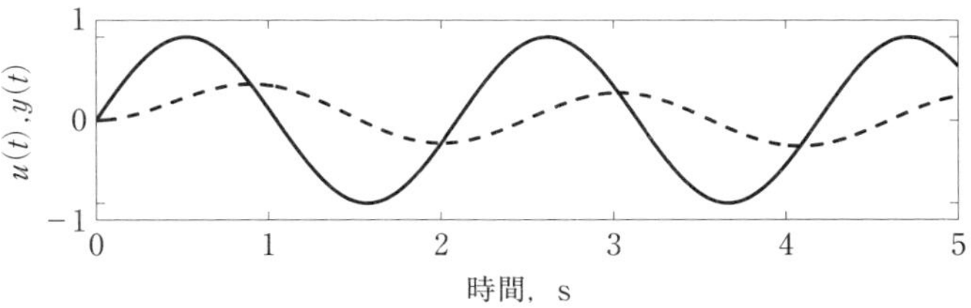

図 7.4 $\omega = 3$ の入力（実線）に対する出力（破線）

7.2　周波数応答関数

7.2.1　ゲインと位相

伝達関数 $G(s)$ に $s = j\omega$ を代入した $G(j\omega)$ を**周波数応答関数**と呼ぶ．これは実数 ω の関数であり，関数値は複素数である．ω は実数とする．

例えば，$G(s) = 1/s$ の場合，$G(j\omega) = 1/(j\omega) = -j(1/\omega)$ となる．

複素数 $G(j\omega)$ の大きさ（複素平面での原点からの距離）$|G(j\omega)|$ を**ゲイン**と呼び，偏角（実軸からの角度）$\angle G(j\omega)$ を**位相**と呼ぶ．どちらも角周波数 ω の関数であることに注意する．

(7.13) 式より，ゲインは出力の振幅が何倍になるかを，また位相は入力に対して出力が時間的にどれだけずれるかを意味する．ただし，位相の単位は角度 [rad] であることに注意する．

二つの周期的な信号の時間的なずれは角度で表すことができる．二つの正弦波が大きくずれて正反対になったときが $-180^\circ = -\pi$[rad] ずれたことになる．これは

$$\sin(\omega t - \pi) = -\sin\omega t \tag{7.14}$$

という式が表していることである．さらに，ずれが大きくなって $-360^\circ = -2\pi$[rad] までずれると，再び同じ信号波形になる．これは

$$\sin(\omega t - 2\pi) = \sin\omega t \tag{7.15}$$

という式が表している．

時間的なずれを角度で表すのに違和感があるかもしれないが，周波数の高い信号や低い信号を扱う場合には，ずれの様子を表すには時間よりも角度のほうが都合が良い．例えば，「0.5 秒ずれている」といっても，ゆったりと変化する二つの信号が 0.5 秒ずれるのに比べて，細かく振動する周波数の高い信号が 0.5 秒ずれるときには，ずれの意味が大きくなるからである．正弦波のような山と谷が存在する周期的な二つの信号のずれが問題となるときは，二つの信号のピークの相対的な位置関係が重要となるため，周波数の高低によらずにずれを表現するには角度を用いたほうが都合が良いのである．

7.3　ボード線図

7.3.1　ゲイン線図と位相線図

ゲイン $|G(j\omega)|$ と位相 $\angle G(j\omega)$ はともに ω の関数になっている．そこで，これらを横軸を ω にとったグラフとして表してみれば，ゲインと位相の周波数特性が見やすくなる．

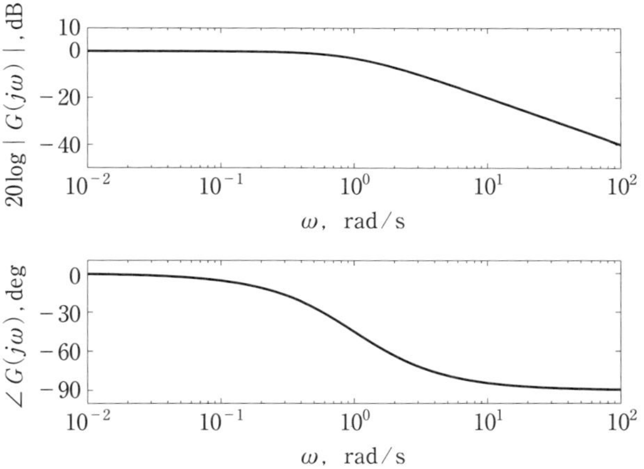

図 7.5　ボード線図

図 7.5 はボード線図の一例である．$G(s)$ の**ゲイン線図**とは，横軸に入力信号の角周波数 ω，縦軸にゲインをとったグラフである．ただし，ゲインの単位はデシベル [dB] とするため，$20\log_{10}|G(j\omega)|$ にする．横軸（角周波数）には対数目盛を用いる．$G(s)$ の**位相線図**とは，横軸に入力信号の角周波数 ω，縦軸に位相 $\angle G(j\omega)$（単位は rad ではなく，deg（度）を用いる）をプロットしたグラフである．横軸は対数目盛を用いる．$G(s)$ の**ボード線図**はゲイン線図と位相線図を縦に二つ並べたものである．

ボード線図の横軸は対数目盛りになっており，0.01, 0.1, 1, 10, 100 が等間隔で並んでいる．このように 10 倍で 1 目盛りの単位を**デカード**（decade, [dec]）

という．

7.3.2　1/s のボード線図

伝達関数 $G(s)$ が $1/s$ の場合，$s = j\omega$ を代入した周波数応答関数は

$$G(j\omega) = \frac{1}{j\omega} = -j\frac{1}{\omega} = \frac{1}{\omega}e^{-\frac{\pi}{2}j} \tag{7.16}$$

となる．したがって，

$$|G(j\omega)| = \frac{1}{\omega}, \quad \angle G(j\omega) = -\frac{\pi}{2} = -90^\circ \tag{7.17}$$

ゲイン線図は横軸を ω にとり，

$$20\log_{10}|G(j\omega)| = 20\log_{10}\frac{1}{\omega} = -20\log_{10}\omega \tag{7.18}$$

をプロットしたものとなる．$\omega = 0.1, 1, 10$ のように ω が 10 倍になるたびに，$-20\log_{10}\omega = 20, 0, -20$ というように -20 ずつ小さくなる．したがって，ゲイン線図は傾き -20dB/dec の直線となる（図 7.6 内の上）．

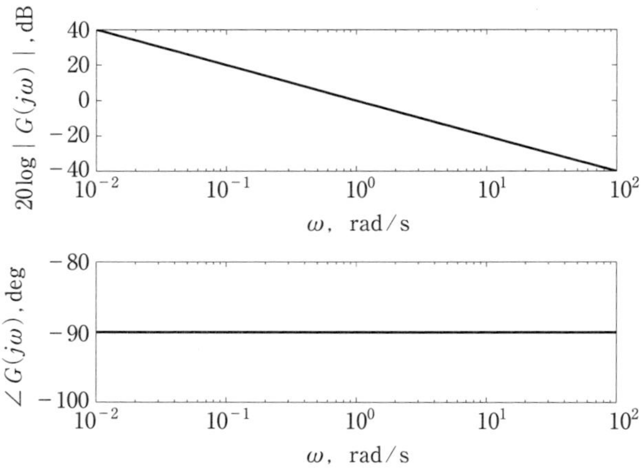

図 7.6　1/s のボード線図

(7.17) 式で示したように，位相は $\angle G(j\omega) = -90°$ で一定なので，位相線図は図 7.6 内の下のように横一直線のグラフになる．

7.3.3　定数 K のボード線図

$G(s) = K$ という定数の場合，$G(j\omega) = K$ で一定値をとる．例えば $G(s) = K = 10$ の場合，ボード線図は図 7.7 のようになる．$20\log_{10}|G(j\omega)| = 20\log_{10}10 = 20$，$\angle G(j\omega)$ は 0 である．

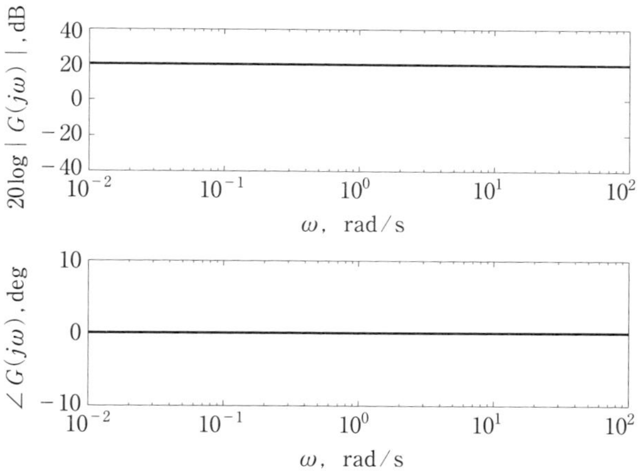

図 7.7　$K = 10$ のボード線図

7.3.4　$1/(Ts+1)$ のボード線図

周波数応答関数は

$$G(j\omega) = \frac{1}{j\omega T + 1} \tag{7.19}$$

なので，

$$20\log_{10}|G(j\omega)| = 20\log_{10}\frac{1}{|j\omega T + 1|} \tag{7.20}$$

$$= 20\log_{10}\frac{1}{\sqrt{1+(\omega T)^2}} \tag{7.21}$$

$$\angle G(j\omega) = \angle \frac{1}{1 + j\omega T} \tag{7.22}$$

となる．例えば $T = 1$ の場合，ボード線図は図 7.8 のようになる．また，時定数 T の値の大小によって，グラフは図 7.9 のように横にシフトする．

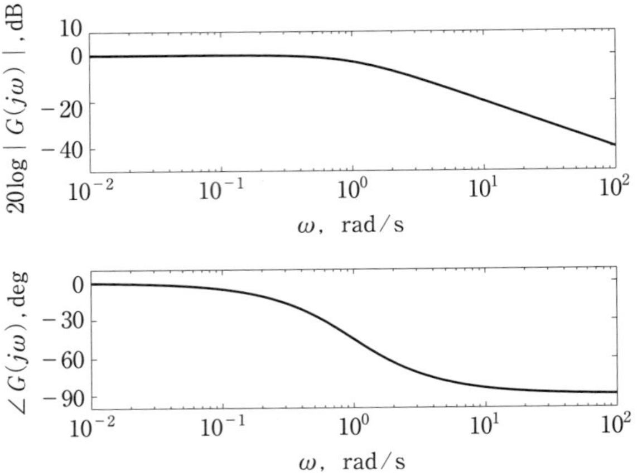

図 7.8　1/(s + 1) のボード線図

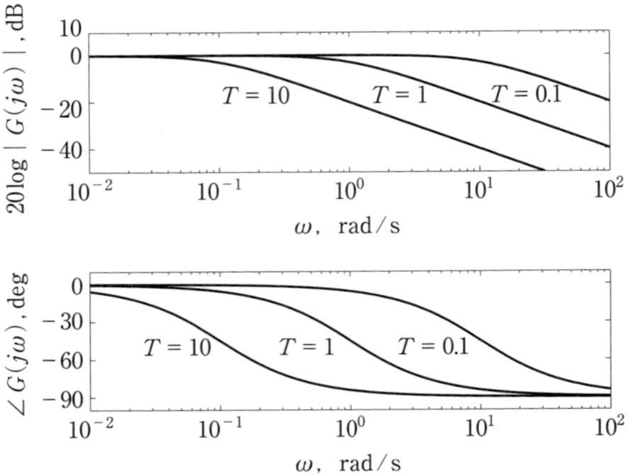

図 7.9　1/(Ts + 1) のボード線図（T の値による違い）

7.3.5 2次系のボード線図

$G(s) = \omega_n^2/(s^2 + 2\zeta\omega_n s + \omega_n^2)$ の場合を考える．周波数応答関数 $G(j\omega)$ は

$$G(j\omega) = \frac{\omega_n^2}{(j\omega)^2 + 2\zeta\omega_n j\omega + \omega_n^2} = \frac{1}{(j\frac{\omega}{\omega_n})^2 + 2\zeta\frac{\omega}{\omega_n}j + 1}$$
$$= \frac{1}{(j\Omega)^2 + 2\zeta\Omega j + 1} = \frac{1}{(1-\Omega^2) + j(2\zeta\Omega)}$$

となる．ただし

$$\Omega = \frac{\omega}{\omega_n} \tag{7.23}$$

と定義した（ω は変数，ω_n は固有角周波数で定数であることに注意）．

よって，

$$20\log_{10}|G(j\omega)| = 20\log_{10}\frac{1}{\sqrt{(1-\Omega^2)^2 + (2\zeta\Omega)^2}} \tag{7.24}$$
$$\angle G(j\omega) = -\angle\{(1-\Omega^2) + j(2\zeta\Omega)\} \tag{7.25}$$

である．例えば，$\zeta = 0.1, \omega_n = 1$ の場合，ボード線図は図 7.10 のようになる．

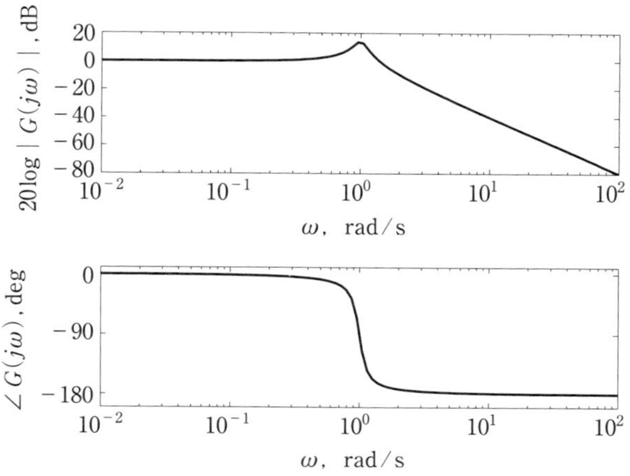

図 7.10 2次系のボード線図

固有角周波数 $\omega_n = 1$ と一定にして，減衰係数 ζ の値のみ大小させると図 7.11 のようになる．

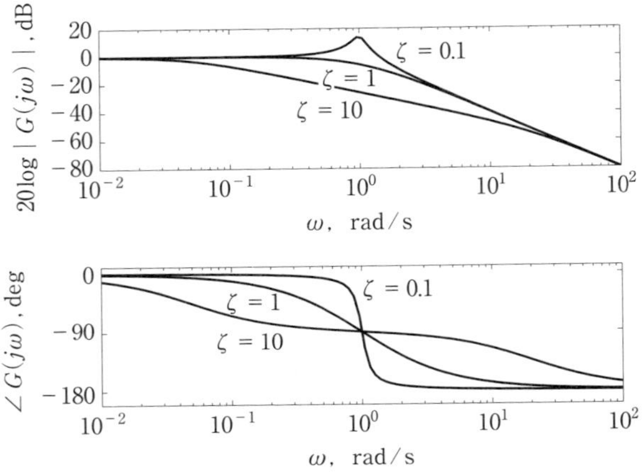

図 7.11　2 次系のボード線図（ζ の値を変えた場合）

固有角周波数 ω_n の値のみ大小させると図 7.12 のようにグラフは横にシフトする（この例では $\zeta = 0.1$ としている）．

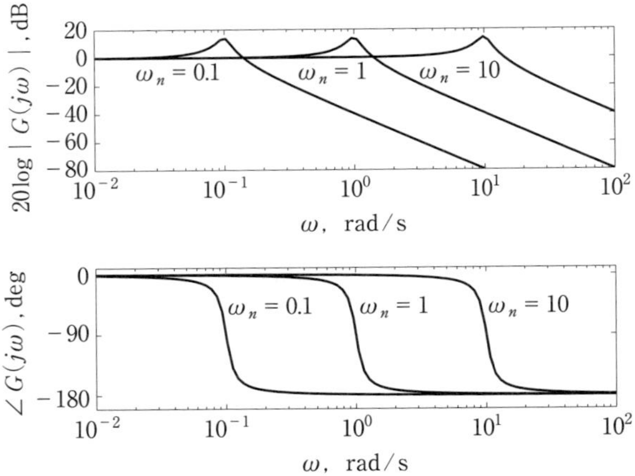

図 7.12　2 次系のボード線図（ω_n の値を変えた場合）

7.3.6　s のボード線図

制御対象の伝達関数が $G(s) = s$ となることは滅多にないが，ここでは，後の解析のため（ボード線図の概形を描くため）に $G(s) = s$ のボード線図を描いておく．$s = j\omega$ を代入すると，$G(j\omega) = j\omega = \omega e^{\frac{\pi}{2}j}$ となるので，ボード線図は図 7.13 のようになる．

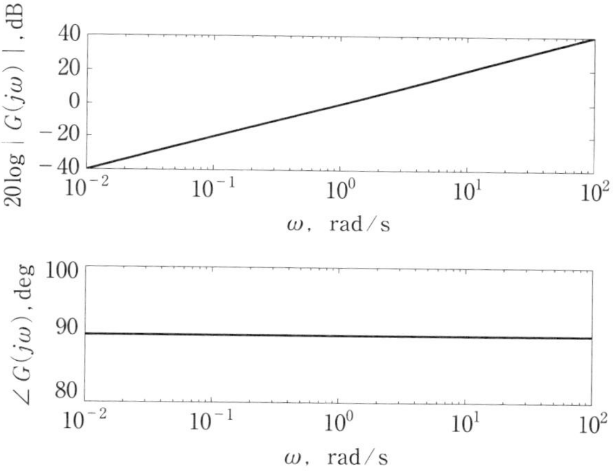

図 7.13　s のボード線図

7.3.7　$Ts + 1$ のボード線図

$G(s) = Ts + 1$ に $s = j\omega$ を代入すると，$G(j\omega) = 1 + j\omega T$ となり，

$$20\log_{10}|G(j\omega)| = 20\log_{10}|j\omega T + 1| = 20\log_{10}\sqrt{1 + (\omega T)^2}$$
$$\angle G(j\omega) = \angle(1 + j\omega T)$$

となるので，ボード線図は図 7.14 のようになる．ただし，$T = 1$ とした．

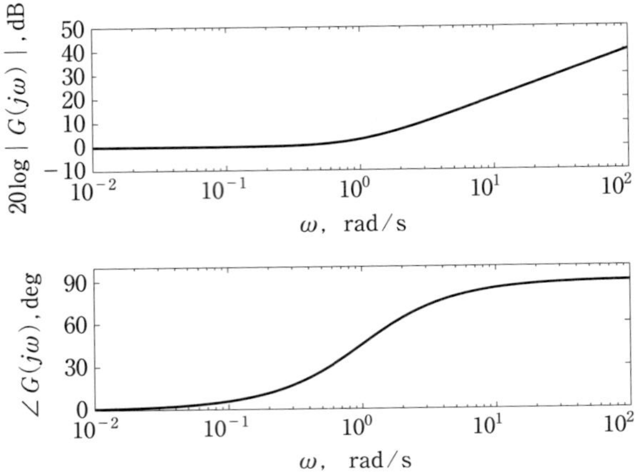

図 7.14　$Ts+1$ のボード線図

7.4　ボード線図を見てわかること

例えば $1/(s+1)$ のボード線図（図 7.8）を見ると，各周波数 ω が大きくなるに従い，ゲインが小さくなっている．これは，入力の角周波数が高いと出力の振幅が小さくなる，すなわち，そのシステムは高い周波数の信号には反応が鈍いことを表している．

ゲインが低下する周波数が高いほど，高い周波数の入力信号に対しても出力のゲインが小さくならない．すなわち，入力の速い動きに対しても出力がよく反応する．このことから，ボード線図においてゲインが小さくなる周波数を見ることによって，ステップ応答 $y(t)$ が速く反応するか，ゆっくり反応するかについておおよその予想がつく．

2 次系のボード線図を見ると，$\omega=\omega_n$ 付近でゲインが大きくなり 1 を越えている．これは，角周波数 ω_n の入力信号に対しては出力が大きくなり共振のような現象を起こすことを示している．ゲイン線図が急峻な山を持っている場合，その山の頂上あたりを指す角周波数を読みとれば，共振周波数がわかる．

また，ある ω におけるゲイン $20\log_{10}|G(j\omega)|$ の値と位相 $\angle G(j\omega)$ の値を

ボード線図から読みとれば，正弦波入力に対する出力 $y(t)$ の式を (7.13) 式により求めることができる．

7.5　ボード線図の概形

7.5.1　直列結合系のボード線図

$G_1(s)$ および $G_2(s)$ のボード線図と，$G_1(s)G_2(s)$ のボード線図にはどんな関係があるか？

$$G_1(j\omega) = |G_1(j\omega)|e^{\angle G_1(j\omega)}, \quad G_2(j\omega) = |G_2(j\omega)|e^{\angle G_2(j\omega)}$$

のとき，

$$G_1(j\omega)G_2(j\omega) = |G_1(j\omega)| \cdot |G_2(j\omega)|e^{\angle G_1(j\omega)+\angle G_2(j\omega)} \tag{7.26}$$

である．(7.26) 式より，$G_1(s)G_2(s)$ のゲインをデシベル [dB] で表すと

$$20\log_{10}|G_1(j\omega)| \cdot |G_2(j\omega)| = 20\log_{10}|G_1(j\omega)| + 20\log_{10}|G_2(j\omega)|$$

となり，$G_1(s)$ のゲイン $20\log_{10}|G_1(j\omega)|$ と $G_2(s)$ のゲイン $20\log_{10}|G_2(j\omega)|$ の和となっている．(7.26) 式より，$G_1(s)G_2(s)$ の位相は $\angle G_1(j\omega) + \angle G_2(j\omega)$ であり，$G_1(s)$ の位相と $G_2(s)$ の位相の和になっている．以上より，

> $G_1(s)G_2(s)$ のボード線図は，$G_1(s)$ のボード線図と $G_2(s)$ のボード線図の和になる．

7.5.2　ボード線図の折れ線近似

図 7.6～ 図 7.14 に見たように，ボード線図は滑らかな曲線（あるいは一直線）になるが，それらを折れ線近似として描くことがある．図 7.15～ 図 7.20 に代表的な伝達関数のボード線図の折れ線近似を示す．

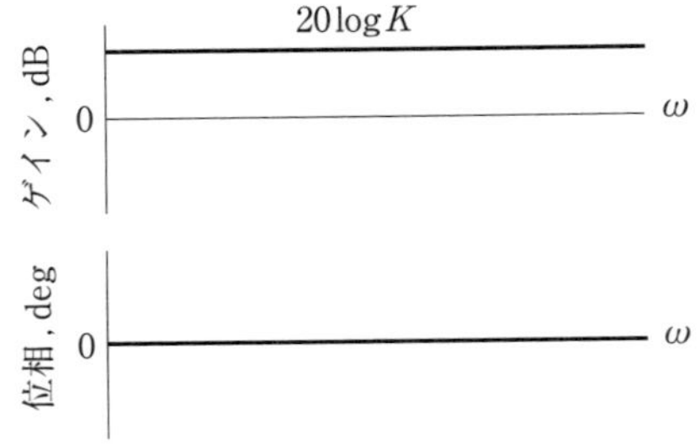

図 7.15　定数ゲイン K のボード線図

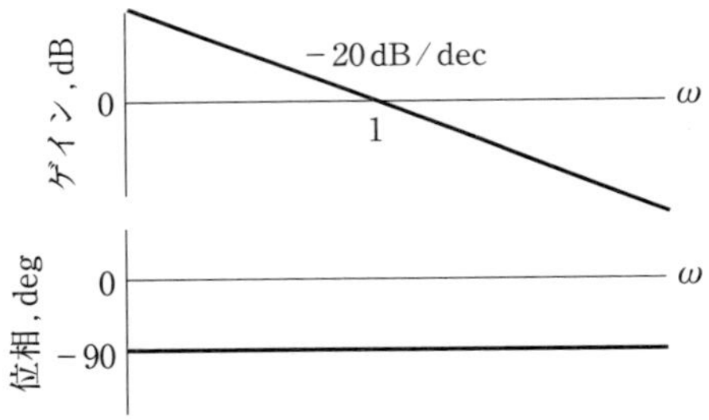

図 7.16　積分要素 $1/s$ のボード線図

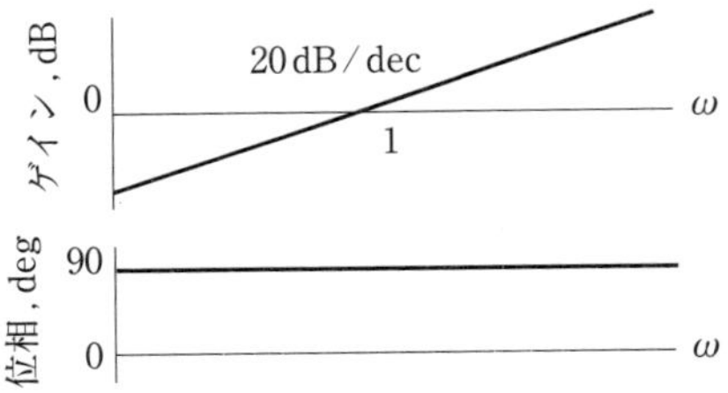

図 7.17　微分要素 s のボード線図

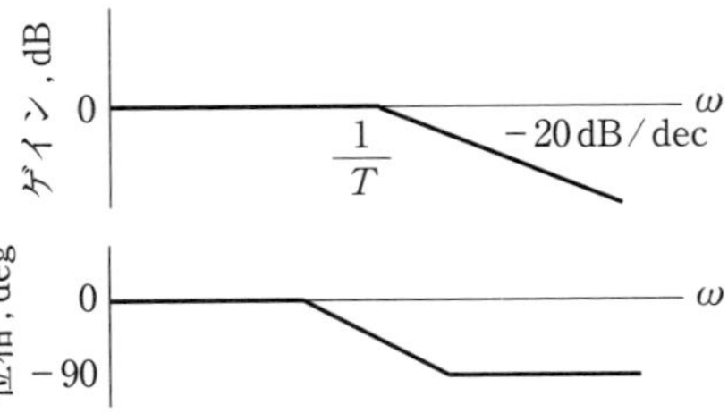

図 7.18　1 次遅れ $1/(Ts+1)$ のボード線図

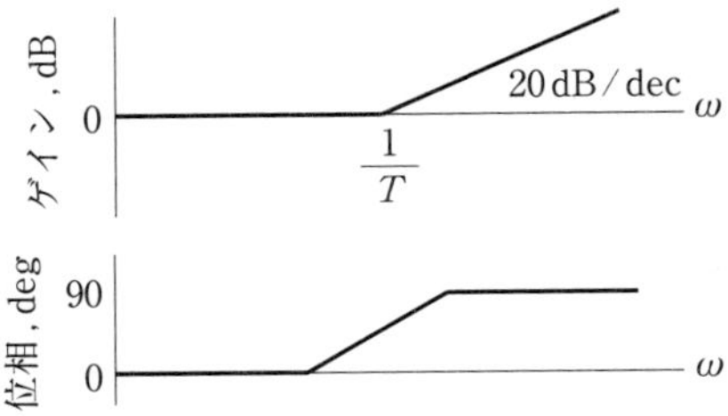

図 7.19　1 次進み $Ts+1$ のボード線図

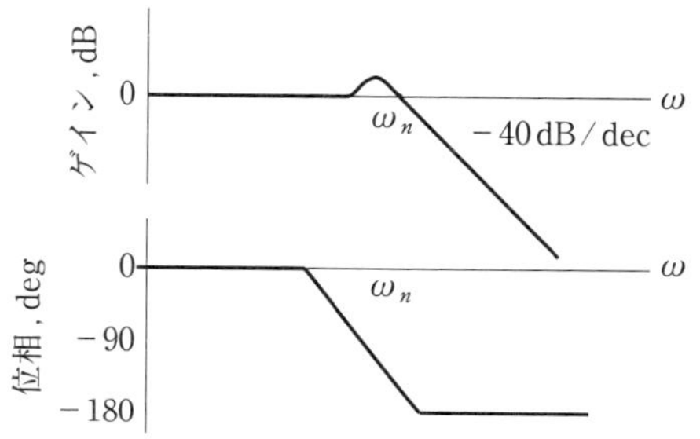

図 7.20　2 次系 $\omega_n^2/(s^2+2\zeta\omega_n s+\omega_n^2)$ のボード線図

7.5.3　ボード線図の概形（直列分解による方法）

7.5.1 項で述べた「$G_1(s)G_2(s)$ のボード線図は，$G_1(s)$ のボード線図と

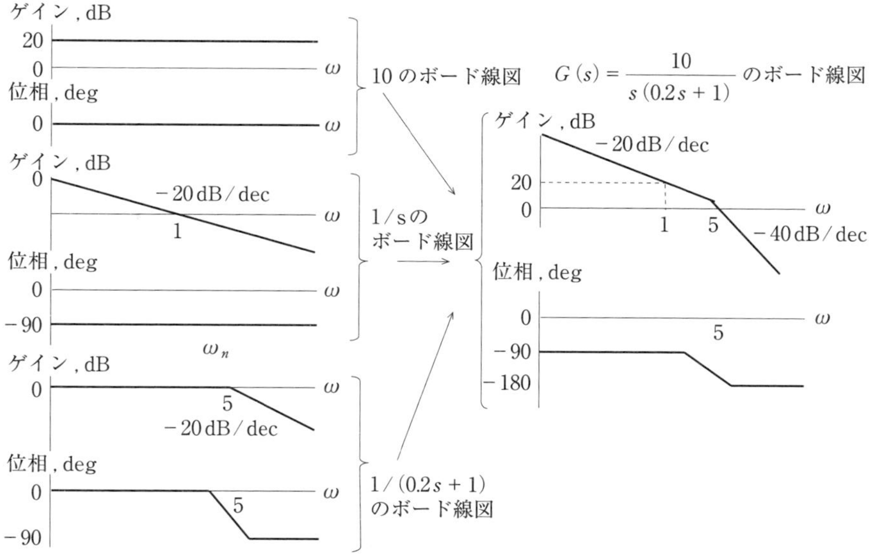

図 7.21　$10/[s(0.2s+1)]$ のボード線図の概形

$G_2(s)$ のボード線図の和になる」という性質と，図 7.15〜 図 7.20 の概形を用いると，さまざまな伝達関数の概形を描くことができる（例えば，図 7.21）．

例えば

$$G(s) = \frac{10}{s(0.2s+1)} \tag{7.27}$$

のボード線図の概形を描くことを考える．これは，

$$G(s) = 10 \cdot \frac{1}{s} \cdot \frac{1}{0.2s+1} \tag{7.28}$$

と分解できるので，ボード線図は，10, $1/s$, $1/(0.2s+1)$ の三つのボード線図の和として描くことができ，図 7.21 のようになる．

7.6 最小位相系のボード線図

伝達関数の分子に注目し,「分子多項式 $= 0$」の解を伝達関数の零点という．あるシステムが安定で，さらにすべての零点の実部が負のとき（あるいは，分子が定数のとき），そのシステムは**最小位相系**であるという．例えば，

$$G_1(s) = \frac{s+1}{s^2+4s+4} \tag{7.29}$$

$$G_2(s) = \frac{1}{s^2+4s+4} \tag{7.30}$$

は最小位相系である．しかし，$(s-2)/(s^2+4s+4)$ は最小位相系ではない．

最小位相系のボード線図には，ある特徴があることが知られている．それは，ゲイン線図の傾きから位相の値が決まることであり，**ゲイン線図の傾き -20 dB/dec に対して，位相の値 $-90°$ が対応**する．（ゲイン線図の傾きがないところでは，位相の値 $0°$ が対応する）

例えば，ゲイン線図の傾きが -40 dB/dec のところでは，位相の値が $-180°$ となる．ゲイン線図の傾きが 20 dB/dec のところでは，位相の値が $90°$ となる．図 7.15〜 図 7.20 の概形でもそのようになっていることが確かめられる．

7.7 ベクトル軌跡

7.7.1 ベクトル軌跡

周波数応答関数 $G(j\omega)$ は，ある実数 ω に対して複素数 $G(j\omega)$ が対応する関数である．すなわち，ある一つの ω に対して複素平面上に一つの点 $G(j\omega)$ が対応する．ここで

$$G(j\omega) = |G(j\omega)|e^{j\angle G(j\omega)} \tag{7.31}$$

という表現を用いると，図 7.22 のように，原点からの距離が $|G(j\omega)|$，また偏角が $\angle G(j\omega)$ の点として $G(j\omega)$ が表される．

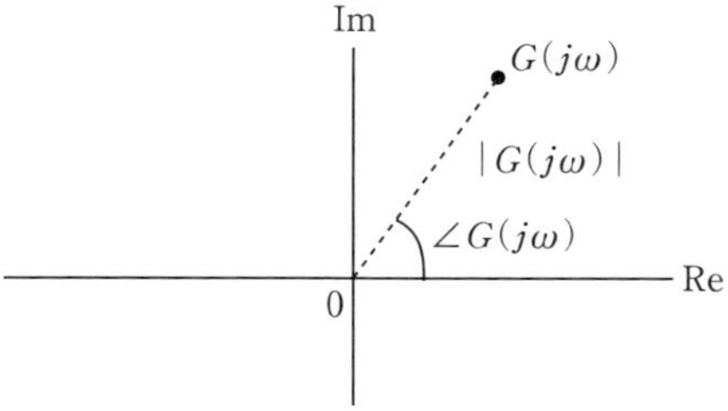

図 7.22　複素平面上での $G(j\omega)$

伝達関数 $G(s)$ のベクトル軌跡とは，ω を 0 から ∞ まで変化させたときの $G(j\omega)$ が複素平面上に描く軌跡である．

7.7.2 $1/s$ のベクトル軌跡

伝達関数 $G(s)$ が $1/s$ の場合，$s = j\omega$ を代入した周波数応答関数は

$$G(j\omega) = \frac{1}{j\omega} = -j\frac{1}{\omega} = \frac{1}{\omega}e^{-\frac{\pi}{2}j} \tag{7.32}$$

となる．偏角は $-\pi/2$ で一定, 大きさ $1/\omega$ は ω が 0 のとき $-\infty$, また $\omega \to \infty$ のとき 0 となるので，ベクトル軌跡は図 7.23 のように虚軸上で $-\infty$ から 0 へ向かう直線となる．

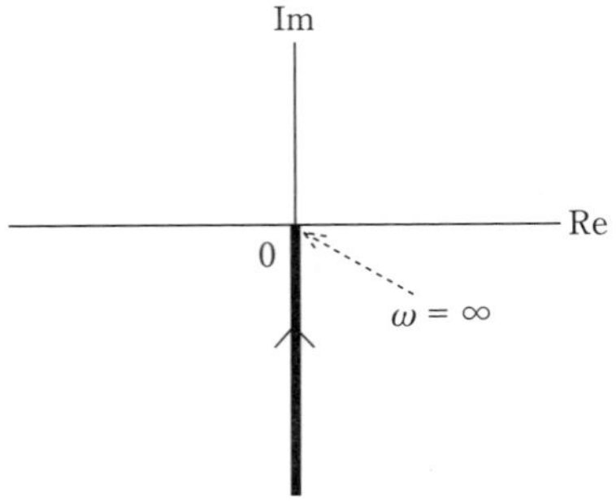

図 7.23　$1/s$ のベクトル軌跡

7.7.3　$K/(Ts+1)$ のベクトル軌跡

$G(s) = K/(Ts+1)$ の場合，周波数応答関数は

$$G(j\omega) = \frac{K}{j\omega T + 1} \tag{7.33}$$

となる．$\omega = 0$ のとき $G(j\omega) = K$，$\omega \to \infty$ のとき $G(j\omega) \to 0$，また，ω が正の実数のとき $K/(j\omega T+1)$ は複素平面上で中心 $K/2$，半径 $K/2$ の円の下半分の上にあることが簡単な計算によって確かめることができる．よって，$K/(Ts+1)$ のベクトル軌跡は図 7.24 のようになる．

ω が大きいところでは，ほぼ虚軸の負の部分に沿った軌跡となる．これは，

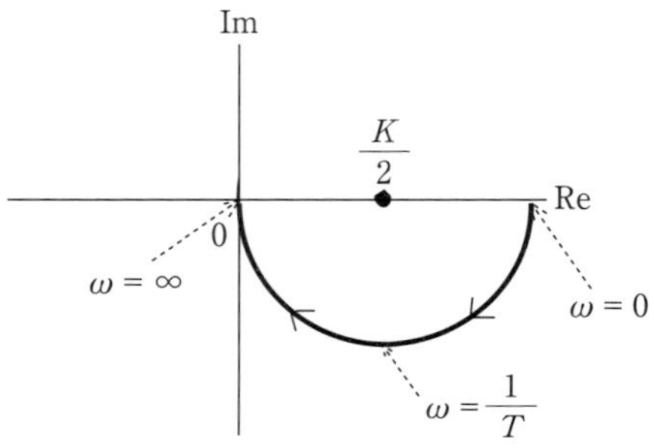

図 7.24　$K/(Ts+1)$ のベクトル軌跡

高周波域では1次系の位相が $-90°$ に漸近することを意味している．K が大きくなると半円の半径が大きくなる．

7.7.4 2次系のベクトル軌跡

$$G(s) = \frac{\omega_n^2}{s^2 + 2\zeta\omega_n s + \omega_n^2} \tag{7.34}$$

の2次系の場合，ベクトル軌跡をプロットすると図7.25のようになる．ω が大きいところでは，ほぼ実軸の負の部分に沿った軌跡となる．これは，高周波域では2次系の位相が $-180°$ に漸近することを意味している．

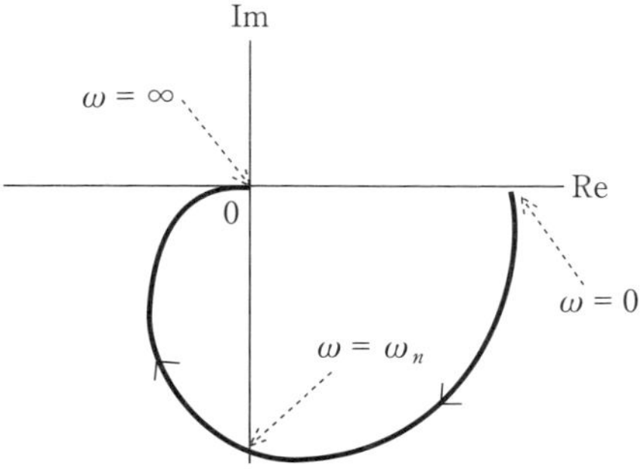

図7.25 2次系のベクトル軌跡

7.7.5 ベクトル軌跡の有用性

ボード線図と並び，ベクトル軌跡も周波数応答関数 $G(j\omega)$ の情報を図で表現したものとなっている．しかし，ボード線図と比べると，周波数 ω と ゲイン・位相との関係がややわかりにくい．ベクトル軌跡がもっと有用性を発揮するのは，第9章で学ぶナイキストの安定判別のところである．

演習問題

問題 7.1　あるシステムの伝達関数が

$$G(s) = \frac{a}{s^2 + s + b}$$

と表される．ただし，a, b は実数の定数である．このシステムに入力信号 $u(t) = \sin 2t$ を加えたら，十分な時間の経過の後に出力 $y(t)$ が

$$y(t) = \sqrt{2} \sin\left(2t - \frac{\pi}{4}\right)$$

となった．a, b の値を求めよ．

第 8 章 フィードバック系の安定性

ある単一のシステム（例えば，制御対象）の安定性は第 **6** 章で解説しましたが，この章では制御対象とコントローラが組み合わさったフィードバック制御系の安定性を解説します．フィードバック制御系の場合でも伝達関数の極を用いて安定性が論じられますが，単一のシステムの場合にはなかった注意事項が出てきます．この章では，「フィードバック制御系が安定」とはどういうことか，安定になるための条件は何かについて説明します．

8.1 コントローラの設計と制御系の応答

図 8.1 のフィードバック制御系で制御対象は与えられ，その伝達関数が既知とする．これから考えることは，コントローラをいかに設計するか，すなわちコントローラの伝達関数 $K(s)$ をどんな関数に設定すれば制御がうまくいくかということである．

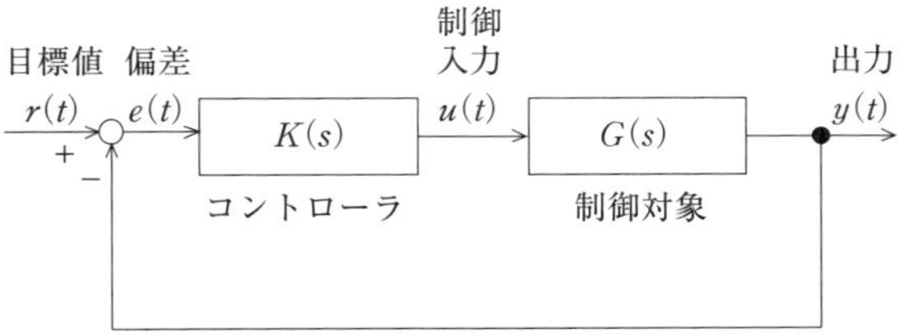

図 8.1　フィードバック制御系

例えば，制御対象の伝達関数が

$$G(s) = \frac{4}{s-1} \tag{8.1}$$

であるとする．そして，目標値 r が $t = 0$ において 0 から 1 にステップ状に変化したとする．このとき，コントローラの伝達関数 $K(s)$ の与え方によって出力 $y(t)$ の波形はいろいろと変わる．

例えば，コントローラの伝達関数 $K(s)$ が

$$K(s) = \frac{1}{s+7} \tag{8.2}$$

の場合，出力 $y(t)$ は図 8.2 のように発散してしまう．すなわち，制御系は不安定になる．

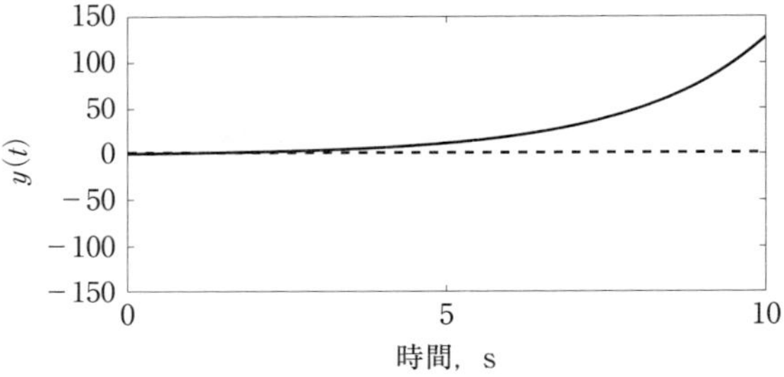

図 8.2　$K(s) = 1/(s+7)$ の場合

別のコントローラを考えてみよう．上と同じく $G(s) = 4/(s-1)$ に対して，

$$K(s) = \frac{5}{s+3} \tag{8.3}$$

で表されるコントローラで制御した場合，出力 $y(t)$ は図 8.3 のようになる．

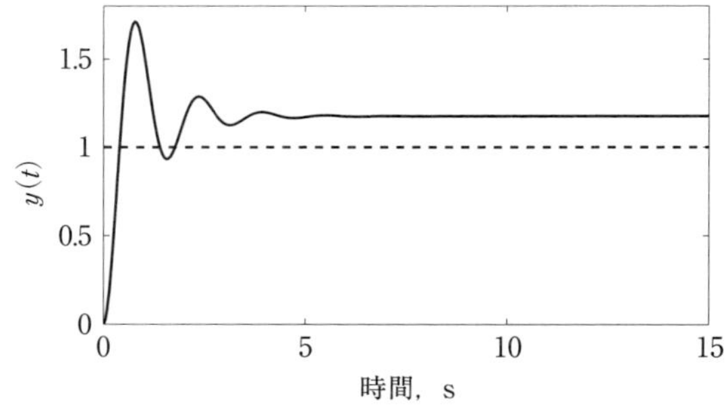

図 8.3　$K(s) = 5/(s+3)$ の場合

目標値を越えてしまっているものの，図 8.2 のような発散は見られず，制御系は安定であると見られる．

8.2　フィードバック制御系に望まれる性質

「制御がうまくいく」とはどういうことか．制御に対する要望はいろいろなものがあるが，一般にフィードバック制御系は，次にような性質を持つことが望まれる．

- 安定であること．
- 制御出力 $y(t)$ が目標値 $r(t)$ に速やかに近づくこと．
- 定常偏差が少ないこと（できれば 0 にしたい）．
- 外乱が加わっても制御系の特性が保たれる．

これらの条件すべてを満たすことが望ましいが，中でも**安定であることは必須条件**である．$y(t)$ が $r(t)$ に近づくどころか，発散してしまっては，安全性の面から考えても危険だからである．

8.3　フィードバック系が安定とは

「フィードバック系が安定である」とはどういうことか考察してみる．前節では目標値 $r(t)$ がステップ状に変化したときの出力 $y(t)$ の応答波形を調べた．これは，図 8.4 のシステムのステップ応答を調べたことを意味する．

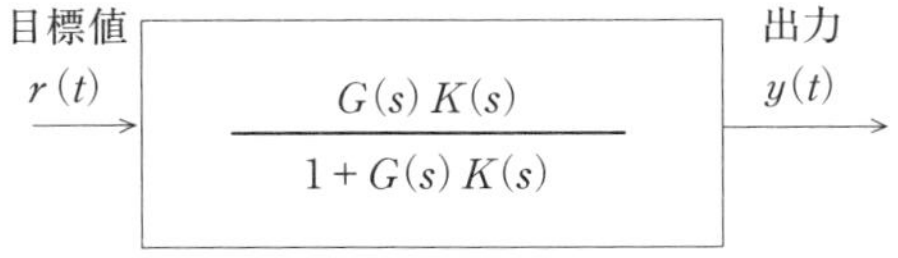

図 8.4　目標値 r から出力 y への伝達関数

図 8.4 のブロックの中の伝達関数は，図 8.1 のシステムでの r から y への伝達関数である（第 4 章の (4.13) 式を参照）．これを**閉ループ伝達関数**という．

図 8.2 で見たように

$$G(s)=\frac{4}{s-1},\quad K(s)=\frac{1}{s+7} \tag{8.4}$$

の場合，出力 $y(t)$ が発散した．これは，閉ループ伝達関数

$$\frac{G(s)K(s)}{1+G(s)K(s)}$$

が，不安定な伝達関数（実部が正の極を持つ伝達関数）だったからである．実際，(8.4) 式のときの閉ループ伝達関数は

$$\frac{G(s)K(s)}{1+G(s)K(s)}=\frac{4}{s^2+6s-3} \tag{8.5}$$

であり，二つの極のうちの一つが $-3+2\sqrt{3}$ で正の値になっている．このような場合，図 8.4 での出力 $y(t)$ が発散するのは，第 6 章で述べた極と安定性の関係から明らかである．

（注意）この例の場合，$G(s)$ の伝達関数が $4/(s-1)$ で不安定である．しかし，$G(s)$ が不安定なことは，必ずしも制御系が不安定になる原因にはならない．例えば，図 8.3 で見たように，

$$G(s)=\frac{4}{s-1},\quad K(s)=\frac{5}{s+3} \tag{8.6}$$

の場合には出力は発散しない．この場合の閉ループ伝達関数は

$$\frac{G(s)K(s)}{1+G(s)K(s)}=\frac{20}{s^2+2s+17} \tag{8.7}$$

となり，この極は $-1\pm 4j$ で安定である．このように，$G(s)$ が不安定であっても，コントローラの選び方によっては出力の発散を防ぐことができる．

上の例では，フィードバック制御系の安定性を閉ループ伝達関数を用いて考察した．それでは，閉ループ伝達関数 $G(s)K(s)/[1+G(s)K(s)]$ が安定であれば，フィードバック制御系は安定と断言できるだろうか．

そうとは限らない．例えば，

$$G(s)=\frac{2}{s-2},\quad K(s)=\frac{s-2}{s+1} \tag{8.8}$$

の場合を考えてみる．閉ループ伝達関数は

$$\frac{G(s)K(s)}{1+G(s)K(s)} = \frac{2}{s+3} \tag{8.9}$$

となり，安定である．しかし，制御系としては安定とはいえないことが次のような考察によりわかってくる．図 8.5 のように外乱 d が加わる場合を考えてみる．

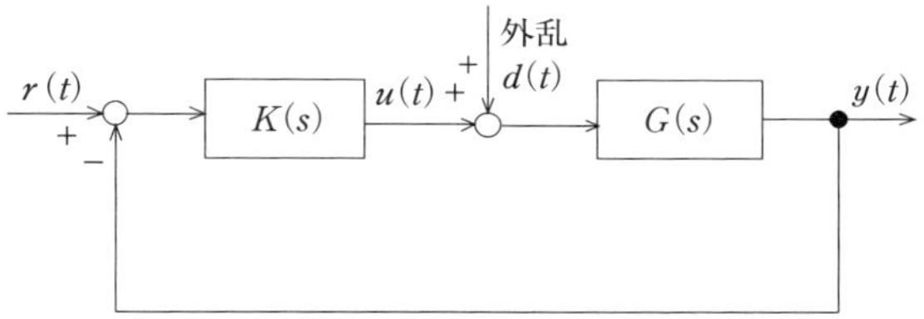

図 8.5　外乱が加わる場合

目標値 r は 0 で一定と考え，d から y への伝達関数を計算すると，$G(s)/[1+G(s)K(s)]$ となる．$G(s)$ と $K(s)$ が (8.8) 式の場合，

$$\frac{G(s)}{1+G(s)K(s)} = \frac{2s+2}{s^2+s-6} \tag{8.10}$$

となり，極は $-3, 2$ で不安定である．すなわち，わずかでも外乱 $d(t)$ が加わると出力 $y(t)$ は発散してしまう．したがって，(8.8) 式の場合，フィードバック制御系は安定とはいえない．

8.4 フィードバック制御系の安定条件

制御系の安定性を考えるときには，外乱の影響も考慮し，さらにフィードバック制御系の内部の信号すべてが発散しないことが要求される．

図 8.6 のフィードバック制御系を考える．

> 外部から制御系に入る信号 $r(t)$, $d(t)$ が有界なとき，制御系内部の要素 $G(s)$, $K(s)$ から発生する信号 $u(t)$, $y(t)$ も有界のとき，フィードバック制御系は**安定**であるという．あるいは，**内部安定**であるという．

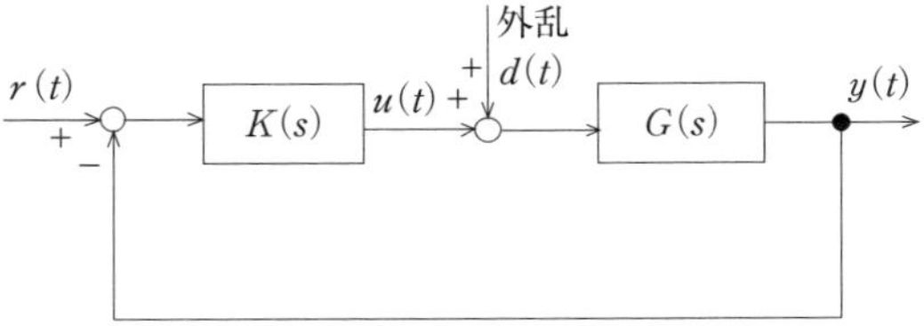

図8.6　フィードバック制御系

これは，r, d から u, y への伝達関数がすべて安定であること，すなわち下記の四つの伝達関数がすべて安定であることを要求している．

- r から u への伝達関数

$$G_{ru}(s) = \frac{K(s)}{1+G(s)K(s)} \tag{8.11}$$

- d から u への伝達関数

$$G_{du}(s) = \frac{-G(s)K(s)}{1+G(s)K(s)} \tag{8.12}$$

- r から y への伝達関数

$$G_{ry}(s) = \frac{G(s)K(s)}{1+G(s)K(s)} \tag{8.13}$$

- d から y への伝達関数

$$G_{dy}(s) = \frac{G(s)}{1+G(s)K(s)} \tag{8.14}$$

ここで，$G(s)$ は伝達関数であり，分子と分母が多項式となっていることを思い出そう．そして，$G(s)$ の分子多項式を $n_g(s)$，分母多項式を $d_g(s)$，同様に，$K(s)$ の分子多項式を $n_k(s)$, 分母多項式を $d_k(s)$ とする．それぞれ，分子と分母は既約とする．

$$G(s) = \frac{n_g(s)}{d_g(s)}, \quad K(s) = \frac{n_k(s)}{d_k(s)} \tag{8.15}$$

を (8.11)〜(8.14) 式に代入すると，次のようになる．

- r から u への伝達関数

$$G_{ru}(s) = \frac{d_g(s)n_k(s)}{n_g(s)n_k(s) + d_g(s)d_k(s)} \tag{8.16}$$

- d から u への伝達関数

$$G_{du}(s) = \frac{-n_g(s)n_k(s)}{n_g(s)n_k(s) + d_g(s)d_k(s)} \tag{8.17}$$

- r から y への伝達関数

$$G_{ry}(s) = \frac{n_g(s)n_k(s)}{n_g(s)n_k(s) + d_g(s)d_k(s)} \tag{8.18}$$

- d から y への伝達関数

$$G_{dy}(s) = \frac{n_g(s)d_k(s)}{n_g(s)n_k(s) + d_g(s)d_k(s)} \tag{8.19}$$

ここで，(8.16)〜(8.19) 式の分母多項式は，すべて

$$n_g(s)n_k(s) + d_g(s)d_k(s) \tag{8.20}$$

であることに注意しよう．これより，上記の四つの伝達関数が安定である（極がすべて安定である）必要十分条件として，フィードバック制御系の安定条件を次のように述べることができる．

> 図 8.6 のフィードバック制御系が内部安定である必要十分条件は，
>
> $$n_g(s)n_k(s) + d_g(s)d_k(s) = 0 \tag{8.21}$$
>
> のすべての解の実部が負であることである．

(8.20) 式の多項式は，**特性多項式**，(8.21) 式の方程式は**特性方程式**と呼ばれている．特性方程式のすべての解の実部が負であれば，フィードバック系は安定であるといえる．

（例 1 ）

$$G(s) = \frac{3}{s+3}, \quad K(s) = \frac{3}{s-2} \tag{8.22}$$

の場合,

$$n_g(s) = 3, \quad d_g(s) = s + 3, \quad n_k(s) = 3, \quad d_k(s) = s - 2 \tag{8.23}$$

であり，特性方程式は

$$3 \cdot 3 + (s+3)(s-2) = s^2 + s + 3 = 0 \tag{8.24}$$

となる．この解は，$-0.5 \pm 1.6583j$ であり，図 8.1 のフィードバック系は安定といえる．

（例 2）

$$G(s) = \frac{2}{s-2}, \quad K(s) = \frac{s-2}{s+1} \tag{8.25}$$

の場合,

$$n_g(s) = 2, \quad d_g(s) = s - 2, \quad n_k(s) = s - 2, \quad d_k(s) = s + 1 \tag{8.26}$$

であり，特性方程式は

$$2 \cdot (s-2) + (s-2)(s+1) = s^2 + s - 6 = 0 \tag{8.27}$$

となる．この解は，$-3, 2$ であり，図 8.1 のフィードバック系は不安定である．なお，この例は (8.8) 式の例であり，閉ループ伝達関数（r から y への伝達関数）は (8.9) 式に見たように安定であった．しかし，(8.9) 式が安定であったのは，これの計算の途中で分母の $(s-2)$ が分子の $(s-2)$ でキャンセルされて安定となったのである．このキャンセルが起きたそもそもの原因は，(8.25) 式で $G(s)$ が不安定極 2 を持ち，コントローラ $K(s)$ が不安定な零点 2 を持っており，$G(s)K(s)$ において極と零点のキャンセルが生じていることにある．

このように制御対象の不安定極（あるいは，不安定零点）をコントローラの不安定零点（あるいは，不安定極）でキャンセルしてしまうことを**不安定極零消去**という．**不安定極零消去が生じると，フィードバック系は内部安定にはならない**．逆に，次のことがいえる．

> 不安定な極零消去がないときには，閉ループ伝達関数が安定であればフィードバック系は内部安定となる．

演習問題

問題 8.1　下図の制御系において,

$$G(s) = \frac{s-1}{s-6}, \quad K(s) = \frac{k}{s-3}$$

とする．ただし, k は実数である．この制御系が安定となるような k の範囲を不等式で示せ.

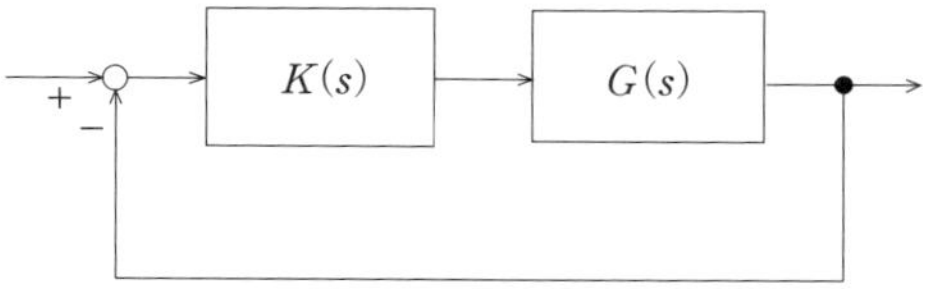

第9章 ナイキストの安定判別法

フィードバック制御系が安定かどうかの判別を図を使って行う方法を説明します．その図は，開ループ伝達関数 $G(s)K(s)$ を使って描かれます．ナイキストの安定判別法は，判別のために有用であるだけでなく，フィードバック系の安定性と $G(s)K(s)$ の周波数特性を関係づけるものとしても重要です．この章では，その観点からの説明も加え，後の章での制御系設計の理解への準備をしておきます．

9.1 開ループ伝達関数

制御対象とコントローラで不安定な極零相殺がないと仮定する．この場合，フィードバック系の安定性は閉ループ伝達関数の極で判別できる．図 9.1 においては，目標値 r から出力 y までの伝達関数

$$\frac{G(s)K(s)}{1+G(s)K(s)} \tag{9.1}$$

が閉ループ伝達関数となる．

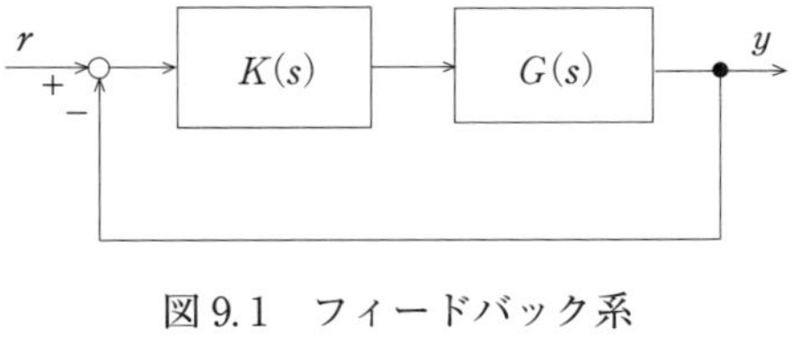

図 9.1　フィードバック系

本章では，この閉ループ伝達関数の極を求めるのではなく，「開ループ伝達関数」を用いて安定判別を行う方法を説明する．**開ループ伝達関数**（別名，一

巡伝達関数とも呼ばれる）は，図 9.1 の場合，

$$G(s)K(s) \tag{9.2}$$

である．これは，図 9.2 のようにループを開いて一巡したときの e から y への伝達関数である．

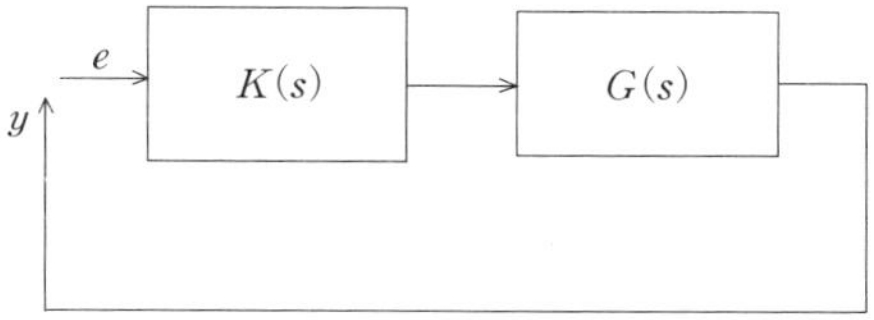

図 9.2　一巡伝達関数

9.2　開ループ伝達関数による閉ループ系の安定判別

この章のテーマである**ナイキストの安定判別法**とは，図 9.1 のフィードバック制御系が安定かどうかを，開ループ伝達関数

$$G(s)K(s)$$

に関する情報を用いて判別する方法である．その情報とは，

- 開ループ伝達関数 $G(s)K(s)$ の不安定極の個数
- 開ループ伝達関数 $G(s)K(s)$ のナイキスト線図

である．

（注意）　開ループ伝達関数が不安定極を持つからといって，フィードバック系が不安定かどうかはわからない．フィードバック系の安定性を決めるのは，閉ループ伝達関数の極である．

9.3 ナイキスト線図

9.3.1 ナイキスト線図とは

安定判別法を述べる前に，ナイキスト線図とは何かを述べておく．まず，図9.3の複素右半平面全体を囲む閉曲線 C を考える．

$G(s)K(s)$ の s が図9.3のように，原点 $0 \to +j\infty \to$（半径 ∞ の半円）$\to -j\infty \to$ 原点 0 と動くとする，この閉曲線 C 上を動く s に対して，開ループ伝達関数 $G(s)K(s)$ が複素平面上に描く軌跡が**ナイキスト線図**である．

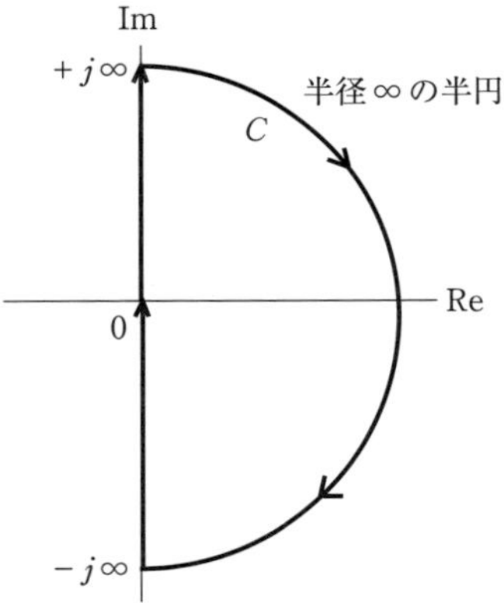

図 9.3 右半平面全体を囲む閉曲線 C

9.3.2 ナイキスト線図とベクトル軌跡との関係

本章では，$G(s)K(s)$ の分母多項式の次数は，分子多項式の次数より大きいと仮定する．このとき，無限大の s に対して $G(s)K(s) = 0$ となるので，s が半径 ∞ の半円の上にあるときには，$G(s)K(s)$ は原点にとどまる．すると，原点以外のナイキスト線図は，$s = j\omega$ として $\omega = 0 \sim \infty$ に対する $G(j\omega)K(j\omega)$ の軌跡（これをベクトル軌跡と呼んだ）と，$\omega = -\infty \sim 0$ に対する $G(j\omega)K(j\omega)$ の軌跡を合わせたものとなる（図9.4）．これら二つは，互

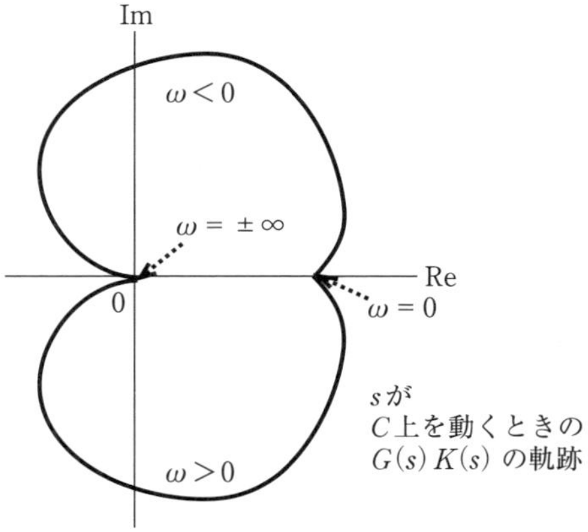

図 9.4　ナイキスト線図の例

いに複素共役の関係にあるので，結局のところ**ナイキスト線図は，$G(s)K(s)$ のベクトル軌跡を実軸に関して上下対象に描いたものと一致する．**

例えば，開ループ伝達関数が

$$G(s)K(s) = \frac{1}{s+1} \tag{9.3}$$

という 1 次系であったとする．このナイキスト線図は図 9.5 のような円にな

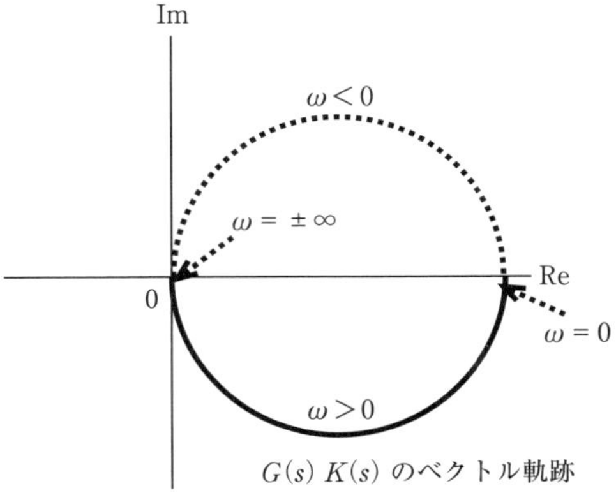

図 9.5　$1/(s+1)$ のナイキスト線図の例

る．1次系のベクトル軌跡は，図 7.24 で見たような半円であり，図 9.5 において実線で表される．これを実軸に対して上下対象折り返し（破線），二つ合わせた円（実線と破線）がナイキスト線図となる．

9.3.3 ナイキスト線図の例

いろいろな伝達関数のナイキスト線図を示しておく．

$$G(s) = \frac{3}{s+3}, \quad K(s) = \frac{3}{s-2} \tag{9.4}$$

の場合

$$G(s)K(s) = \frac{9}{(s+3)(s-2)} \tag{9.5}$$

となる．このナイキスト線図は，図 9.6 のようになる．

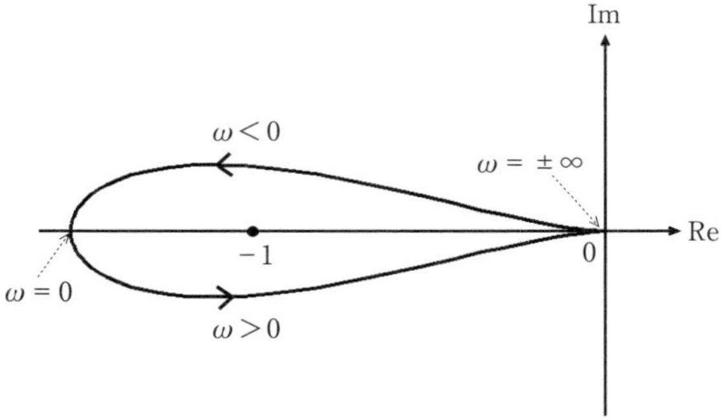

図 9.6　$9/[(s+3)(s-2)]$ のナイキスト線図

別の例として，

$$G(s) = \frac{s-3}{s+1}, \quad K(s) = \frac{2}{s+1} \tag{9.6}$$

の場合

$$G(s)K(s) = \frac{2(s-3)}{(s+1)^2} \tag{9.7}$$

となる．このナイキスト線図は図 9.7 のようになる．

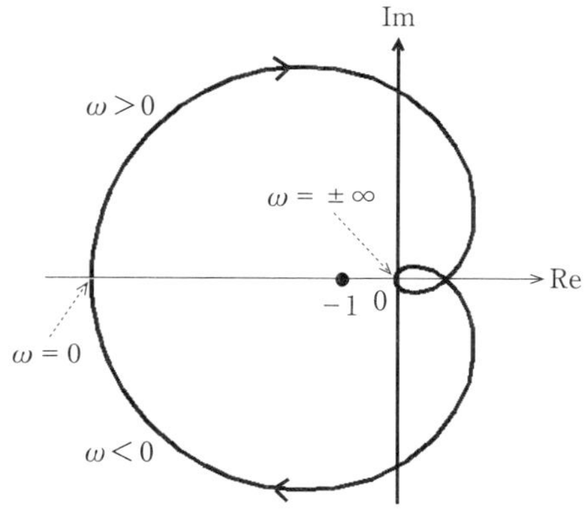

図 9.7　$2(s-3)/(s+1)^2$ のナイキスト線図

9.4　ナイキストの安定判別

9.4.1　ナイキストの安定判別法（一般の場合）

図 9.1 のフィードバック系が安定かどうかは，開ループ伝達関数の不安定極の数とナイキスト線図を用いて，次のように判定できる．

- 開ループ伝達関数の不安定極の数を調べる．その数を P 個とする．
- 開ループ伝達関数のナイキスト線図を描く．それが -1 を反時計方向に回わる数を調べる．その数を R 回とする．
  （注意）　時計方向へ 1 回転したら -1 回とカウントする．
- $P = R$ であればフィードバック系は安定である．そうでなければ不安定である．

なぜこのような判別法が成り立つのか，その証明は 9.6 節で述べる．

9.4.2 ナイキストの安定判別法(開ループ伝達関数が安定な場合)

開ループ伝達関数が安定な場合には，上記の判別法はもっと簡単になる．この場合，$G(s)K(s)$ に不安定極はなくて $P=0$ なので，上記の判別法より，$R=0$ であることが安定条件となる．すなわち，ナイキスト線図が -1 を回り込まないことが安定であるための条件となる（図9.8）．

> 開ループ伝達関数が安定な場合，開ループ伝達関数のベクトル軌跡が -1 を左に見て通ればフィードバック系は安定である．そうでなければ不安定である．

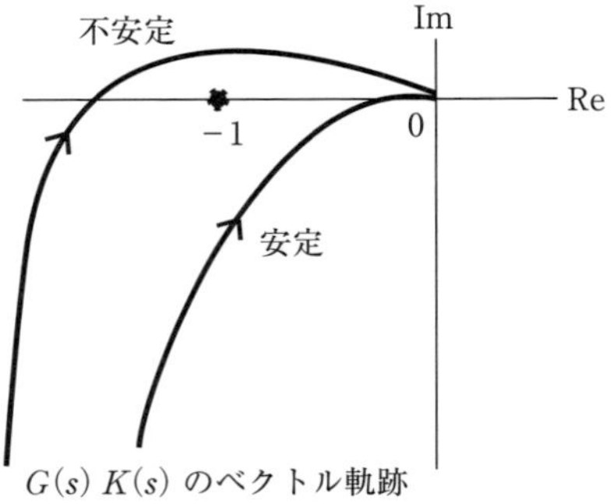

図9.8 開ループが安定な場合のナイキストの安定判別

9.5 ナイキストの安定判別法の意義

ナイキストの安定判別法の特徴は，$G(s)K(s)/[1+G(s)K(s)]$ よりも簡単な $G(s)K(s)$ という伝達関数を用いて安定判別を行えること，また $G(s)$ と $K(s)$ の周波数応答特性がわかっている場合にそれを用いて安定判別が行えることなどがある．

それらもあるが，ナイキストの安定判別法は，第10章で「ゲイン余裕」,「位相余裕」という量を考えるための基礎理論として重要である．これらの余裕の量は制御系設計（コントローラの設計）において考慮されるべき重要な量となる．

9.6 安定条件の証明

$1+G(s)K(s)$ と極との関係

ナイキスト線図によって安定性が判別できる理由を以下で説明する．フィードバック系が安定かどうかは，閉ループ伝達関数 $G(s)K(s)/[1+G(s)K(s)]$ の極の位置で決まる．そこで，まずはその分母にある伝達関数

$$1+G(s)K(s) \tag{9.8}$$

に注目する．$G(s)$, $K(s)$ を分子および分母多項式を用いて

$$G(s)=\frac{n_g(s)}{d_g(s)},\quad K(s)=\frac{n_k(s)}{d_k(s)} \tag{9.9}$$

と書く．すると

$$1+G(s)K(s)=\frac{d_g(s)d_k(s)+n_g(s)n_k(s)}{d_g(s)d_k(s)} \tag{9.10}$$

$$=\frac{(s-q_1)(s-q_2)\cdots(s-q_n)}{(s-p_1)(s-p_2)\cdots(s-p_n)} \tag{9.11}$$

と計算できる．ただし，(9.11) 式は (9.10) 式を因数分解したものである．

(9.10) 式の分母は，開ループ伝達関数 $G(s)K(s)$ の分母と一致していることに注意しよう．これより，(9.11) 式における p_1, p_2, $\cdots$, p_n は開ループ伝達関数の極を表す．そのうち，不安定な極の数はわかっており，その数が P である．

(9.10) 式の分子は特性多項式と一致している．したがって，(9.11) 式における q_1, q_2, $\cdots$, q_n は特性方程式の解，すなわち閉ループ伝達関数の極を表す．その中に不安定な極があるかどうかが知りたいところであるが，ここでは仮に Q 個あるとしよう（$Q=0$ であるとき，フィードバック系は安定である）．

$1+G(s)K(s)$ の回転角

s を複素数と考えると $1+G(s)K(s)$ も複素数となり，$\angle(1+G(s)K(s))$ という偏角を考えることができる．それは (9.11) 式より，

$$\angle(1+G(s)K(s)) = \sum_{i=1}^{n} \angle(s-q_i) - \sum_{i=1}^{n} \angle(s-p_i) \tag{9.12}$$

である．

ここで上式のある一つの項，例えば $\angle(s-q_1)$ だけに注目し，s が図9.3 の C の上を動くとき，$s-q_1$ がどう動くかを考えてみよう（s が動き，また q_1 は固定である）．その動きは，図 9.9 のように，q_1 が C の内部（右半平面）にあるか外（左半平面）にあるかで違ってくる．まず，q_1 が C の内部にある場合（不安定極の場合），s が C 上を 1 周すると $s-q_1$ は 1回転して 元に戻る（s が q_1 を囲んで動くから 1 回転する）．$\angle(s-q_1)$ の変化量は時計方向に 360°，すなわち 1 回転である．一方，q_1 が C の外部にある場合，s が C 上を 1 周しても $s-q_1$ は上下に動くだけで 1回転せず 元に戻る．$\angle(s-q_1)$ の回転角は 0° である（時計方向と回転角と反時計方向の回転角がキャンセルされて 0° である）．

したがって，$1+G(s)K(s)$ の回転数に関係するは，q_i と p_i の中の不安定極

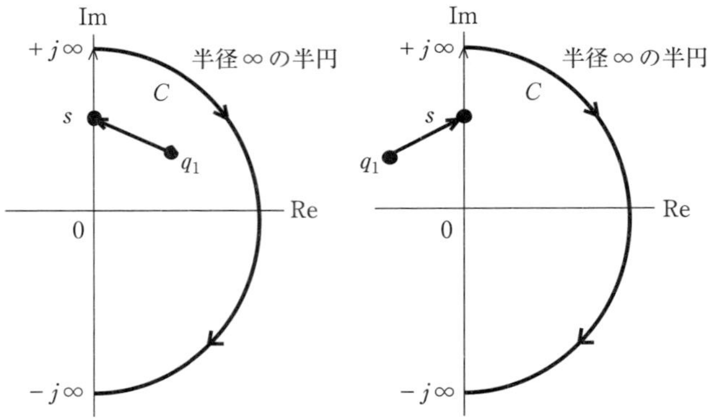

(a) Cの内部にある場合　(b) Cの外部にある場合

図 9.9　複素数 $s-q_1$ の回転

だけであり，それらの数はそれぞれ Q 個と P 個である．そして，(9.12) 式の右辺における符号に注意すると，$1+G(s)K(s)$ の回転数は時計方向に $Q-P$ 回となる．すなわち，s が C 上を1周したとき，$1+G(s)K(s)$ は原点を反時計方向に $P-Q$ 回転する．

ナイキスト線図による安定条件

$1+G(s)K(s)$ が原点のまわりを回転するとき，$G(s)K(s)$ は -1 のまわりを回転する．よって，$G(s)K(s)$ によるナイキスト線図が -1 を反時計方向に回転する数 R は

$$R = P - Q \tag{9.13}$$

と表される．ここで，フィードバック系が安定であることは $Q=0$ であることを思い出そう．その必要十分条件は，上式より，

$$R = P \tag{9.14}$$

である．この条件がナイキストの安定判別法での安定条件となっている．

第10章　安定余裕と感度関数

フィードバック制御系は，安定であればそれでいいのではなく，「ある程度余裕を持って安定」であることが望まれます．また，制御対象の変動や外乱に対して影響を受けにくいことも望まれます．この章では，これらの要望に関連する量や関数を定義し，開ループ伝達関数 $G(s)K(s)$ との関係について説明します．

10.1　設計における余裕

コントローラを設計するとき，安定条件（特性方程式のすべての根の実部が負である条件，あるいはナイキストの安定判別条件）を満たしておけばフィードバック系の安定性は保証される．しかし，制御対象のパラメータ（伝達関数の係数）が変化したり，あるいはあらかじめ誤差を持っていた場合，安定条件を満たしたつもりでも実は満たされておらず，不安定になってしまうかもしれ

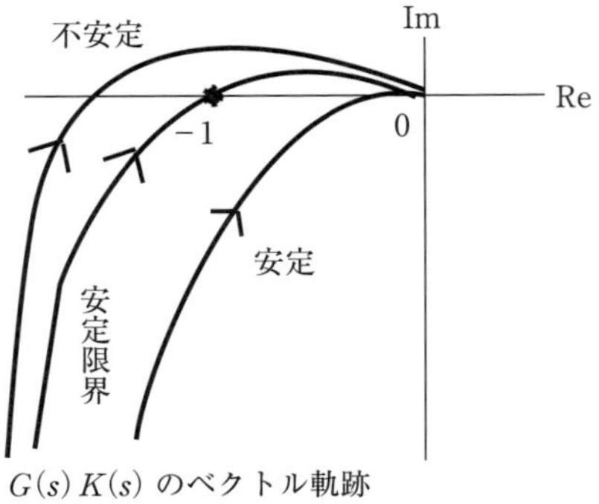

図10.1　ナイキストの安定判別

ない．このような状況を想定してコントローラを設計するときには，ある程度の余裕を確保しておいたほうがよい．

ここでは，開ループ伝達関数が安定であるとしよう．このとき，フィードバック制御系が安定である必要十分条件は，ナイキストの安定判別法より，$G(s)K(s)$ のベクトル軌跡が -1 の左を通ることであった（図 10.1）．ちょうど -1 を通るとき，フィードバック制御系は**安定限界** にあるという．

図 10.2 の二つの場合，どちらも左を通っているが，右側の軌跡のほうがより -1 から遠ざかっている．これは，右側の場合のほうが安定限界までの余裕が大きいことを表している．

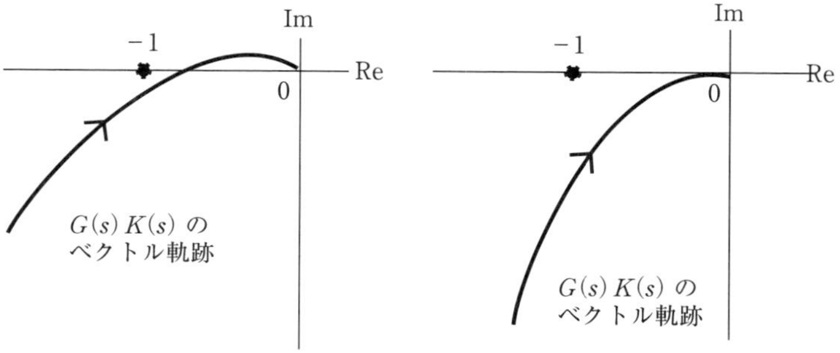

図 10.2　安定の余裕の違い

一般に，ぎりぎりで安定であるよりも，ある程度余裕を持って安定であることが望まれる．安定限界までどれぐらい余裕があるか（安定余裕）の指標として，ゲイン余裕，位相余裕という量が用いられる．

10.2　ゲイン余裕・位相余裕

図 10.3 の $G(s)K(s)$ のベクトル軌跡を用いてゲイン余裕と位相余裕を定義する．破線は半径 1 の円，O は原点，P は実軸とベクトル軌跡の交点，Q は円とベクトル軌跡の交点である．

実軸上の -1 の点から点 P が離れるほど（$\overline{\mathrm{OP}}$ が小さいほど），また $\angle \mathrm{QOP}$ が大きいほど，$G(s)K(s)$ のベクトル軌跡は点 -1 から遠ざかる．そこで，ゲ

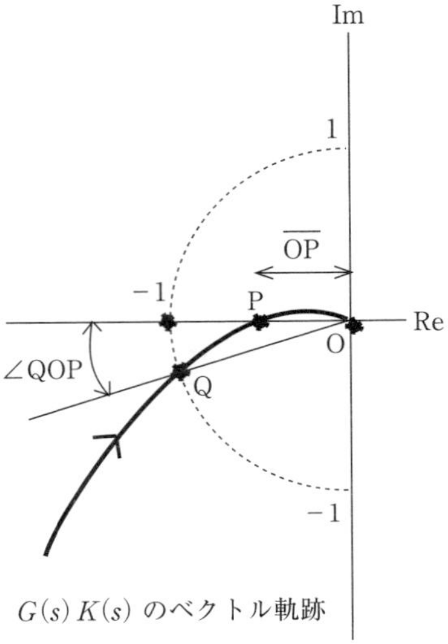

図 10.3　ゲイン余裕・位相余裕

イン余裕と位相余裕を次のように定義し，これらの量が大きいほど安定余裕が大きいと考えることにする．

ゲイン余裕：　$-20\log_{10}\overline{\mathrm{OP}}$ [dB]

位相余裕：　$\angle\mathrm{QOP}$ [deg]

ゲイン余裕を $-20\log_{10}\overline{\mathrm{OP}}$ と定義した理由は，次のとおりである．図 10.3 の点 P におけるゲイン（原点からの距離）は $\overline{\mathrm{OP}}$ であり，これをデシベルで表せば $20\log_{10}\overline{\mathrm{OP}}$ [dB] となる．一方，仮に -1 の点をベクトル軌跡が通ったとしたら，そのときのゲイン（原点からの距離）は 1，デシベルで表すと 0 [dB] である．点 -1 から点 P が離れることは，0 dB と $20\log_{10}\overline{\mathrm{OP}}$ dB の差，$0-20\log_{10}\overline{\mathrm{OP}}=-20\log_{10}\overline{\mathrm{OP}}$ が大きいことを意味するので，この量をゲイン余裕と定義している．

10.3　ボード線図でのゲイン余裕・位相余裕

前節では，ゲイン余裕・位相余裕をベクトル軌跡を用いて定義した．それらはボード線図においても図の中に表れてくる．

まずは，図 10.3 のベクトル軌跡を振り返ってみる．点 Q は $|G(j\omega)K(j\omega)| = 1$ となる点である．そうなる ω を**ゲイン交差周波数**と呼び ω_q と書くことにする．すなわち

$$\begin{aligned} &|G(j\omega_q)K(j\omega_q)| = 1\ , \\ &20\log_{10}|G(j\omega_q)K(j\omega_q)| = 20\log_{10}1 = 0[\mathrm{dB}] \end{aligned} \tag{10.1}$$

が成り立つとする．その角周波数での $G(s)K(s)$ の位相 $\angle G(j\omega_q)K(j\omega_q)$ が -180° まであと何度余裕があるか，それが位相余裕 $\angle\mathrm{QOP}$ である．これは，図 10.4 のボード線図で「位相余裕」と書かれている部分として現れる．

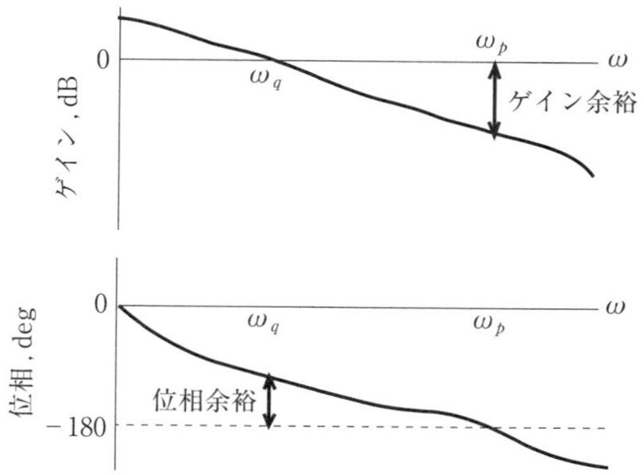

図 10.4　$G(s)K(s)$ のボード線図でのゲイン余裕・位相余裕

再び図 10.3 のベクトル軌跡を振り返ってみる．点 P は，$\angle G(j\omega)K(j\omega) = -180^\circ$ となる点である．そうなる ω を**位相交差周波数**と呼び ω_p と書くことにする．すなわち

$$\angle G(j\omega_p)K(j\omega_p) = -180^\circ \tag{10.2}$$

が成り立つとする．その角周波数での $G(s)K(s)$ のゲインが 0 dB まであと何 dB 余裕があるか，それがゲイン余裕 $-20\log_{10}|G(j\omega_p)K(j\omega_p)|$ である．これは，図 10.4 のボード線図で「ゲイン余裕」と書かれている部分として現れる．

10.4　感度関数

制御系を設計するとき，制御対象を $G(s)$ という伝達関数でモデル化する．これに基づきコントローラ $K(s)$ を設計し制御する．しかし，制御対象の動作状態により，伝達関数 $G(s)$ の係数が変化して，$\tilde{G}(s)$ に変化したとする．ただし，コントローラは $K(s)$ のままである．

この $G(s) \to \tilde{G}(s)$ という変化はフィードバック制御系の特性に悪影響を及ぼす．なぜなら，$K(s)$ は $G(s)$ に対して適切に設計したものであり，$\tilde{G}(s)$ に対しては適切なものとは限らないからである．

フィードバック制御系の特性が悪影響を受ける場合，その大きさは小さいほうがよい．フィードバック制御系の特性がどれくらい変わるか，それを閉ループ伝達関数の変化率として求めてみる．

閉ループ伝達関数を

$$T(s) = \frac{G(s)K(s)}{1+G(s)K(s)} \tag{10.3}$$

とする．$G(s) \to \tilde{G}(s)$ という変化に対して，$T(s) \to \tilde{T}(s)$ と変化したとする．すなわち，

$$\tilde{T}(s) = \frac{\tilde{G}(s)K(s)}{1+\tilde{G}(s)K(s)} \tag{10.4}$$

とする．$G(s)$ の変化率と $T(s)$ の変化率をそれぞれ

$$\Delta_G(s) = \frac{G(s)-\tilde{G}(s)}{\tilde{G}(s)}, \quad \Delta_T(s) = \frac{T(s)-\tilde{T}(s)}{\tilde{T}(s)} \tag{10.5}$$

とする．少し計算すると，これらの間に

$$\Delta_T(s) = \frac{G(s)K(s)[1+\tilde{G}(s)K(s)]}{\tilde{G}(s)K(s)[1+G(s)K(s)]} - 1 \tag{10.6}$$

$$= \frac{(G(s) - \tilde{G}(s))K(s)}{\tilde{G}(s)K(s)[1 + G(s)K(s)]} \tag{10.7}$$

$$= \frac{1}{1 + G(s)K(s)} \Delta_G(s) \tag{10.8}$$

という関係が成り立つことが確認できる．ここで

$$S(s) = \frac{1}{1 + G(s)K(s)} \tag{10.9}$$

と定義して，これを**感度関数**と呼ぶ．

(10.8) 式から，

$$\Delta_T(s) = S(s) \cdot \Delta_G(s) \tag{10.10}$$

となるので，制御対象の変化率 $\Delta_G(s)$ は $S(s)$ 倍されて $\Delta_T(s)$ に伝わる．制御対象の変化率がどれくらい閉ループ系（フィードバック制御系）に影響を及ぼすか，その感度を表すため，$S(s)$ は「感度関数」と呼ばれている．感度関数 $S(s)$ の大きさは小さいほうが望ましい．

10.5 安定余裕と感度特性

前節ほど「$S(s)$ の大きさ」といったのは，

$$|S(j\omega)| = \frac{1}{|1 + G(j\omega)K(j\omega)|} \tag{10.11}$$

のことである．$|G(j\omega)K(j\omega)| > 1$ であれば，$|K(j\omega)|$ が大きいほど $|1 + G(j\omega)K(j\omega)|$ は大きくなり，(10.11) 式より $|S(j\omega)|$ は小さくなる．粗っぽくいえば，$K(s)$ のゲインを大きく設定しておけば感度を小さくできる．極端に考えれば，$|G(j\omega)K(j\omega)| \to \infty$ となるぐらい $|K(j\omega)|$ を大きくしておけば，感度関数の大きさは 0 となる．

しかし，$K(s)$ のゲインをあまりに大きく設定することは，安定性の観点から問題が生じる場合がある．$|G(j\omega)K(j\omega)|$ が大きくなると，そのベクトル軌跡は原点から遠ざかる．すると，例えば図 10.1 の不安定な場合のように，-1

を右に見るようなベクトル軌跡になってしまうことがある．この場合，制御系は不安定になってしまう．

制御系設計において，$K(s)$ にどんな関数を設定するかを考えるときには，感度の特性だけでなく，安定性あるいはその他の特性も考慮に入れて，総合的観点から良いものを見つけ出さなければならない．

10.6　周波数に応じた余裕と感度の調整

$|S(j\omega)|$ を小さくするためには $|G(j\omega)K(j\omega)|$ を大きくすればよいが，安定性を考えると，あまり大きくできない．しかし，もうひと工夫できる余地がある．

$|S(j\omega)|$ や $|G(j\omega)K(j\omega)|$ は ω の関数であるから，ω に応じて大小を調節できる．安定性の観点から重要な ω （ベクトル軌跡が -1 に近づくあたりの ω）ではあまり $|G(j\omega)K(j\omega)|$ を大きくせず，逆に安定性に関係しない ω では $|G(j\omega)K(j\omega)|$ を大きくして感度 $|S(j\omega)|$ を小さくできる．

このように，ω の値に応じて開ループの周波数応答関数 $G(j\omega)K(j\omega)$ を調節して制御系を設計していく方法がある．これは，**ループ整形**と呼ばれている（詳しくは第 13 章で述べる）．

演習問題

問題 10.1 開ループ伝達関数 $G(s)K(s)$ のボード線図が下図のようになった．ゲイン余裕と位相余裕を求めよ（おおよその値を図から読みとって答えよ）．

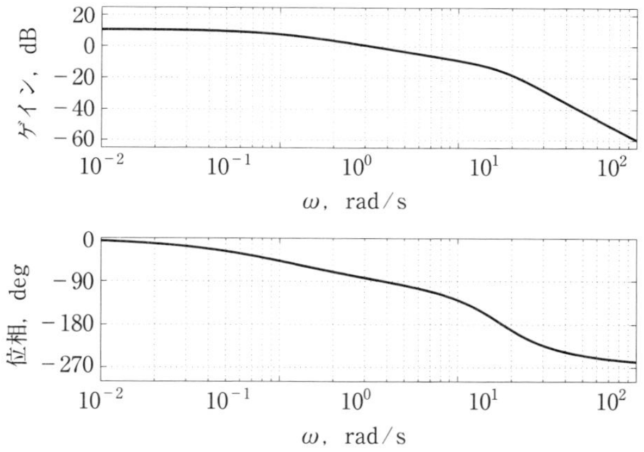

第 11 章 定常特性・過渡特性・周波数特性

制御される量が発散せず目標値に近づけば，ひとまず制御は成功したといえるでしょう．しかし，もっと良い制御があり得るのではないでしょうか．この章では，「良い制御」について再考し，どういう特性を見て制御の良し悪しを評価すればよいのかについて説明します．

11.1 制御系における定常偏差

11.1.1 定常偏差

図 11.1 のフィードバック系を考える．

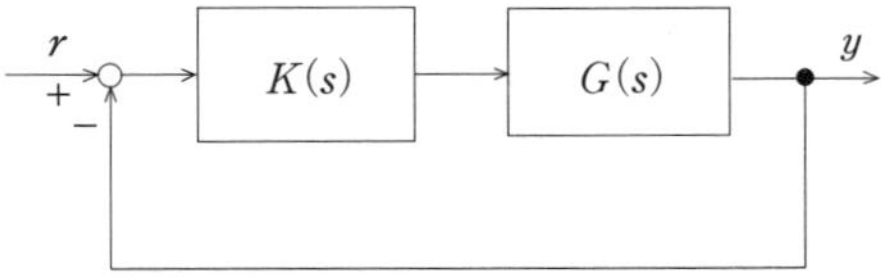

図 11.1 フィードバック系

出力 $y(t)$ を目標値 $r(t)$ に近づけることが制御の目的とする．制御開始直後（$t = 0$ 付近）で $y(t) = r(t)$ にするのは困難であるが，ある程度時間が経過したら $y(t) \to r(t)$ となり，偏差 $e(t) = r(t) - y(t)$ が 0 になることが望まれる場合が多い．

$t \to \infty$ における $e(t)$ の値を**定常偏差**という．図 11.2 の場合，左は定常偏差が残っているが，右側は 0 となり，右側の方が良い制御となっている．

定常偏差 $\lim_{t\to\infty} e(t)$ が 0 となるための条件は何であるかを考察するため，まずは定常偏差を式で表してみる．

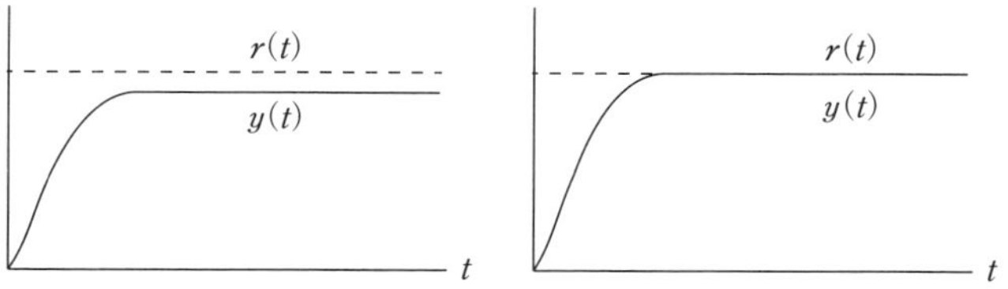

図 11.2 定常偏差の有無

11.1.2 目標値がステップ信号の場合の定常偏差

図 11.1 の制御系で，目標値 $r(t)$ がステップ信号であるとする．それに対する $e(t)$ の挙動を伝達関数を用いて表すと

$$e(s) = \frac{1}{1+G(s)K(s)}r(s) = \frac{1}{1+G(s)K(s)} \cdot \frac{1}{s} \tag{11.1}$$

となる．上の式での $1/[1+G(s)K(s)]$ は，図 11.1 での r から e への伝達関数である．

これを使うと，定常偏差は次のように計算できる．

$$\begin{aligned}\lim_{t\to\infty} e(t) &= \lim_{s\to 0} se(s) \text{（ラプラス変換の最終値の定理）}\\ &= \lim_{s\to 0} s \cdot \frac{1}{1+G(s)K(s)} \cdot \frac{1}{s} &(11.2)\\ &= \frac{1}{1+\lim_{s\to 0} G(s)K(s)} &(11.3)\end{aligned}$$

この式，すなわち，目標値がステップ信号のときの定常偏差は，**定常位置偏差**と呼ばれる．ここで

$$K_p = \lim_{s\to 0} G(s)K(s) \tag{11.4}$$

と置く．K_p は**位置偏差定数**と呼ばれ，これが無限大のとき (11.3) 式の定常位置偏差は 0 となる．

11.1.3　目標値がランプ信号の場合の定常偏差

$r(t) = t$ で表される信号をランプ信号という．このラプラス変換は $r(s) = 1/s^2$ である．目標値 $r(t)$ がランプ信号のときの定常偏差は，(11.2) 式における $1/s$ を $1/s^2$ に置き換えて，

$$\lim_{t\to\infty} e(t) = \lim_{s\to 0} s \cdot \frac{1}{1+G(s)K(s)} \cdot \frac{1}{s^2} \tag{11.5}$$

$$= \lim_{s\to 0} \frac{1}{sG(s)K(s)} \tag{11.6}$$

と計算される．目標値がランプ信号 $r(t) = t$ のときの定常偏差は，**定常速度偏差**と呼ばれる．ここで

$$K_v = \lim_{s\to 0} sG(s)K(s) \tag{11.7}$$

と置く．この K_v は**速度偏差定数**と呼ばれ，これが無限大のとき，(11.6) 式の定常速度偏差は 0 となる．

11.1.4　目標値が一定加速度信号の場合の定常偏差

$r(t) = (1/2)\,t^2$ で表される信号を一定加速度信号という．このラプラス変換は $r(s) = 1/s^3$ である．

目標値 $r(t)$ が一定加速度信号のときの定常偏差は，(11.2) 式における $1/s$ を $1/s^3$ に置き換えて，

$$\lim_{t\to\infty} e(t) = \lim_{s\to 0} s \cdot \frac{1}{1+G(s)K(s)} \cdot \frac{1}{s^3} \tag{11.8}$$

$$= \lim_{s\to 0} \frac{1}{s^2G(s)K(s)} \tag{11.9}$$

と計算される．この式，すなわち目標値が一定加速度入力 $r(t) = (1/2)\,t^2$ のときの定常偏差は，**定常加速度偏差**と呼ばれる．ここで

$$K_a = \lim_{s\to 0} s^2G(s)K(s) \tag{11.10}$$

と置く．K_a は**加速度偏差定数**と呼ばれ，これが無限大のとき，(11.9) 式の定常加速度偏差は 0 となる．

11.2　定常偏差をなくすには

11.2.1　定常偏差が 0 となる条件

前節で見たように，定常偏差の値には開ループ伝達関数 $G(s)K(s)$ が関係している．それでは，開ループ伝達関数 $G(s)K(s)$ がどのようであれば定常偏差が 0 となるか．

仮に $G(s)K(s)$ が $1/s$ を因子に持つとしてみる．すなわち，

$$G(s)K(s) = \frac{1}{s} \cdot \frac{n_{gk}(s)}{d_{gk}(s)} \tag{11.11}$$

と変形できるとする（ただし，$n_{gk}(s)$, $d_{gk}(s)$ は s を因子に持たない多項式である）．この場合，(11.4) 式は

$$K_p = \lim_{s \to 0} G(s)K(s) = \lim_{s \to 0} \frac{1}{s} \cdot \frac{n_{gk}(s)}{d_{gk}(s)} = \infty \tag{11.12}$$

となり，定常位置偏差が 0 になる．

もし，$G(s)K(s)$ が

$$G(s)K(s) = \frac{1}{s^2} \cdot \frac{n_{gk}(s)}{d_{gk}(s)} \tag{11.13}$$

と変形できると，(11.7) 式は

$$K_v = \lim_{s \to 0} s \frac{1}{s^2} \cdot \frac{n_{gk}(s)}{d_{gk}(s)} = \infty \tag{11.14}$$

となり，定常速度偏差を 0 にできる．なお，(11.13) 式のように変形できると，(11.4) 式の K_p も ∞ になり，定常位置偏差も 0 にできる．

同様に，$G(s)K(s)$ が $1/s^3$ を因子に持てば，定常加速度偏差，定常速度偏差，定常位置偏差を 0 にできる．

以上の考察から，次のことがいえる．

目標値のラプラス変換が $1/s^\ell$ のとき，開ループ伝達関数が

$$G(s)K(s) = \frac{1}{s^\ell} \cdot \frac{n_{gk}(s)}{d_{gk}(s)} \tag{11.15}$$

という形に変形できれば，定常偏差は 0 となる（ただし，$n_{gk}(s)$, $d_{gk}(s)$ は s で割り切れないものとする）．

11.2.2　ℓ 型の制御系

(11.15) 式の開ループ伝達関数は原点に ℓ 個の極を持っている．このような制御系は，**ℓ 型の制御系**と呼ばれている．

例えば，開ループ伝達関数が原点に 1 個の極を持つ場合，その制御系は 1 型の制御系である．1 型の制御系では，ステップ状の目標値に対する定常偏差を 0 にできる．

11.2.3　定常偏差が 0 となるような制御をするには

例えば，目標値がステップ信号で，定常偏差が 0 になるように $K(s)$ を設計したいとする．

もし，制御対象の伝達関数 $G(s)$ が原点に極を持たなければ，コントローラ $K(s)$ に原点の極を持たせて，$G(s)K(s)$ が原点に極を持つようにしなければならない．すなわち，

$$K(s) = \frac{1}{s} \cdot \tilde{K}(s) \tag{11.16}$$

のような形にすることが必要である．

ところで，ラプラス変換の性質（第 2 章の (2.24) 式）より，$1/s$ は積分することに対応していた．(11.16) 式のように $K(s)$ が $1/s$ を因子に持つとき，$K(s)$ **は積分要素を含む**，あるいは**積分特性を持つ**という．

$1/s^2$ を因子に持つときは，積分要素を二つ含んでいると考える．

ステップ信号やランプ信号に対して定常偏差を 0 にするには，コントロー

ラに積分特性を持たせるのが有効である．

11.2.4 積分要素の数と定常偏差

例えば，目標値がランプ信号であるとする．しかし，制御系は 2 型でなく 1 型であったとする（2 型であれば，定常偏差は 0 になる）．このとき，(11.7) 式の速度偏差定数は

$$K_v = \lim_{s\to 0} sG(s)K(s) = \lim_{s\to 0} s \cdot \frac{1}{s} \cdot \frac{n_{gk}(s)}{d_{gk}(s)} = \lim_{s\to 0} \frac{n_{gk}(s)}{d_{gk}(s)}$$

となり，これは無限大ではなく，有限な値となる．このとき，定常偏差は (11.6) 式より

$$\lim_{t\to\infty} e(t) = \frac{1}{K_v} \tag{11.17}$$

となり，0 にならない．

目標値が一定加速度信号で，制御系が 1 型の場合（3 型であれば定常偏差は 0 になる），(11.10) 式の偏差定数は

$$K_a = \lim_{s\to 0} s^2 G(s)K(s) = \lim_{s\to 0} s^2 \cdot \frac{1}{s} \cdot \frac{n_{gk}(s)}{d_{gk}(s)} = \lim_{s\to 0} s \cdot \frac{n_{gk}(s)}{d_{gk}(s)} = 0$$

となる．このとき，定常偏差は (11.9) 式より

$$\lim_{t\to\infty} e(t) = \frac{1}{K_a} = \frac{1}{0} = \infty \tag{11.18}$$

となる．

このように，目標値に対して積分要素の個数が足らない場合，定常偏差は 0 にならなかったり，無限大になったりする．

制御系の型と目標値の種類に応じた定常偏差の値をまとめると，表 11.1 のようになる．

11.3 レギュレータとサーボ系，内部モデル原理

目標値（一定値とは限らない）に対する偏差を 0 にする（出力 $y(t)$ を動かして目標値 $r(t)$ に追従させる）ことが制御目的の場合，フィードバック制御系

表 11.1　制御系の型と目標値に対する定常偏差の値

	ステップ	ランプ	一定加速度
0 型	$\frac{1}{1+K_p}$	∞	∞
1 型	0	$\frac{1}{K_v}$	∞
2 型	0	0	$\frac{1}{K_a}$
3 型	0	0	0

は**サーボ系**と呼ばれる．これに対し，外乱などで出力の値が乱れても，出力を元の値に戻して一定値に保つ（出力を元に戻す）ことが制御目的である場合，そのためのコントローラは**レギュレータ**と呼ばれる．

定常偏差を 0 にしようとする制御系は，どちらかといえばサーボ系である．前節で述べたように，ラプラス変換が $1/s^\ell$ の目標値に出力が追従するためには，開ループ伝達関数が $1/s^\ell$ という因子を持たなければならない．もっと一般的にいえば，サーボ系の開ループ伝達関数は，目標値のモデル（目標信号のラプラス変換）を内蔵していなければならない．このことは，サーボ系における**内部モデル原理**と呼ばれている．

11.4　制御系の過渡特性

ある制御対象に対してコントローラを設計してフィードバック制御をしているとする．このとき，目標値がステップ状に変化したとする．それに対する出力 $y(t)$ が図 11.3 のように制御されたとする．この図には制御の良し悪しの評価に関わるいくつかの量が現れている．

- **立ち上がり時間**：定常値 $y(\infty)$ の 10 %から 90 %になるまでの時間．短いほうが良い．
- **整定時間**：定常値の ± 5 %に収まるまでの時間．短いほうが良い．
- **遅延時間**：出力が定常値の 50 %になるまでの時間．短いほうが良い．

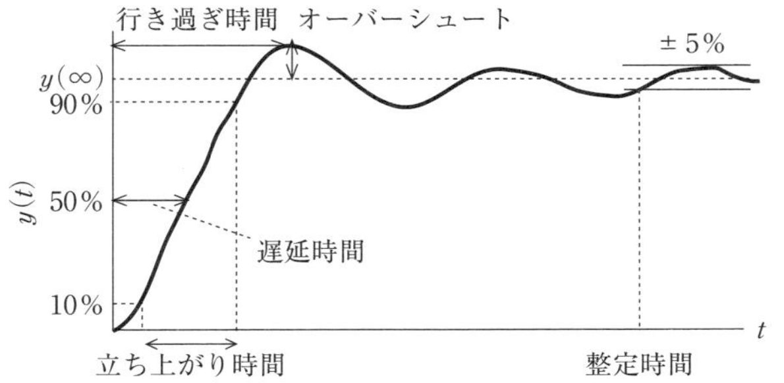

図 11.3　過渡応答

- **オーバーシュート**：出力 $y(t)$ が定常値 $y(\infty)$ よりも一時的に高い値をとるとき，オーバーシュートが生じるという．オーバーシュートの値は，ピークと定常値との差である．これは小さいほうが良いが，全く 0 だと立ち上がり時間が長くなって速応性が悪くなることがあるので，ある程度のオーバーシュートは許されることが多い．
- **行き過ぎ時間**：オーバーシュートが生じるとき，最初のピークに到達するまでの時間．短いほうが良い．

立ち上がり時間や整定時間，遅延時間が短い制御ができているとき，その制御は**速応性**が良いという．

11.5　制御系の周波数特性

伝達関数が $G(s)$ の制御対象に対して，コントローラ $K(s)$ を設計してフィードバック系を構成したとする．そのフィードバック系の閉ループ伝達関数を $T(s)$ という記号で表す．例えば，図 11.4 のフィードバック系の場合，

$$T(s) = \frac{G(s)K(s)}{1 + G(s)K(s)} \tag{11.19}$$

となる．

閉ループ伝達関数 $T(s)$ のゲイン線図が図 11.5 のようになったとする．

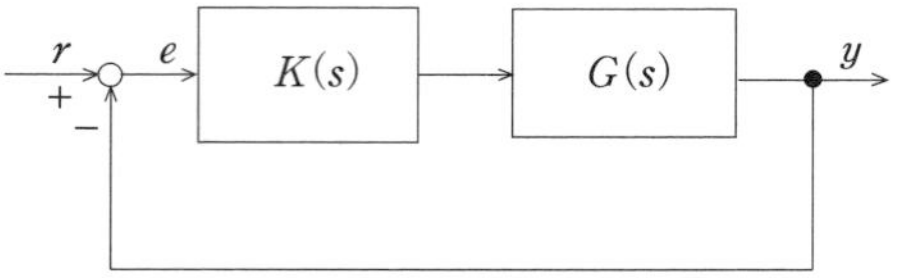

図 11.4　フィードバック系

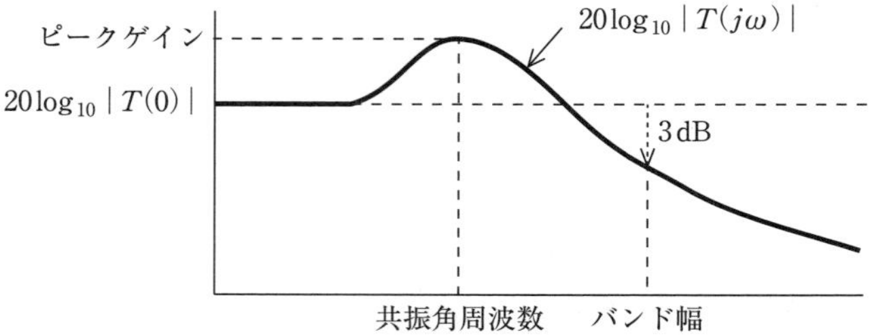

図 11.5　閉ループ伝達関数のゲイン線図

この図には制御系の特性（あるいは良し悪しの評価）に関連する量が現れている．

- **バンド幅（帯域幅）：** 定常ゲイン $20\log_{10}|T(0)|$ より 3 db 低下するところの角周波数 ω_b はバンド幅と呼ばれる．これが高いほど，高い周波数の目標値に反応できるので，速応性が良い．
- **ピークゲイン・共振角周波数：** 図 11.5 のように定常ゲインよりも大きなゲインが山のように現れるとき，ゲインの最大値をピークゲインと呼ぶ．ゲインが最大となる角周波数を共振角周波数という．共振を避けたい制御ではピークゲインが大きくならないほうが良い．

演習問題

問題 11.1　下図の制御系で，制御対象の伝達関数は

$$G(s) = \frac{4}{s^3 + 3s^2 + 4s + 1}$$

であり，目標値 r は 1（ステップ信号）とする．コントローラ が

$$K(s) = \frac{1}{s+1}$$

のときの定常偏差 $\lim_{t \to \infty} e(t)$ の値を求めよ．

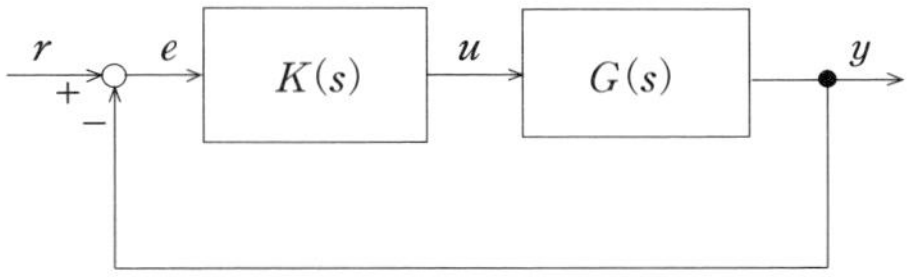

第 12 章 コントローラの構成要素

この章では，コントローラ $K(s)$ に注目します．コントローラは制御する人が設計すべきもので，$K(s)$ をどういう伝達関数にするかは，その人が決めなければなりません．実際に制御するときには，まずは簡単な伝達関数を使ってみるのがよいでしょう．この章では，簡単かつ基本的なコントローラの伝達関数をいくつか紹介します．

12.1 コントローラの基本要素

12.1.1 コントローラの伝達関数をいかに決めるか

図 12.1 のフィードバック系を考える．

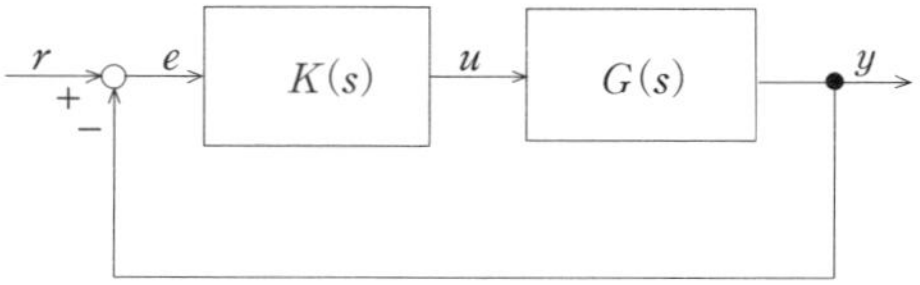

図 12.1 フィードバック系

制御対象は与えられ，その伝達関数 $G(s)$ は求められているとする．いま，制御するためにコントローラを決めなければならないとする．

コントローラの役割は，偏差 e をとり込み，制御入力 u を算出することである．コントローラは入力が e で出力が u のシステムであり，その伝達関数 $K(s)$ を決めることが制御系設計者の課題となる．

このとき，$K(s)$ としてどのような形の伝達関数を用いればよいであろうか．例えば，$K(s)$ の分母多項式は何次にすべきか，分子多項式はどう設定するばよいか，あまりに自由度が多過ぎてどうしてよいのかわからない．

こういうときよく行われるのは，基礎的で簡単なコントローラを用いたり，あるいはそれらを要素として組み合わせてコントローラ $K(s)$ を構成していく方法である．その簡単な要素としてどのようなものがあるかを以下に紹介する．

12.1.2 比例制御・比例要素

最も簡単なコントローラは $K(s)$ として定数（ここでは，K_P と書くことにする）を用いるものである．このような制御を**比例制御**あるいは**P 制御**，**P 補償**と呼ぶ（P は Proportional を意味している）．コントローラは，図 12.2 のようになる．

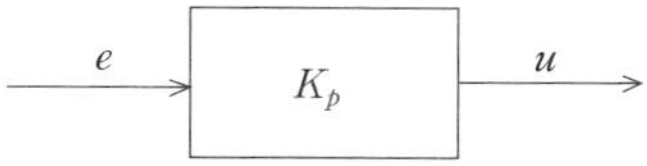

図 12.2　比例制御（比例要素）

これを一つのシステムと見たとき，**比例要素**と呼ぶ．比例要素は単独で用いられる場合もあるが，他の要素と組み合わせて用いることもよくある．K_P は**比例ゲイン**と呼ばれる．

12.1.3 積分要素

第 2 章で「s 領域で $1/s$ を掛けることは，t 領域（時間領域）で積分することに相当する」ことを学んだ（図 12.3）．

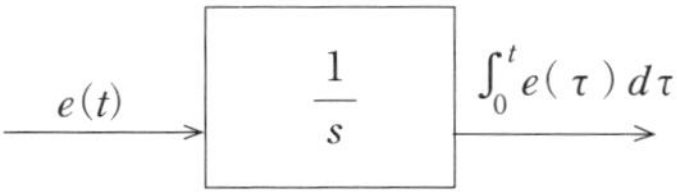

図 12.3　$1/s$ による積分

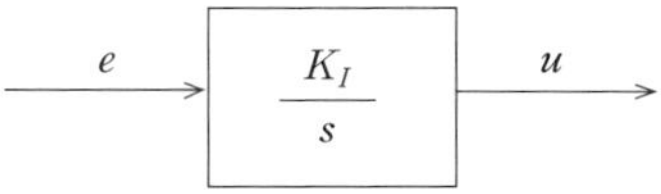

図 12.4　積分要素

これを利用して，図 12.4 のような K_I/s という要素をコントローラに用いることがよくある．この要素を**積分要素**といい，積分要素を利用した制御を **I**

制御，**I 補償**という（I は Integral を意味する）．K_I は定数で，**積分ゲイン**と呼ばれる．積分要素を用いる利点は，過去から現在に続く偏差の積分値を制御に利用するため，定常偏差の解消に効果的であることである．これに関連することとして，目標値がステップ信号の場合に積分要素を用いると，定常偏差を 0 にできることを 11.2.1 項で述べた．

12.1.4　微分要素

s 領域で s を掛けることは，t 領域（時間領域）で微分することに相当する（図 12.5）．

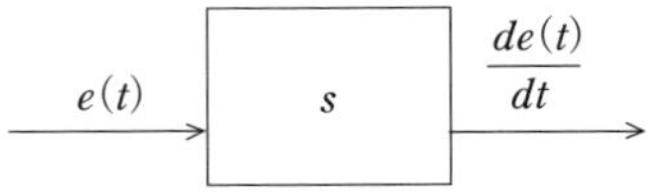

図 12.5　s による微分

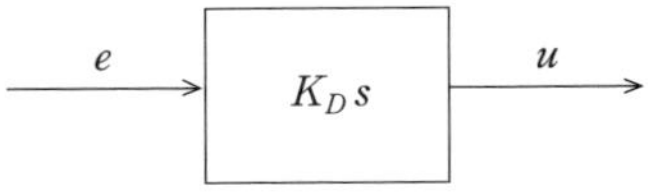

図 12.6　微分要素

これを利用して，図 12.6 のように K_Ds という要素をコントローラに用いることがよくある．この要素を**微分要素**といい，微分要素を利用した制御を **D 制御**，**D 補償**という（D は Derivative から）．K_D は定数で，**微分ゲイン**と呼ばれる．微分要素の制御における効果は，偏差の増加・減少傾向を利用するので，先を見越した速い制御ができるようになることにある．

12.2　PID 制御

12.2.1　PID コントローラ

比例要素・積分要素・微分要素を組み合わせてコントローラ $K(s)$ を構成することがよく行われる．このコントローラを **PID コントローラ**，これを用いた制御を **PID 制御**という（図 12.7）．

PID コントローラの伝達関数 $K(s)$ は，次のようになる．

$$K(s) = K_P + \frac{K_I}{s} + K_D s = K_P \left(1 + \frac{1}{T_I s} + T_D s \right) \tag{12.1}$$

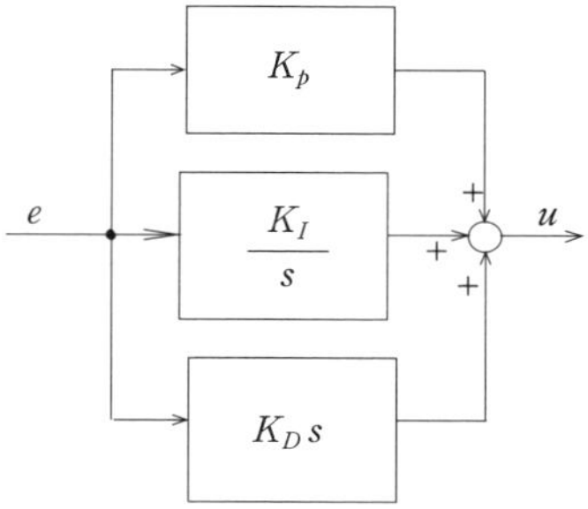

図 12.7 PID コントローラ

ただし，$T_I = K_P/K_I, T_D = K_D/K_P$ とした．PID コントローラを使用するとき，K_P, K_I, K_D の値の設定が重要である．それらの大小により，比例・積分・微分の各要素の効果の大きさが調整され，制御特性が変わってくる．PID 制御は構成が簡単であり，調整しやすいため，産業界で古くからよく使われている．

12.2.2 限界感度法

K_P, K_I, K_D の値を具体的に決定する方法の一つとしてジーグラーとニコルスによって提案された方法がある．まず，比例補償のみの制御をして，K_P を徐々に増加させていく．すると応答が振動的になり，ついには安定限界に達して周期的な振動となる．そのときの比例ゲイン K_P を K_ℓ とし，振動周期を T_ℓ とする．そして PID コントローラの各ゲインを次のように設定する．

$$K_P = 0.6K_\ell\ ,\quad T_I = 0.5T_\ell\ ,\quad T_D = T_\ell/8$$

これは，制御対象のモデルを求めることが困難なときに，応答に基づいてパラメータを決定する方法として知られている．

12.2.3　PI 制御・PD 制御

PID コントローラから微分要素をとり去った場合（$K_D = 0$ の場合），

$$K(s) = K_P + \frac{K_I}{s} = K_P\left(1 + \frac{1}{T_I s}\right) \tag{12.2}$$

となる．これを用いた制御を **PI 制御**という．

PID コントローラから積分要素をとり去った場合（$K_I = 0$ の場合），

$$K(s) = K_P + K_D s = K_P\left(1 + T_D s\right) \tag{12.3}$$

となる．これを用いた制御を **PD 制御**という．

12.3　位相進み要素・位相遅れ要素

12.3.1　位相進み要素

K, T を正の定数, α を 1 より大きい定数とし,

$$K(s) = \frac{K(\alpha T s + 1)}{T s + 1}, \quad \alpha > 1 \tag{12.4}$$

という伝達関数で表される要素を**位相進み要素**という．位相進み要素のボード線図の概形は，図 12.8 のようになる．

$\omega = 1/(\alpha T) \sim 1/T$ での位相が進んでいる（正の方向へ大きくなっている）ため，「位相進み」という名前がついている．$\omega = 1/(\sqrt{\alpha}\, T)$ のとき位相が最大となり，その値は

$$\angle \frac{K(\alpha T s + 1)}{T s + 1} = \sin^{-1} \frac{\alpha - 1}{\alpha + 1} \tag{12.5}$$

であることが知られている．

位相進み要素は，位相余裕を大きくするために用いられることが多い．このことについては第 13 章で詳しく述べる．

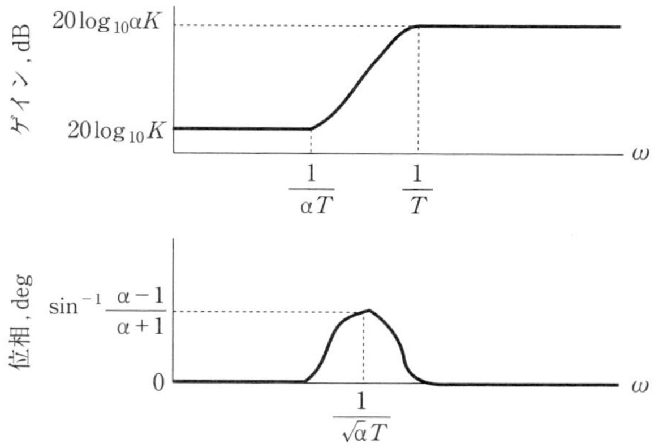

図 12.8 位相進み要素のボード線図

12.3.2 位相遅れ要素

K, T を正の定数, β を 1 より小さい正の定数とし,

$$K(s) = \frac{K(\beta Ts+1)}{Ts+1}, \quad 0 < \beta < 1 \tag{12.6}$$

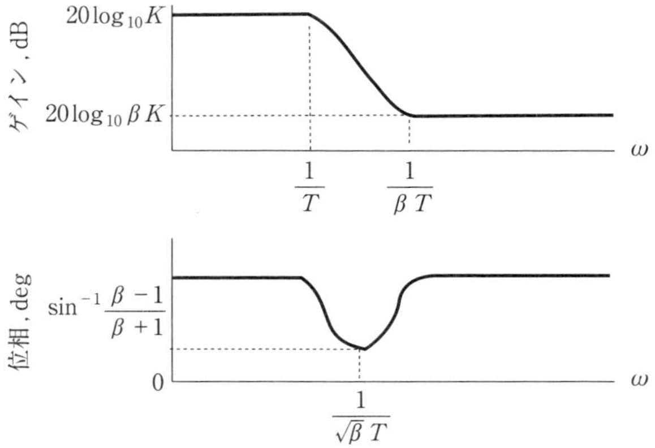

図 12.9 位相遅れ要素のボード線図

という伝達関数で表される要素を**位相遅れ要素**という．位相遅れ要素のボード線図の概形は図 12.9 のようになる．$\omega = 1/T \sim 1/(\beta T)$ での位相が遅れている（負の方向へ大きくなっている）ため，「位相遅れ」という名前がついている．$\omega = 1/(\sqrt{\beta} T)$ のとき位相が最小となり，その値は

$$\angle \frac{K(\beta T s + 1)}{T s + 1} = \sin^{-1} \frac{\beta - 1}{\beta + 1} \tag{12.7}$$

であることが知られている．

位相遅れ要素は，低周波域でゲインを大きくするために用いられることが多い．このことについても第 13 章で詳しく述べる．

第 13 章 フィードバック制御系の設計

「安定にしたい」とか「制御量を速く目標値に近づけたい」といった制御の目的が，制御系の伝達関数とどういう関係にあるかを示しながら，制御系設計の考え方を説明します．基礎的な理論はすでに前章まで学習ずみですので，それらを振り返りながら伝達関数による制御系設計の考え方を総括します．

13.1 制御の目的

図 13.1 のフィードバック制御系を設計するとしよう．制御対象は与えられ，その伝達関数 $G(s)$ は求められているとする．いま，制御するためにコントローラ $K(s)$ を設計しなければならないとする．一般に，フィードバック制御系は，次のような性質を持つことが望まれる．

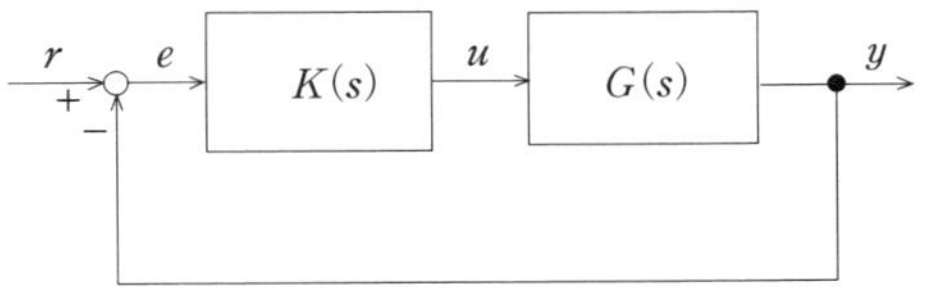

図 13.1　フィードバック制御系

- 安定であること．
- 制御出力 $y(t)$ が目標値 $r(t)$ に速やかに近づくこと（速応性が良いこと）．
- 定常偏差が少ないこと（できれば 0 にしたい）．
- 制御対象の変化や外乱に対する影響が少ないこと．

これらの安定性，速応性，定常偏差などの特性は，もともとは，$y(t)$, $u(t)$, $e(t)$ の信号が時間とともにどうなるかという時間領域（t 領域）での特性である．

前章まででは，それらの特性が伝達関数や周波数応答関数によって，s 領域や周波数領域（ω 領域）の特性として変換されることを学んだ．この章では，その考え方を再度まとめつつ，コントローラ $K(s)$ の設計の考え方を述べる．時間領域（t 領域）で望まれる特性が，s 領域や ω 領域での特性に変換され，それらを満たすように $K(s)$ を設計することに帰着されることが見えてくるはずである．

13.2　安定にするには

極を考慮する方法： フィードバック制御系が安定となるには，フィードバック制御系の極（特性方程式の根）がすべて複素左半平面に位置するようにすればよい（第 8 章）．そうなるように $K(s)$ の係数を設定する（図 13.2）．

$G(s)K(s)$ の周波数応答を考慮する方法： あるいは，ナイキストの安定判別の条件を満たすように $K(s)$ を決める（第 9 章）．$K(s)$ のゲインや位相をう

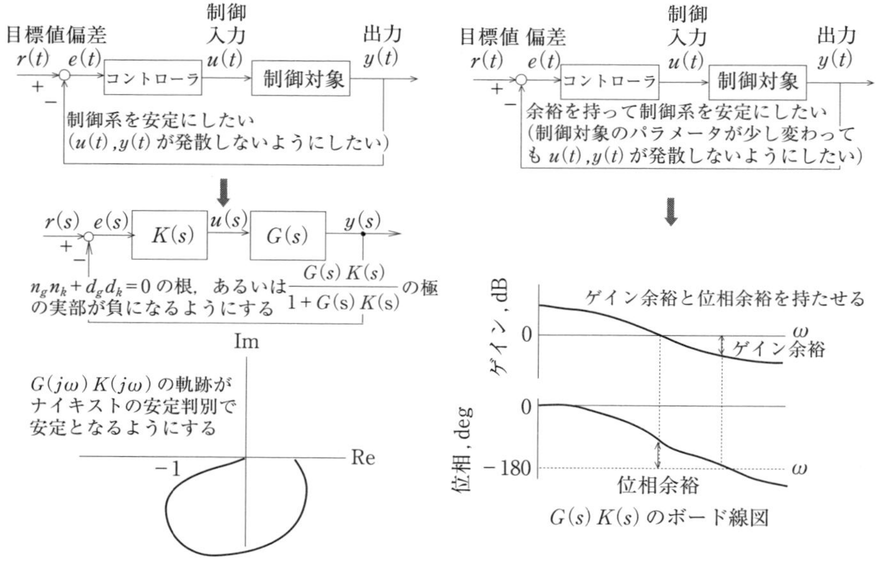

図 13.2　安定性の確保

まく調整して，開ループ伝達関数 $G(s)K(s)$ がナイキストの安定判別の条件を満たすようにする（図 13.2 の左）．また，ゲイン余裕や位相余裕などの安定余裕を得ておくことも重要である（図 13.2 の右）．

13.3　速応性を良くするには

極を考慮する方法： 例えば，目標値 $r(t)$ がステップ信号とし，出力 $y(t)$ の応答波形が速やかに目標に近づいてほしいとする．応答 $y(t)$ の波形がどうなるかは，閉ループ伝達関数（r から y への伝達関数）の極が複素平面でどこに位置するかに関係している．6.6 節で極と応答波形との関係を調べた．そこでは $G(s)$ の極と応答の関係を述べているが，ここでは $G(s)$ を $G(s)K(s)/[1+G(s)K(s)]$ に置き換えて考えればよい．$G(s)K(s)/[1+G(s)K(s)]$ の極の実部の絶対値が大きいと収束が速く，また，虚部の大きさが大きいと振動の周波数が高くなる．

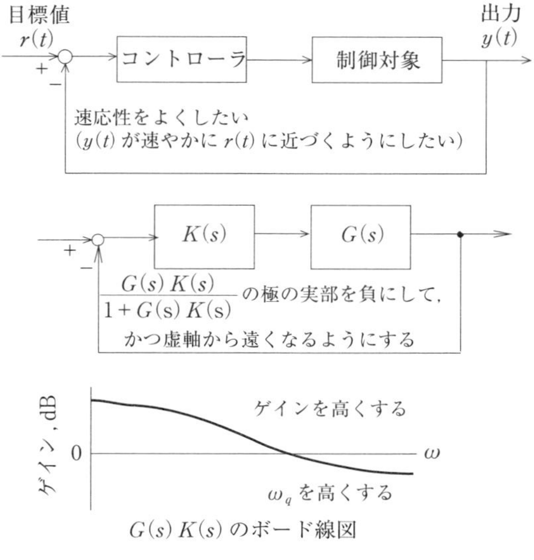

図 13.3　速応性を高める場合

応答波形が望ましい形になるように $G(s)K(s)/[1+G(s)K(s)]$ の極を設定しなければならない．そうなるように $K(s)$ の係数を設定する．

$G(s)K(s)$ の周波数応答を考慮する方法：閉ループ伝達関数のバンド幅 ω_b が大きいほど速応性が良い（11.5 節）．そして，バンド幅 ω_b はゲイン交差周波数 ω_q （10.3 節）が高いほど大きくなることが知られている．開ループ伝達関数 $G(s)K(s)$ のゲイン線図での ω_q を高くするには，$K(s)$ のゲインを大きくすればよい．なぜなら，$|K(j\omega)|$ を大きくすると $|G(j\omega)K(j\omega)|$ も大きくなり，ゲイン線図は上へシフトし（図 13.3），それにより ω_q が右へシフトして高い値をとるようになるからである．

13.4　定常偏差を少なくするには

例えば目標値がステップ信号の場合，定常偏差は (11.3) 式で表される．これを小さくしたければ，(11.4) 式の位置偏差定数 K_p を大きくすればよい．K_p を大きくするには，(11.4) 式より $G(0)K(0)$ を大きくすればよい．これは，$\omega=0$ 付近での $|G(j\omega)K(j\omega)|$ を大きくすれば実現できる．つまり，低周波域で開ループ伝達関数のゲインが大きくなるように，コントローラのゲインを大きくすれば定常位置偏差は小さくなる（図 13.4）．

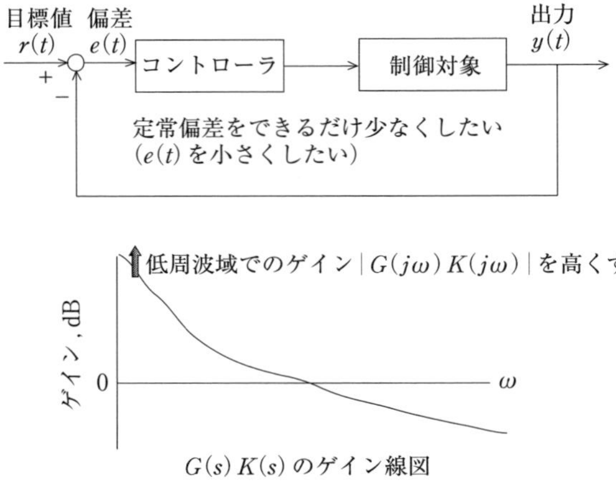

図 13.4　定常偏差を少なくする場合

なお，定常偏差を 0 にしたければ，目標値のラプラス変換を開ループ伝達関数に持たせなければならないことを第 11 章で「内部モデル原理」として学んだ．この特別な場合として，目標値がステップ信号のときには，積分器を図 13.5 のように導入することが有効である．

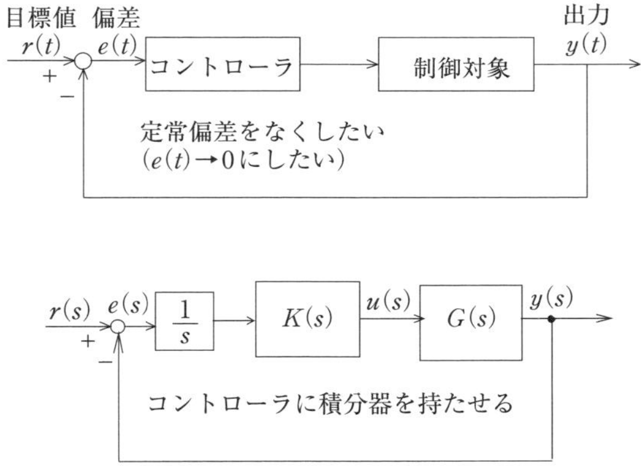

図 13.5　定常偏差を 0 にする場合

13.5　制御対象の変化や外乱の影響を少なくするには

制御対象の変化や外乱が存在したとき，その影響がフィードバック制御系にどれくらい影響を及ぼすかを表す関数が感度関数であった（10.4 節）．感度関数 $1/[1+G(s)K(s)]$ の大きさは小さいほうがよい．それには，$|G(j\omega)K(j\omega)|$ を大きくすればよく，コントローラのゲインを大きくするのが有効となる（図 13.6）．

13.6　ループ整形

13.6.1　開ループ伝達関数の有効利用

前節で述べたことを振り返ってみると，安定性，速応性，定常偏差，感度低減のすべてに開ループ伝達関数 $G(s)K(s)$ の周波数特性が関連した．目標値 r

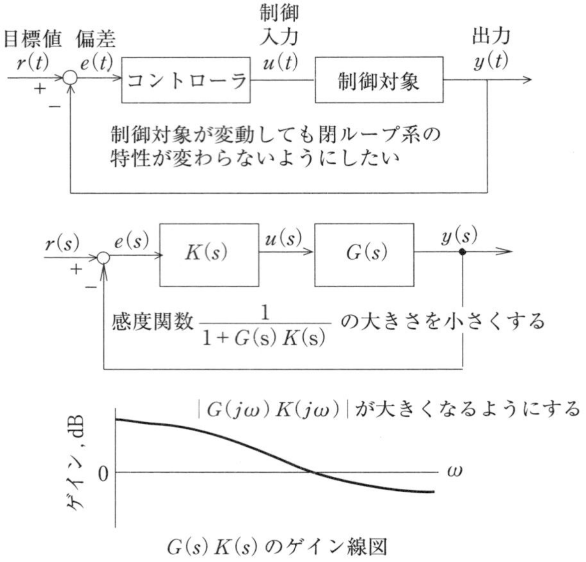

図 13.6　感度の低減

に対する出力 y の応答は閉ループ伝達関数 $G(s)K(s)/[1+G(s)K(s)]$ によって決まるが，開ループ伝達関数 $G(s)K(s)$ もフィードバック制御系の特性に大いに関連しているのである．

そこで，開ループ伝達関数 $G(s)K(s)$ のボード線図を利用し，これが望ましいものとなるように $K(s)$ を調整する設計方法がよく用いられる．これは，**ループ整形**と呼ばれる制御系設計法である．

13.6.2　速応性を良くしつつ位相余裕を大きくするには

速応性を良くしようと思ってコントローラのゲインだけを大きくすると，位相交差周波数 ω_q が高くなり，位相余裕が小さくなってしまう（図 13.7）．これは，安定性の面から好ましくない．

これを解消するには，位相進み要素（12.3.1 項）をコントローラに直列に追加するのが有効である．これを追加すると開ループ伝達関数のボード線図が

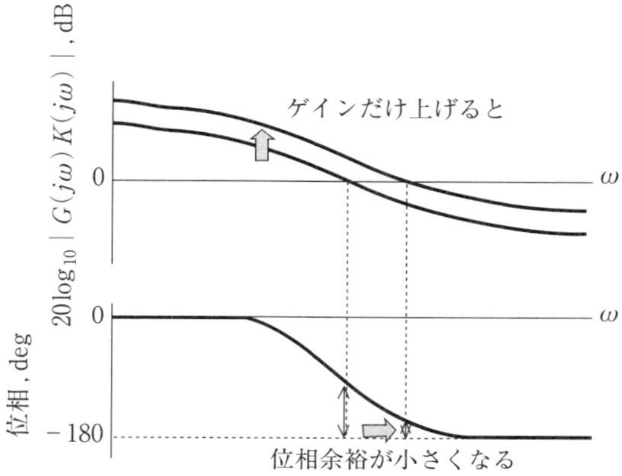

図 13.7　コントローラのゲインだけ大きくした場合の開ループ伝達関数のボード線図

図 13.8 のようになり（伝達関数を直列結合すると，ボード線図では和となる．7.5.1 項），ゲインを大きくしながら位相余裕も大きくできる（図 13.8）．

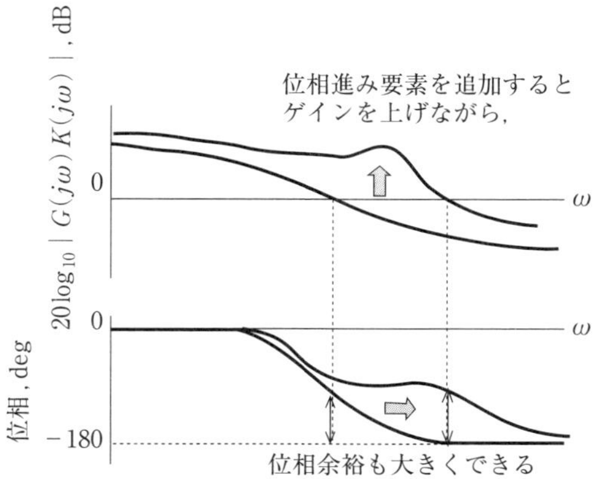

図 13.8　位相進み要素を追加したときの開ループ伝達関数のゲイン線図

13.6.3　低周波域のゲインを大きくするには

13.4節で述べたように，定常偏差を小さくするため（あるいは低周波での感度を小さくするため）には，低周波域での $G(s)K(s)$ のゲインを大きくするのが有効である．これを行うとき，位相遅れ要素をコントローラに直列に追加するのが有効である．位相遅れ要素のボード線図は図12.9に見られたように，$1/(\beta T)$ を小さく設定すれば低周波域でのゲインが大きくなる．位相遅れ要素の追加によって位相遅れも伴うが，低周波域（ω_q よりずっと小さい周波数）での位相遅れは位相余裕に影響しない（図13.9）．

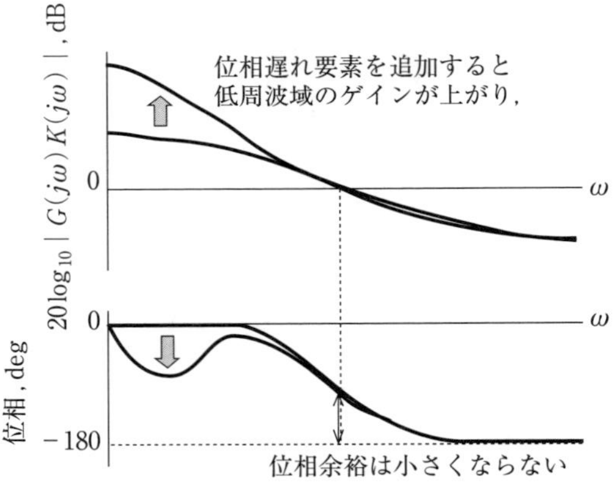

図13.9　位相遅れ要素を追加したときの開ループ伝達関数のゲイン線図

第 14 章　根 軌 跡

前章で述べたループ整形は，開ループ伝達関数を変えることで閉ループ制御系の特性を調整するものでした．開ループ伝達関数の変更に伴う閉ループ制御系の特性の変化について，この章でもう一つ述べておきます．それは「根軌跡」と呼ばれるもので，開ループ伝達関数のゲインを変えると閉ループ伝達関数の極がどう変わるか，その変化の様子を複素平面上の軌跡として描いたものです．制御系の解析・設計に有用となることがあるので，根軌跡の描き方について簡単にまとめておきます．

14.1　根軌跡とは

不安定極零消去がなければ，特性方程式の解は閉ループ伝達関数の極と一致する．特性方程式の解（閉ループ伝達関数の極）の複素平面上での位置は，安定性や過渡応答特性など，制御系の特性に大きな影響を与える．制御系として図 14.1 を考える．

開ループ伝達関数のゲインを大きくしたら（コントローラのゲインを大きくしたらと考えてもよい），特性方程式の解が複素平面でどう変わるか，その軌跡が根軌跡である．代数方程式の解は「根」と呼ばれることがあるので「根軌跡」という名前が付いている．

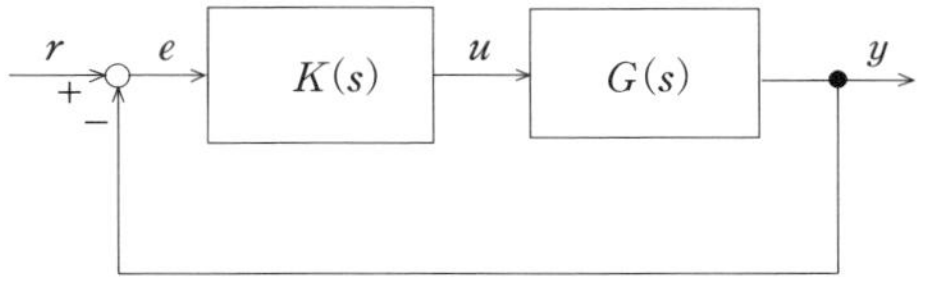

図 14.1　フィードバック系

図 14.1 のフィードバック系での開ループ伝達関数を $L(s)$ と書くことにすると，$L(s) = G(s)K(s)$ であり，閉ループ伝達関数は

$$\frac{G(s)K(s)}{1 + G(s)K(s)} = \frac{L(s)}{1 + L(s)} \tag{14.1}$$

である．しかし，根軌跡を考えるときには，開ループゲインの変化を陽に表すために正の実数パラメータ k を用いて，開ループ伝達関数 $L(s)$ を $kL(s)$ に置き換えて，k を 0 から ∞ まで変化させるとする．このとき，閉ループ伝達関数は

$$\frac{kL(s)}{1 + kL(s)} \tag{14.2}$$

と考える．これにより，k を 0 から ∞ まで変化させたときの $1 + kL(s) = 0$ の解の軌跡が根軌跡となる．

14.2　根軌跡の性質

$L(s) = G(s)K(s)$ が

$$L(s) = \frac{(s - z_1)(s - z_2)\cdots(s - z_m)}{(s - p_1)(s - p_2)\cdots(s - p_n)} \tag{14.3}$$

と書かれ n 次とする．このとき閉ループ伝達関数も n 次となり，根軌跡は n 本となる．

根軌跡には次のような法則があり，これらのいくつかを組み合わせて考えると，根軌跡の概形を描くことができる．

(1) 根軌跡は実軸に対して対称である．

(2) 根軌跡（n 本）は開ループ伝達関数の極 p_1，$\cdots$，p_n から出発し，そのうち m 本は開ループ伝達関数の零点 z_1，$\cdots$，z_m に終わり，残りの $(n - m)$ 本は無限遠に行く．

(3) このとき $(n - m)$ 本の解は漸近線に沿って無限遠に行くが，その漸近線と実軸との交点 r_g と実軸との角度 γ は

$$r_g = \frac{1}{n - m}\left(\sum_{j=1}^{n} p_j - \sum_{j=1}^{m} z_j\right) \quad (n - m \geq 2 \text{ のとき})$$

$$\gamma = -\frac{1}{n-m}(\pi + 2\pi k) \qquad (k \text{ は整数})$$

となる．

(4) 実軸上の点で，その右側に $L(s)$ の実数の極と実数の零点が合計で奇数個あれば，その点は根軌跡上の点である．

(5) 実軸上の分離点は次の式によって与えられる．

$$\frac{d}{ds}\left(\frac{1}{L(s)}\right) = 0 \tag{14.4}$$

上記の法則から根軌跡の概形を描くことができる．例えば

$$L(s) = \frac{2s^2+5s+1}{s^2+2s+3} \tag{14.5}$$

の場合，根軌跡は図 14.2 のようになり，その理由は次のとおりである．まず，分母が 2 次式なので $n = 2$ であり，極は $p_1 = -1+\sqrt{2}j$，$p_2 = -1-\sqrt{2}j$ の二つである．分子も 2 次式なので $m = 2$ で，零点は $z_1 = -2.280\cdots$ と $z_2 = -0.2192\cdots$ の二つとなっている．法則 (4) から，実軸上の z_1 と z_2 の間は根軌跡上の点となる．法則 (2) から，$m = 2$ 本の根軌跡が極 p_1 と p_2 か

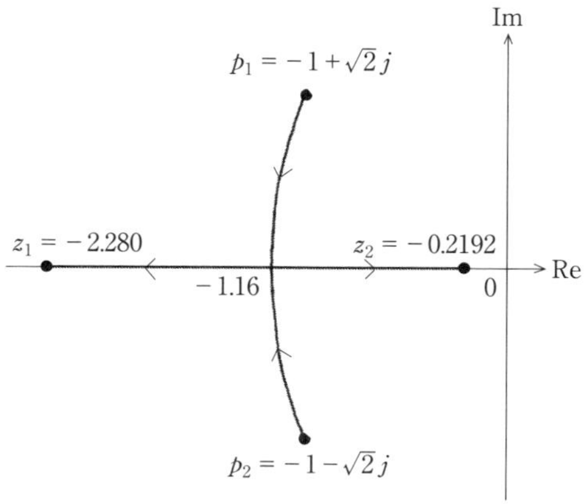

図 14.2　$L(s) = (2s^2+5s+1)/(s^2+2s+3)$ の場合の根軌跡

ら出発し，零点 z_1, z_2 で終わることがわかる．法則 (5) に従い，

$$\frac{d}{ds}\left(\frac{1}{L(s)}\right)=\frac{d}{ds}\left(\frac{s^2+2s+3}{2s^2+5s+1}\right)=\frac{s^2-10s-13}{(2s^2+5s+1)^2}=0$$

を解くと，$s=5-\sqrt{38}=-1.16\cdots$ が実軸上の分離点であることがわかる．

第 15 章 ここまでのまとめ

前章までで一段落ついたので，これまで勉強したことをまとめておこう．第3章でシステムの表現のため伝達関数を用いた．なぜ，わざわざラプラス変換を持ち出して，意味のわかりにくい s を使い，抽象的な $G(s)$ でシステムを表したのか．このあたりで制御工学が難解なもののように感じた読者も多いのではないだろうか．それでも章が進むにつれて $G(s)$ の利用価値が見えてきたとすれば幸いである．ここで，伝達関数を用いるメリットをまとめておこう．まず，次があげられる．

- ステップ応答の最終値が $G(0)$ として簡単に計算できる．
- 出力信号が発散しないか（システムが安定か）は分母多項式を調べればすぐに判別できる．
- 出力信号の収束の速さや振動の様子は，$G(s)$ の極の実部や虚部から予想できる．

微分方程式の解を計算して求めなくても，このように $G(s)$ を使えばシステムの応答の様子を思い描くことができる．なお，これらの方法は，$G(s)$ を $G(s)K(s)/[1+G(s)K(s)]$（閉ループ伝達関数）に置き換えることによりフィードバック制御系の応答解析にも応用できる．

$s = j\omega$ を代入した $G(j\omega)$ に関して次のことがいえる．

- システムのゲインを $|G(j\omega)|$ で，位相を $\angle G(j\omega)$ から知ることができる．
- これらを ω に対するグラフ（ボード線図）にしておけば，高周波や低周波の入力あるいはステップ入力に対するシステムの応答の予想がつく．

ナイキストの安定判別法は，制御系の安定性を開ループ伝達関数の $G(j\omega)K(j\omega)$ に関係づける定理であった．そこから導かれる安定余裕の考え方は，ボード線図とも結びついて制御系設計に役立っている．

- $G(s)K(s)$ のボード線図を描けば，ゲイン余裕・位相余裕によって，制御系がどれぐらい余裕を持って安定かがわかる．

このあたりから，開ループ伝達関数 $G(s)K(s)$ が脚光を浴び始め，ループ整形という閉ループ制御系の設計法に結びついている．$\frac{G(s)K(s)}{1+G(s)K(s)}$ で表される閉ループ系の特性は，より簡潔な開ループ伝達関数 $G(s)K(s)$ の特性に関連づけられる．

- $G(s)K(s)$ のボード線図には，制御系の安定余裕だけでなく，速応性・定常特性・感度特性も現れる．

$G(s)K(s)$ のボード線図には，幸いなことに次の性質が存在している．

- ボード線図の性質より，$G(s)K(s)$ のボード線図は，$G(s)$ のボード線図と $K(s)$ のボード線図の和として描ける．和なので，$K(s)$ を変更したときの $G(s)K(s)$ のボード線図の変わり具合は予想がつきやすい．

制御系設計に伝達関数を用いる利点をわかっていただけただろうか．動的システムの制御には直感や試行錯誤だけでは通用しないことが多い．制御工学を学び，上記のように伝達関数を利用することによって，合理的な解析や設計ができるようになる．使っている方法は，手順としては簡単でも，その奥にはしっかりとした制御理論が潜んでおり，安定性や良好な制御特性を理論的に保証してくれるものとなっている．

前章までで学んだ伝達関数に基づく制御理論は，「**古典制御理論**」と呼ばれている．それに対して，次章で学ぶ状態方程式に基づく制御理論は「**現代制御理論**」と呼ばれる．「古典」が先に，「現代」が後に生まれてきたのでこのような名前がついているが，どちらもかなり歴史のあるもので，かつ，今日でも重要性は失われず，さまざまな制御システムで使われている．

第16章 状態方程式

現代制御理論への導入となるこの章では，また一からシステムの表現について考えていきます．前章までの内容をおおよそ理解できた読者は，古典と現代の対比を考えながら勉強していくと面白いでしょう．この章から大きく内容が変わりますので，ラプラス変換が原因で制御工学が苦手な読者でもここから復活できる可能性があります，気持ちを新たに勉強にとり組んでみてください．

まずは状態方程式の特徴を述べていきます．特に，行列とベクトルからなる式であること，ある種の微分方程式であることに注意してください．また，状態方程式と伝達関数の関係についても説明します．

16.1 状態方程式

16.1.1 伝達関数と状態方程式

制御工学の初歩に戻り，図16.1のような入出力システムから考えていこう．四角で囲った部分は動的システムであり，$u(t)$ と $y(t)$ との関係は微分方程式で記述される．

図16.1 入出力システム

古典制御理論では，ここでラプラス変換を用いて，入力 u と出力 y との関係を図16.2のように伝達関数を用いて表した．

この章からは伝達関数ではなく，状態方程式（と出力方程式）と呼ばれるものを用いる．図で書けば，図16.3のようになる．

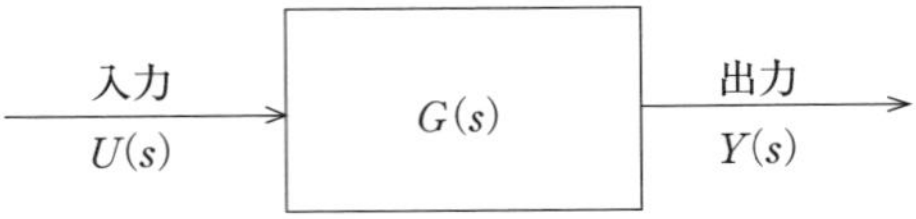

図 16. 2　伝達関数

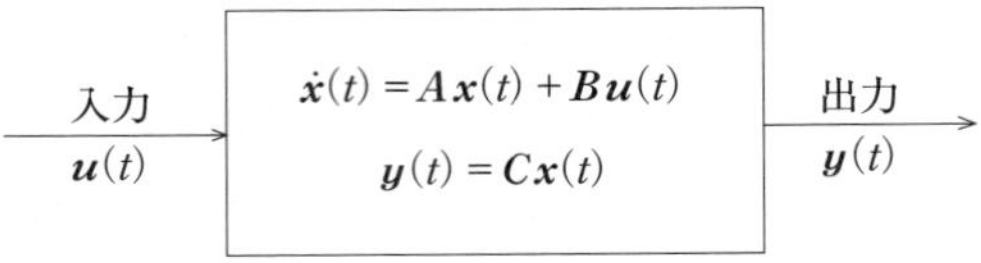

図 16. 3　状態方程式

図 16.3 に書かれている

$$\dot{\boldsymbol{x}}(t) = \boldsymbol{A}\boldsymbol{x}(t) + \boldsymbol{B}\boldsymbol{u}(t) \tag{16.1}$$
$$\boldsymbol{y}(t) = \boldsymbol{C}\boldsymbol{x}(t) \tag{16.2}$$

という二つの式のうち，(16.1) 式は**状態方程式**，(16.2) 式は**出力方程式**と呼ばれる．(16.1) 式と (16.2) 式の二つを合わせて単に「状態方程式」とか，「状態方程式表現」と呼ぶこともある．(16.1),(16.2) 式はシステムの特性を表す式である．それらが意味していることと特徴をこの章でいくつか説明しておく．

なお，この章以降では行列やベクトルの記号は太い文字（$\boldsymbol{A}$, $\boldsymbol{x}$ など）で，スカラーは細い文字（t, $x_1(t)$ など）で書くことにする．

16.2　入出力システムの表現

(16.1),(16.2) 式において，t は時間，$\boldsymbol{u}(t)$ は入力信号，$\boldsymbol{y}(t)$ は出力信号を表している．二つの式によって，入力と出力との関係が記述されている．

ただし，注意してほしいのは，$\boldsymbol{u}(t)$, $\boldsymbol{y}(t)$ はベクトルになっていて，それら

をより詳しく書けば，

$$\boldsymbol{u}(t) = \begin{bmatrix} u_1(t) \\ u_2(t) \\ \vdots \\ u_m(t) \end{bmatrix}, \quad \boldsymbol{y}(t) = \begin{bmatrix} y_1(t) \\ y_2(t) \\ \vdots \\ y_\ell(t) \end{bmatrix} \tag{16.3}$$

となっていることである．この場合，システムに影響を及ぼす入力信号は $u_1(t) \sim u_m(t)$ の m 個であり，それらをベクトルとしてまとめたものが $\boldsymbol{u}(t)$ である．また，入力に反応してシステムから出力される信号は $y_1(t) \sim y_\ell(t)$ の ℓ 個であり，それらをベクトルとしてまとめたものが $\boldsymbol{y}(t)$ である．図 16.4 のように，あるシステムに複数の入力信号が作用し，それに応じて複数の信号が出力されるとき，そのシステムは**多入力多出力システム**と呼ばれる．これに対し，入力と出力が一つずつのシステムは**1 入力 1 出力システム**と呼ばれる（前章までは 1 入力 1 出力システムを扱っていた）．

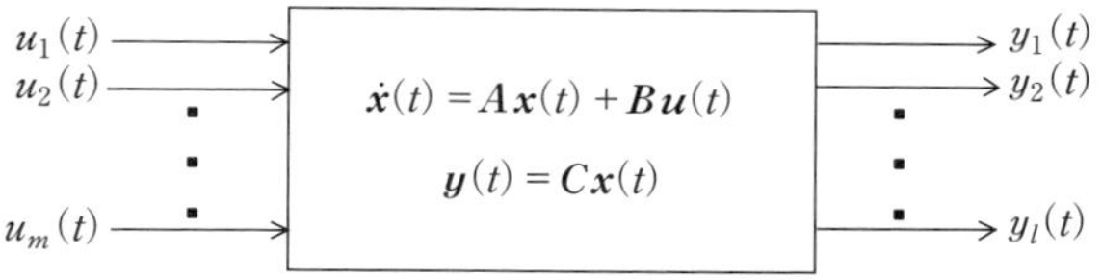

図 16.4　m 個の入力と ℓ 個の出力を持つシステム

例えば，航空機を例に考えてみる．飛行中の航空機の姿勢（機体の傾き具合）は昇降舵，方向舵，補助翼という 3 種類の舵面を操作すると変わる．航空機の姿勢は，ピッチ角，ロール角，ヨー角の 3 種類で表される．ここで，昇降舵，方向舵，補助翼の操作を入力，ピッチ角，ロール角，ヨー角の変化を出力としてみなすと，その航空機は 3 入力 3 出力システムとみなされる．

(16.1) 式と (16.2) 式は多入力多出力システムを表わせる式であるが，もちろん $m = 1, \ell = 1$ の場合として 1 入力 1 出力システムも表せる．前章までで用いていた伝達関数 $G(s)$ が 1 入力 1 出力システムしか表せないのに対し，状態方程式・出力方程式は多入力多出力でも 1 入力 1 出力でも（あるいは 1 入力 多出力，多入力 1 出力でも）表せるところに利点がある．

16.2.1 状態量

(16.1) 式における $\boldsymbol{x}(t)$ は**状態**（あるいは状態量とか状態ベクトル）と呼ばれるものである．$\boldsymbol{x}(t)$ は

$$\boldsymbol{x}(t) = \begin{bmatrix} x_1(t) \\ x_2(t) \\ \vdots \\ x_n(t) \end{bmatrix} \tag{16.4}$$

と表される n 次元ベクトルとする．$\boldsymbol{x}(t)$ の意味については後でまた述べるが，ここではシステムの内部の状態を表す変数とみてほしい．$\boldsymbol{u}(t)$ や $\boldsymbol{y}(t)$ がシステムの外部で観測（測定）できる信号であるのに対して，外部から直接は観測できない量が $\boldsymbol{x}(t)$ の要素として含まれることが多い．

ここで

$$\dot{\boldsymbol{x}}(t) = \boldsymbol{A}\boldsymbol{x}(t) + \boldsymbol{B}\boldsymbol{u}(t) \tag{16.5}$$

$$\boldsymbol{y}(t) = \boldsymbol{C}\boldsymbol{x}(t) \tag{16.6}$$

における $\boldsymbol{u}(t)$, $\boldsymbol{x}(t)$, $\boldsymbol{y}(t)$ の因果関係について述べておく．状態方程式 (16.5) は，入力 $\boldsymbol{u}(t)$ が変化したとき状態 $\boldsymbol{x}(t)$ がどう動くかを表す式である．出力方程式 (16.6) は，内部にある状態量 $\boldsymbol{x}(t)$ がどのように出力 $\boldsymbol{y}(t)$ に伝わるかを表す式である．このように，入力 $\boldsymbol{u}(t)$ と出力 $\boldsymbol{y}(t)$ は状態 $\boldsymbol{x}(t)$ を介して関係づけられている（図 16.5 参照）．

16.2.2 行列・ベクトルによる表現

$\boldsymbol{u}(t)$, $\boldsymbol{y}(t)$, $\boldsymbol{x}(t)$ は時間 t とともに値が変わるベクトルであるのに対して，(16.5)(16.6) 式における $\boldsymbol{A}$, $\boldsymbol{B}$, $\boldsymbol{C}$ は定数行列（各要素が定数の行列）である（「定数」とは時間 t に無関係な一定値をとる数を意味する）．

$\boldsymbol{u}(t)$ が m 次元ベクトル，$\boldsymbol{y}(t)$ が ℓ 次元ベクトル，$\boldsymbol{x}(t)$ が n 次元ベクトルであることから，$\boldsymbol{A}$ は n 行 n 列の行列，$\boldsymbol{B}$ は n 行 m 列の行列，$\boldsymbol{C}$ は ℓ 行 n 列の行列 となる．

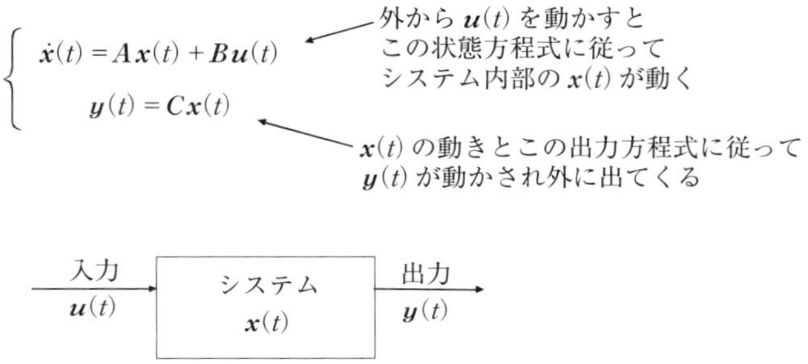

図 16.5　動きの伝わり方

多くの場合，$n \geq m, n \geq \ell$ であり，(16.5) 式の状態方程式と (16.6) 式の出力方程式を行列の大きさを意識して図的に表すと，図 16.6 のようになる．

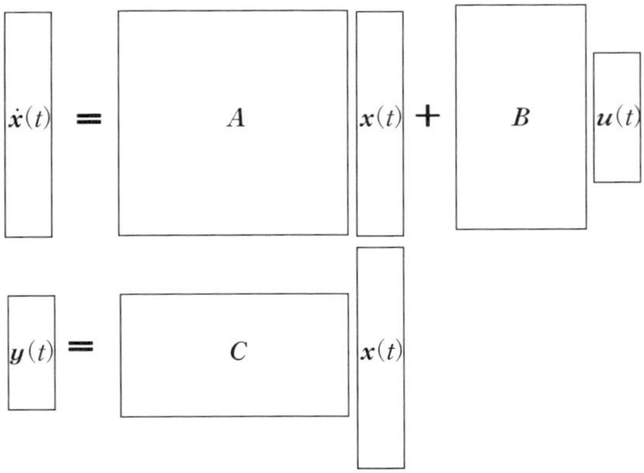

図 16.6　状態方程式と出力方程式

16.2.3 微分方程式

(16.5) 式における $\dot{\boldsymbol{x}}(t)$ は $\boldsymbol{x}(t)$ を t に関して微分したものであり，

$$\dot{\boldsymbol{x}}(t) = \frac{d\boldsymbol{x}(t)}{dt} = \begin{bmatrix} \frac{dx_1(t)}{dt} \\ \frac{dx_2(t)}{dt} \\ \vdots \\ \frac{dx_n(t)}{dt} \end{bmatrix} \tag{16.7}$$

である（ベクトルの微分は各要素を微分したものとする）．したがって，(16.5) 式はある種の微分方程式（線形 1 階連立常微分方程式）である．16.2.1 項で (16.5) 式は $\boldsymbol{u}(t)$ の変化が $\boldsymbol{x}(t)$ に及ぼす影響を表す式と述べた．それが微分方程式なので，$\boldsymbol{x}(t)$ の動き方は少し複雑となる．

動的システムは微分方程式で表されるものが多いので，(16.5) 式と (16.6) 式の組合せは動的システムを表現するのに適している．

16.2.4 要素による展開

(16.5),(16.6) 式は行列とベクトルで書かれているが，これを要素に分解して書いてみる．

$$\boldsymbol{A} = \begin{bmatrix} a_{11} & a_{12} & \cdots & a_{1n} \\ a_{21} & a_{22} & \cdots & a_{2n} \\ \vdots & \vdots & \vdots & \vdots \\ a_{n1} & a_{n2} & \cdots & a_{nn} \end{bmatrix}, \quad \boldsymbol{B} = \begin{bmatrix} b_{11} & b_{12} & \cdots & b_{1m} \\ b_{21} & b_{22} & \cdots & b_{2m} \\ \vdots & \vdots & \vdots & \vdots \\ b_{n1} & b_{n2} & \cdots & b_{nm} \end{bmatrix}$$

$$\boldsymbol{C} = \begin{bmatrix} c_{11} & c_{12} & \cdots & c_{1n} \\ c_{21} & c_{22} & \cdots & c_{2n} \\ \vdots & \vdots & \vdots & \vdots \\ c_{\ell 1} & c_{\ell 2} & \cdots & c_{\ell n} \end{bmatrix} \tag{16.8}$$

とすると，状態方程式と出力方程式は，

$$\begin{cases} \dot{x}_1(t) = a_{11}x_1(t) + a_{12}x_2(t) + \cdots + a_{1n}x_n(t) \\ \qquad\quad +b_{11}u_1(t) + b_{12}u_2(t) + \cdots + b_{1m}u_m(t) \\ \dot{x}_2(t) = a_{21}x_1(t) + a_{22}x_2(t) + \cdots + a_{2n}x_n(t) \\ \qquad\quad +b_{21}u_1(t) + b_{22}u_2(t) + \cdots + b_{2m}u_m(t) \\ \vdots \\ \dot{x}_n(t) = a_{n1}x_1(t) + a_{n2}x_2(t) + \cdots + a_{nn}x_n(t) \\ \qquad\quad +b_{n1}u_1(t) + b_{n2}u_2(t) + \cdots + b_{nm}u_m(t) \end{cases} \tag{16.9}$$

$$\begin{cases} y_1(t) = c_{11}x_1(t) + c_{12}x_2(t) + \cdots + c_{1n}x_n(t) \\ y_2(t) = c_{21}x_1(t) + c_{22}x_2(t) + \cdots + c_{2n}x_n(t) \\ \vdots \\ y_\ell(t) = c_{\ell 1}x_1(t) + c_{\ell 2}x_2(t) + \cdots + c_{\ell n}x_n(t) \end{cases} \tag{16.10}$$

となる．(16.9) 式は n 個の微分方程式が連立したものとなっていて，$u_1(t), \cdots, u_n(t)$ と $x_1(t), \cdots, x_n(t)$ が互いに関係し合って動くことがみてとれる．

16.2.5　直達項がある場合

システムによっては，入力 $\boldsymbol{u}(t)$ の影響が直接 $\boldsymbol{y}(t)$ に伝わる場合もある．そのようなシステムを表現する式として

$$\dot{\boldsymbol{x}}(t) = \boldsymbol{A}\boldsymbol{x}(t) + \boldsymbol{B}\boldsymbol{u}(t) \tag{16.11}$$

$$\boldsymbol{y}(t) = \boldsymbol{C}\boldsymbol{x}(t) + \boldsymbol{D}\boldsymbol{u}(t) \tag{16.12}$$

というものがある．ここで，$\boldsymbol{D}$ は ℓ 行 m 列の定数行列である．$\boldsymbol{D}\boldsymbol{u}(t)$ の項は $\boldsymbol{y}(t)$ に直接伝わる $\boldsymbol{u}(t)$ の影響を表す項であり，**直達項**と呼ばれる．

16.3　状態方程式を用いたシステムのモデリング

制御対象としては，電気回路や機械，それらが組み合わさったもの，またロボットの腕，航空機，その他いろいろなものがあり得る．これを正確に効率よく制御したいとすれば，システムの動きの特性を把握し，理論に基づく制御方

法を考えなければならない．そのための第 1 歩は，システムの特性をを数式で表現することである．数式で表現できればいろいろな解析・シミュレーション，また，制御系の設計が可能になる．

第 1 章でも述べたが，システムの動き方の特性（動特性）を数式で表現することを**モデリング**と呼ぶ．得られる数式（状態方程式と出力方程式，あるいは伝達関数）を**モデル**と呼ぶ．

16.4　状態方程式の具体例

図 16.7 のように，回路の左側端子の電圧を入力 $u(t)$，右側端子の電圧を出力 $y(t)$ とした RLC 回路がある．ただし，$R = 2\ \Omega$, $L = 3$ H, $C = 4$ F であり，回路に流れる電流を $i(t)$ とする．この電気回路の入出力関係を状態方程式と出力方程式を用いて表し，行列 $\boldsymbol{A}$, $\boldsymbol{B}$, $\boldsymbol{C}$ を求めてみよう．ただし，状態ベクトル $\boldsymbol{x}(t)$ を

$$\boldsymbol{x}(t) = \begin{bmatrix} x_1(t) \\ x_2(t) \end{bmatrix} = \begin{bmatrix} y(t) \\ i(t) \end{bmatrix} \tag{16.13}$$

とする．

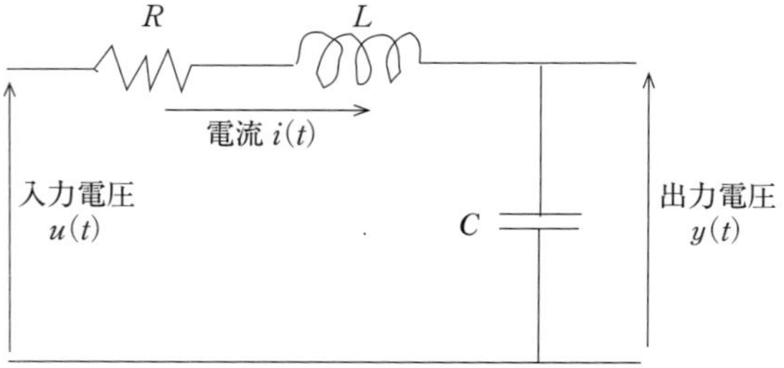

図 16.7　RLC 回路

まず，この回路に成り立っている回路方程式を求める．電圧との関係に注目すると

$$u(t) = Ri(t) + L\frac{di(t)}{dt} + y(t) \tag{16.14}$$

が成り立つ．また，回路に流れる電流とコンデンサの両端の電圧との関係と

して，

$$i(t) = C\frac{dy(t)}{dt} \tag{16.15}$$

がある．

　これらの回路方程式を

$$\dot{\boldsymbol{x}}(t) = \boldsymbol{A}\boldsymbol{x}(t) + \boldsymbol{B}u(t)\ ,\quad y(t) = \boldsymbol{C}\boldsymbol{x}(t)$$

の形に変形することを考える．$\boldsymbol{x}(t) = \begin{bmatrix} y(t) \\ i(t) \end{bmatrix}$ であることに注意する

(16.14) 式より，

$$\frac{di(t)}{dt} = -\frac{1}{L}y(t) - \frac{R}{L}i(t) + \frac{1}{L}u(t) \tag{16.16}$$

が得られる．また，(16.15) 式より，

$$\frac{dy(t)}{dt} = \frac{1}{C}i(t) \tag{16.17}$$

となる．これら二つの式を組み合わせると

$$\begin{bmatrix} \frac{dy(t)}{dt} \\ \frac{di(t)}{dt} \end{bmatrix} = \begin{bmatrix} 0 & \frac{1}{C} \\ -\frac{1}{L} & -\frac{R}{L} \end{bmatrix} \begin{bmatrix} y(t) \\ i(t) \end{bmatrix} + \begin{bmatrix} 0 \\ \frac{1}{L} \end{bmatrix} u(t) = \boldsymbol{A}\boldsymbol{x}(t) + \boldsymbol{B}u(t)$$

となる．出力 $y(t)$ と状態 $\boldsymbol{x}(t)$ との関係は

$$y(t) = \begin{bmatrix} 1 & 0 \end{bmatrix} \begin{bmatrix} y(t) \\ i(t) \end{bmatrix} = \boldsymbol{C}\boldsymbol{x}(t)$$

となり，これが出力方程式である．さらに，$R = 2$, $L = 3$, $C = 4$ を代入すると

$$\boldsymbol{A} = \begin{bmatrix} 0 & \frac{1}{C} \\ -\frac{1}{L} & -\frac{R}{L} \end{bmatrix} = \begin{bmatrix} 0 & \frac{1}{4} \\ -\frac{1}{3} & -\frac{2}{3} \end{bmatrix}$$

$$\boldsymbol{B} = \begin{bmatrix} 0 \\ \frac{1}{L} \end{bmatrix} = \begin{bmatrix} 0 \\ \frac{1}{3} \end{bmatrix},\quad \boldsymbol{C} = \begin{bmatrix} 1 & 0 \end{bmatrix}$$

となる．結果として，この回路の状態方程式表現は

$$\dot{\boldsymbol{x}}(t) = \begin{bmatrix} 0 & \frac{1}{4} \\ -\frac{1}{3} & -\frac{2}{3} \end{bmatrix} \boldsymbol{x}(t) + \begin{bmatrix} 0 \\ \frac{1}{3} \end{bmatrix} u(t) \tag{16.18}$$

$$y(t) = \begin{bmatrix} 1 & 0 \end{bmatrix} \boldsymbol{x}(t) \tag{16.19}$$

という形になる．システムの状態方程式表現は，このように時間関数のベクトル $\boldsymbol{u}(t)$, $\boldsymbol{x}(t)$, $\boldsymbol{y}(t)$ と定数行列 $\boldsymbol{A}$, $\boldsymbol{B}$, $\boldsymbol{C}$ が組み合わさったものとなる．

16.5　状態方程式表現と伝達関数との関係

ここでは，1 入力 1 出力システムについて考える．状態方程式も伝達関数も，動的システムを表す式であることは共通している．これら二つの式の間に何か関係があるはずである（図 16.8）．

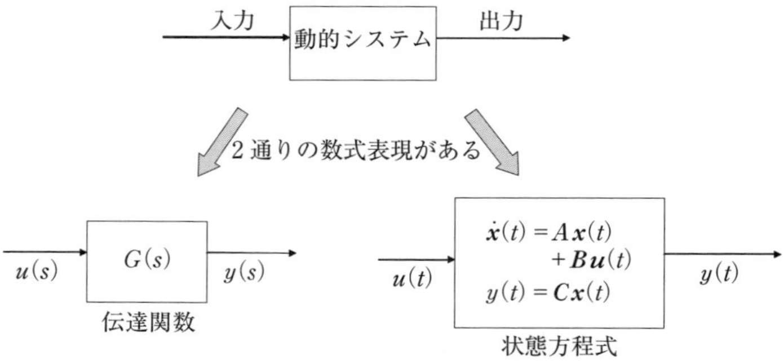

図 16.8　動的システムの表現方法

あるシステムが状態方程式で

$$\begin{cases} \dot{\boldsymbol{x}}(t) = \boldsymbol{A}\boldsymbol{x}(t) + \boldsymbol{B}u(t) \\ y(t) = \boldsymbol{C}\boldsymbol{x}(t) \end{cases} \tag{16.20}$$

と表されているとする（1 入力 1 出力なので $\boldsymbol{u}(t)$ を $u(t)$, $\boldsymbol{y}(t)$ を $y(t)$ と書いている）．このシステムの伝達関数を $G(s)$ とすれば，

$$y(s) = G(s)u(s) \tag{16.21}$$

の関係がある．ただし，$u(t)$, $y(t)$ のラプラス変換を $u(s)$, $y(s)$ としている．

(16.20) 式における $\boldsymbol{A}$, $\boldsymbol{B}$, $\boldsymbol{C}$ を用いると，(16.21) 式における $G(s)$ は

$$G(s) = \boldsymbol{C}(s\boldsymbol{I} - \boldsymbol{A})^{-1}\boldsymbol{B} \tag{16.22}$$

と計算できる．

上の式は，システムの状態方程式表現を伝達関数表現に変換する式としてよく用いられる．

(16.20) 式から (16.22) 式を導く計算をしてみる．まず，$u(t)$, $y(t)$ のラプラス変換を $u(s)$, $y(s)$ とする．また，$\boldsymbol{x}(t)$ のラプラス変換を $\boldsymbol{x}(s)$ とする（$\boldsymbol{x}(t)$ はベクトルである．そのベクトルの各要素をラプラス変換したベクトルを $\boldsymbol{x}(s)$ とする）．これらを用いて (16.20) 式の両辺をラプラス変換すると

$$s\boldsymbol{x}(s) - \boldsymbol{x}(0) = \boldsymbol{A}\boldsymbol{x}(s) + \boldsymbol{B}u(s) \tag{16.23}$$

$$y(s) = \boldsymbol{C}\boldsymbol{x}(s) \tag{16.24}$$

となる（ここで，導関数のラプラス変換の性質，すなわち $\dot{\boldsymbol{x}}(t)$ のラプラス変換が $s\boldsymbol{x}(s) - \boldsymbol{x}(0)$ であることを用いた）．伝達関数を考える場合は初期値 $\boldsymbol{x}(0)$ を 0 とする（3.2 節，18.5 節参照）．すると，(16.23) 式は

$$\begin{aligned} s\boldsymbol{x}(s) - \boldsymbol{A}\boldsymbol{x}(s) &= \boldsymbol{B}u(s) \\ (s\boldsymbol{I} - \boldsymbol{A})\boldsymbol{x}(s) &= \boldsymbol{B}u(s) \\ \boldsymbol{x}(s) &= (s\boldsymbol{I} - \boldsymbol{A})^{-1}\boldsymbol{B}u(s) \end{aligned}$$

と変形でき（$\boldsymbol{I}$ は単位行列を表す），これを (16.24) 式に代入すると

$$y(s) = \boldsymbol{C}(s\boldsymbol{I} - \boldsymbol{A})^{-1}\boldsymbol{B}u(s) \tag{16.25}$$

が得られる．これより，$u(s)$ から $y(s)$ への伝達関数が (16.22) 式であることがわかる．

16.6　伝達関数行列

前節では 1 入力 1 出力システムを考えたが，多入力多出力システムではどうなるであろうか．

ある多入力多出力システムが

$$\begin{cases} \dot{\boldsymbol{x}}(t) = \boldsymbol{A}\boldsymbol{x}(t) + \boldsymbol{B}\boldsymbol{u}(t) \\ \boldsymbol{y}(t) = \boldsymbol{C}\boldsymbol{x}(t) \end{cases} \tag{16.26}$$

と表されているとする．$\boldsymbol{u}(t)$ のラプラス変換を $\boldsymbol{u}(s)$，$\boldsymbol{y}(t)$ のラプラス変換を $\boldsymbol{y}(s)$ として，上の式を $\boldsymbol{x}(0) = \boldsymbol{0}$ のもとでラプラス変換すると

$$s\boldsymbol{x}(s) = \boldsymbol{A}\boldsymbol{x}(s) + \boldsymbol{B}\boldsymbol{u}(s) \tag{16.27}$$

$$\boldsymbol{y}(s) = \boldsymbol{C}\boldsymbol{x}(s) \tag{16.28}$$

となる．さらに (16.23)〜(16.25) 式と同じように計算すると，

> 多入力多出力システムにおいても
>
> $$\boldsymbol{y}(s) = \boldsymbol{G}(s)\boldsymbol{u}(s) \tag{16.29}$$
>
> $$\boldsymbol{G}(s) = \boldsymbol{C}(s\boldsymbol{I} - \boldsymbol{A})^{-1}\boldsymbol{B} \tag{16.30}$$

という式が得られる．

ここで注意してほしいのは $\boldsymbol{C}$, $\boldsymbol{B}$ が行列であるため（前節の 1 入力 1 出力の場合では $\boldsymbol{C}$, $\boldsymbol{B}$ はベクトルだった），$\boldsymbol{G}(s)$ は行列であることである．前節の $G(s)$ が伝達関数であるのに対して，上の $\boldsymbol{G}(s)$ は**伝達関数行列**と呼ばれるものである．伝達関数行列は，各要素が伝達関数になっている行列であり，$\boldsymbol{u}(s)$ と $\boldsymbol{y}(s)$ を (16.29) 式のように結びつける意味を持っている．(16.30) 式は，システムの状態方程式表現を伝達関数行列に変換するときに用いられる．

演習問題

問題 16.1　ある入出力システムの入力 $u(t)$ と出力 $y(t)$ との関係が

$$\ddot{y}(t) + 4\dot{y}(t) + 2y(t) = 3u(t)$$

と表される．状態 $\boldsymbol{x}(t)$ を

$$\boldsymbol{x}(t) = \begin{bmatrix} x_1(t) \\ x_2(t) \end{bmatrix} = \begin{bmatrix} y(t) \\ \dot{y}(t) \end{bmatrix}$$

として，このシステムを

$$\begin{cases} \dot{\boldsymbol{x}}(t) = \boldsymbol{A}\boldsymbol{x}(t) + \boldsymbol{B}u(t) \\ y(t) = \boldsymbol{C}\boldsymbol{x}(t) \end{cases}$$

と表したときの行列 $\boldsymbol{A}$, $\boldsymbol{B}$, $\boldsymbol{C}$ を求めよ．

問題 16.2　状態方程式表現が

$$\begin{aligned} \dot{\boldsymbol{x}}(t) &= \begin{bmatrix} 0 & \frac{1}{4} \\ -\frac{1}{3} & -\frac{2}{3} \end{bmatrix} \boldsymbol{x}(t) + \begin{bmatrix} 0 \\ \frac{1}{3} \end{bmatrix} u(t) \\ y(t) &= \begin{bmatrix} 1 & 0 \end{bmatrix} \boldsymbol{x}(t) \end{aligned}$$

であるシステムの伝達関数を求めよ．

第 17 章 制御工学で用いる行列の基礎

状態方程式が行列とベクトルを用いて記述されることから，現代制御を勉強するには行列に関する基礎知識が必要となります．この章では，本書で制御工学を学ぶに当たって必要となる行列の基礎を解説します．

17.1 代表的な行列と行列式

17.1.1 単位行列

本書では，単位行列を $\boldsymbol{I}$ と表す．単位行列は

$$\boldsymbol{I} = \begin{bmatrix} 1 & 0 & \cdots & 0 \\ 0 & 1 & \ddots & \vdots \\ \vdots & \ddots & \ddots & 0 \\ 0 & \cdots & 0 & 1 \end{bmatrix} \tag{17.1}$$

という構造をしており，任意の行列 $\boldsymbol{M}$ に対して，

$$\boldsymbol{M}\boldsymbol{I} = \boldsymbol{M},\ \ \boldsymbol{I}\boldsymbol{M} = \boldsymbol{M} \tag{17.2}$$

となる．

17.1.2 転置行列

行列 $\boldsymbol{M}$ の i 行 j 列目の要素を持ってきて，それを j 行 i 列に配置して得られる行列を $\boldsymbol{M}$ の転置行列といい，$\boldsymbol{M}^T$ と書く．例えば，

$$\boldsymbol{M} = \begin{bmatrix} 1 & 2 & 3 \\ 4 & 5 & 6 \end{bmatrix} \tag{17.3}$$

に対して，その転置行列は

$$\boldsymbol{M}^T = \begin{bmatrix} 1 & 4 \\ 2 & 5 \\ 3 & 6 \end{bmatrix} \tag{17.4}$$

である．

17.1.3 正方行列

行の数と列の数が等しい行列を**正方行列**という．n 行 n 列の正方行列を **n 次の正方行列**ということがある．

17.1.4 逆行列・正則行列

$\boldsymbol{M}$ と $\boldsymbol{N}$ が正方行列であり，

$$\boldsymbol{MN} = \boldsymbol{I}\,,\quad \boldsymbol{NM} = \boldsymbol{I} \tag{17.5}$$

が成り立つとき，$\boldsymbol{N}$ は $\boldsymbol{M}$ の**逆行列**であり，$\boldsymbol{M}$ は $\boldsymbol{N}$ の逆行列である．$\boldsymbol{M}$ の逆行列を $\boldsymbol{M}^{-1}$ と書く．すなわち

$$\boldsymbol{MM}^{-1} = \boldsymbol{M}^{-1}\boldsymbol{M} = \boldsymbol{I} \tag{17.6}$$

が成り立つ．

どんな正方行列にも，それに応じて逆行列が存在するとは限らない．逆行列が存在するような正方行列を**正則行列**（あるいは非特異行列）という．

17.1.5 積の逆行列

$\boldsymbol{M}_1$ と $\boldsymbol{M}_2$ がともに正則行列であるとき，

$$(\boldsymbol{M}_1\boldsymbol{M}_2)^{-1} = \boldsymbol{M}_2^{-1}\boldsymbol{M}_1^{-1} \tag{17.7}$$

が成り立つ．さらに，$\boldsymbol{M}_1, \cdots, \boldsymbol{M}_N$ がすべて正則行列のとき，

$$(\boldsymbol{M}_1\boldsymbol{M}_2\cdots\boldsymbol{M}_N)^{-1} = \boldsymbol{M}_N^{-1}\cdots\boldsymbol{M}_2^{-1}\boldsymbol{M}_1^{-1} \tag{17.8}$$

が成り立つ．積の逆行列は，それぞれの逆行列の積になるが，その順序に注意が必要である．

17.1.6 逆行列と行列式との関係

逆行列が存在するかどうかは行列式の値で決まる．行列式の値が 0 でないとき，その行列には逆行列が存在する．行列式の値が 0 の行列には逆行列が存在しない．

行列式とは，正方行列から計算される値であり，行列 $\boldsymbol{M}$ の行列式を $\det\boldsymbol{M}$ と書いたり，$|\boldsymbol{M}|$ と書いたりする．

例えば，2 次の正方行列

$$\boldsymbol{M} = \begin{bmatrix} a & b \\ c & d \end{bmatrix} \tag{17.9}$$

の行列式は

$$|\boldsymbol{M}| = \begin{vmatrix} a & b \\ c & d \end{vmatrix} = ad - bc \tag{17.10}$$

と計算される．$ad - bc \neq 0$ のとき，(17.9) 式の $\boldsymbol{M}$ の逆行列は

$$\boldsymbol{M}^{-1} = \frac{1}{ad - bc} \begin{bmatrix} d & -b \\ -c & a \end{bmatrix} \tag{17.11}$$

と求められる．

一般には，

$$\boldsymbol{M}^{-1} = \frac{\mathrm{adj}(\boldsymbol{M})}{|\boldsymbol{M}|} \tag{17.12}$$

によって逆行列を計算できる．ここで，$\mathrm{adj}(\boldsymbol{M})$ は $\boldsymbol{M}$ の余因子行列と呼ばれるものである．(17.11) 式では $\begin{bmatrix} d & -b \\ -c & a \end{bmatrix}$ が余因子行列となっている．

17.1.7 行列式の性質

$\boldsymbol{M}_1$ と $\boldsymbol{M}_2$ はともに n 次の正方行列であるとする．このとき，

$$|\boldsymbol{M}_1\boldsymbol{M}_2| = |\boldsymbol{M}_1| \cdot |\boldsymbol{M}_2| \tag{17.13}$$

が成り立つ．すなわち，積の行列式は，それぞれの行列式の積となる．また，単位行列 $\boldsymbol{I}$ に対しては

$$|\boldsymbol{I}| = 1 \tag{17.14}$$

が成り立つ．また，M を転置しても行列式の値は変わらない．すなわち，

$$|\boldsymbol{M}^T| = |\boldsymbol{M}| \tag{17.15}$$

が成り立つ．

17.1.8　対称行列

$\boldsymbol{M}$ が正方行列であり，$\boldsymbol{M}^T = \boldsymbol{M}$ となるとき，$\boldsymbol{M}$ は**対称行列**であると呼ばれる．例えば

$$\boldsymbol{M} = \begin{bmatrix} 1 & 2 & 3 \\ 2 & 4 & 5 \\ 3 & 5 & 6 \end{bmatrix} \tag{17.16}$$

は対称行列である．

17.1.9　対角行列

正方行列で，i 行 i 列目の要素以外のすべての要素が 0 になっている行列は**対角行列**と呼ばれる．それは

$$\boldsymbol{M} = \begin{bmatrix} m_{11} & 0 & \cdots & 0 \\ 0 & m_{22} & \ddots & \vdots \\ \vdots & \ddots & \ddots & 0 \\ 0 & \cdots & 0 & m_{nn} \end{bmatrix} \tag{17.17}$$

という構造をしている．

$\boldsymbol{M}$ が上式のとき

$$\boldsymbol{M}^k = \begin{bmatrix} m_{11}^k & 0 & \cdots & 0 \\ 0 & m_{22}^k & \ddots & \vdots \\ \vdots & \ddots & \ddots & 0 \\ 0 & \cdots & 0 & m_{nn}^k \end{bmatrix} \tag{17.18}$$

となる.

17.2 固有値・固有ベクトル

17.2.1 固有値・固有ベクトルとは

n 次の正方行列 $\boldsymbol{M}$ に対して,

$$\boldsymbol{M}\boldsymbol{v}_i = \lambda_i \boldsymbol{v}_i, \quad i = 1, \cdots, n \tag{17.19}$$

を満たすスカラー λ_i $(i = 1, \cdots, n)$ と n 次元ベクトル $\boldsymbol{v}_i$ $(i = 1, \cdots, n)$ が存在する. λ_i は「**固有値**」, また $\boldsymbol{v}_i$ は「**固有ベクトル**」と呼ばれる. $\boldsymbol{M}$ が n 次正方行列のとき, 固有値の数は重複度も含めて（同じ値のものも区別して数えて）n 個存在する.

零ベクトルは固有ベクトルとなる資格がない. すなわち, $\boldsymbol{v}_i \neq \boldsymbol{0}$ である. しかし, 固有値は 0 となる可能性がある.

17.2.2 固有値・固有ベクトルの求め方

正方行列 $\boldsymbol{M}$ の固有値は, 次の式を満たす λ として求められる.

$$|\lambda \boldsymbol{I} - \boldsymbol{M}| = 0 \tag{17.20}$$

上の式は $\boldsymbol{M}$ の**特性方程式**と呼ばれることがある. $\boldsymbol{M}$ が n 行 n 列のとき, (17.20) 式は n 次代数方程式となる. n 次代数方程式には n 個の根（実数あるいは複素数）が存在するので, 固有値は n 個になる.

通常は, 固有値を求めた後, それに対応する固有ベクトルを求める. 例えば, λ_1 という固有値が求められたら, それを (17.19) 式に代入して得られる式

$$\boldsymbol{M}\boldsymbol{v}_1 = \lambda_1 \boldsymbol{v}_1 \tag{17.21}$$

を満たす $\boldsymbol{v}_1$ を求める. これを満たす $\boldsymbol{v}_1$ は一意に定まらず（ただ一つに決まらず）何通りもあるが, それらは定数倍の関係にあり（ベクトルの方向は同じであり）, そのうちのどれでも固有ベクトル $\boldsymbol{v}_1$ になり得る.

（例 1：固有値が実数の場合）

$$\boldsymbol{M} = \begin{bmatrix} 1 & -12 \\ 1 & -6 \end{bmatrix} \tag{17.22}$$

の固有値を求めてみる．この場合，(17.20) 式は

$$\begin{aligned} \left| \begin{bmatrix} \lambda & 0 \\ 0 & \lambda \end{bmatrix} - \begin{bmatrix} 1 & -12 \\ 1 & -6 \end{bmatrix} \right| &= \begin{vmatrix} \lambda - 1 & 12 \\ -1 & \lambda + 6 \end{vmatrix} \\ &= (\lambda - 1)(\lambda + 6) + 12 \\ &= \lambda^2 + 5\lambda + 6 = 0 \end{aligned}$$

となる．この 2 次方程式の根は -2 と -3 なので，固有値は

$$\lambda_1 = -2, \quad \lambda_2 = -3 \tag{17.23}$$

である（$\lambda_1 = -3$，$\lambda_2 = -2$ としてもよい）．

次に固有値 $\lambda_1 = -2$ に対応する固有ベクトル $\boldsymbol{v}_1$ を求める．$\boldsymbol{v}_1 = \begin{bmatrix} \alpha \\ \beta \end{bmatrix}$ とおいて，α と β の値を求める．これらを (17.19) 式に代入すると

$$\begin{bmatrix} 1 & -12 \\ 1 & -6 \end{bmatrix} \begin{bmatrix} \alpha \\ \beta \end{bmatrix} = -2 \begin{bmatrix} \alpha \\ \beta \end{bmatrix} \tag{17.24}$$

となる．この式より，

$$\alpha - 12\beta = -2\alpha \tag{17.25}$$

$$\alpha - 6\beta = -2\beta \tag{17.26}$$

が得られる．上の 2 式はどちらも

$$\alpha = 4\beta \tag{17.27}$$

という式と等価である．例えば，$\beta = 1$ と置くと $\alpha = 4$ となり，

$$\boldsymbol{v}_1 = \begin{bmatrix} 4 \\ 1 \end{bmatrix} \tag{17.28}$$

として求められる．

補足： $\beta = 2$ と置くと $\alpha = 8$ となり，

$$\boldsymbol{v}_1 = \begin{bmatrix} 8 \\ 2 \end{bmatrix}$$

を固有ベクトルとしてもよい．これは，上式の $\boldsymbol{v}_1$ を 2 倍したものである．固有ベクトルを定数倍してもやはり固有ベクトルである．

同様に，$\lambda_2 = -3$ に対する固有ベクトル $\boldsymbol{v}_2$ を求めることもできる．(17.24)〜(17.28) 式と同様な計算によって

$$\boldsymbol{v}_2 = \begin{bmatrix} 3 \\ 1 \end{bmatrix} \tag{17.29}$$

と求められる．

（例 2：固有値が複素数の場合）

$$\boldsymbol{M} = \begin{bmatrix} -2 & -1 \\ 1 & -1 \end{bmatrix} \tag{17.30}$$

の固有値を求めてみる．この場合，(17.20) 式は

$$\begin{aligned} \left| \begin{bmatrix} \lambda & 0 \\ 0 & \lambda \end{bmatrix} - \begin{bmatrix} -2 & -1 \\ 1 & -1 \end{bmatrix} \right| &= \begin{vmatrix} \lambda+2 & 1 \\ -1 & \lambda+1 \end{vmatrix} \\ &= (\lambda+2)(\lambda+1)+1 \\ &= \lambda^2 + 3\lambda + 3 = 0 \end{aligned}$$

となる．この 2 次方程式の根は $-3/2 \pm (\sqrt{3}/2)j$ なので，固有値は

$$\lambda_1 = -\frac{3}{2} + \frac{\sqrt{3}}{2}j, \quad \lambda_2 = -\frac{3}{2} - \frac{\sqrt{3}}{2}j \tag{17.31}$$

である．

次に，固有値 $\lambda_1 = -3/2 + (\sqrt{3}/2)j$ に対応する固有ベクトル $\boldsymbol{v}_1$ を求める．$\boldsymbol{v}_1 = \begin{bmatrix} \alpha \\ \beta \end{bmatrix}$ とおいて，α と β の値を求める．これらを (17.19) 式に代入すると

$$\begin{bmatrix} -2 & -1 \\ 1 & -1 \end{bmatrix} \begin{bmatrix} \alpha \\ \beta \end{bmatrix} = \left(-\frac{3}{2} + \frac{\sqrt{3}}{2}j \right) \begin{bmatrix} \alpha \\ \beta \end{bmatrix} \tag{17.32}$$

となる．この式より，

$$\alpha = \left(-\frac{1}{2} + \frac{\sqrt{3}}{2}j\right)\beta \tag{17.33}$$

という関係が得られる．$\beta = 1$ と置くと $\alpha = -1/2 + (\sqrt{3}/2)j$ となり，

$$\boldsymbol{v}_1 = \begin{bmatrix} -\frac{1}{2} + \frac{\sqrt{3}}{2}j \\ 1 \end{bmatrix} \tag{17.34}$$

として求められる．同様にして $\lambda_2 = -3/2 - (\sqrt{3}/2)j$ に対応する固有ベクトル $\boldsymbol{v}_2$ は

$$\boldsymbol{v}_2 = \begin{bmatrix} -\frac{1}{2} - \frac{\sqrt{3}}{2}j \\ 1 \end{bmatrix} \tag{17.35}$$

と求められる．

17.2.3 固有値の性質

正方行列 $\boldsymbol{M}$ が

$$\boldsymbol{M} = \begin{bmatrix} \boldsymbol{M}_{11} & \boldsymbol{M}_{12} \\ \boldsymbol{0} & \boldsymbol{M}_{22} \end{bmatrix} \tag{17.36}$$

という構造をしているとする．ただし，$\boldsymbol{M}_{11}$, $\boldsymbol{M}_{22}$ は正方行列である．このとき，$\boldsymbol{M}$ の固有値は $\boldsymbol{M}_{11}$ の固有値と $\boldsymbol{M}_{22}$ の固有値である．

（例）

$$\begin{bmatrix} 1 & 2 & 3 & 4 \\ 5 & 6 & 7 & 8 \\ 0 & 0 & 9 & 10 \\ 0 & 0 & 11 & 12 \end{bmatrix} \tag{17.37}$$

の固有値（計四つ）は，

$$\begin{bmatrix} 1 & 2 \\ 5 & 6 \end{bmatrix} \tag{17.38}$$

の二つの固有値と，

$$\begin{bmatrix} 9 & 10 \\ 11 & 12 \end{bmatrix} \tag{17.39}$$

の二つの固有値である．

同様に，

$$\boldsymbol{M} = \begin{bmatrix} \boldsymbol{M}_{11} & \boldsymbol{0} \\ \boldsymbol{M}_{21} & \boldsymbol{M}_{22} \end{bmatrix} \tag{17.40}$$

の固有値は，$\boldsymbol{M}_{11}$ と $\boldsymbol{M}_{22}$ の固有値である．

17.2.4　上三角（下三角）行列の固有値

$$\boldsymbol{M} = \begin{bmatrix} m_{11} & m_{12} & \cdots & m_{1n} \\ 0 & m_{22} & \ddots & \vdots \\ \vdots & \ddots & \ddots & m_{n-1,n} \\ 0 & \cdots & 0 & m_{nn} \end{bmatrix} \tag{17.41}$$

の固有値は $m_{11}, m_{22}, \cdots, m_{nn}$ である．

同様に，

$$\boldsymbol{M} = \begin{bmatrix} m_{11} & 0 & \cdots & 0 \\ m_{21} & m_{22} & \ddots & \vdots \\ \vdots & \ddots & \ddots & 0 \\ m_{n1} & \cdots & m_{n,n-1} & m_{nn} \end{bmatrix} \tag{17.42}$$

の固有値も $m_{11}, m_{22}, \cdots, m_{nn}$ である．

17.2.5　$\boldsymbol{T}^{-1}\boldsymbol{M}\boldsymbol{T}$ の固有値

$\boldsymbol{M}$ は正方行列，$\boldsymbol{T}$ は正則行列とするとき，$\boldsymbol{T}^{-1}\boldsymbol{M}\boldsymbol{T}$ の固有値は $\boldsymbol{M}$ の固有値と等しい．

これは，次のようにして証明できる（途中，(17.13)，(17.14) 式を用いる）．

$$\begin{aligned} \left|\lambda \boldsymbol{I} - \boldsymbol{T}^{-1}\boldsymbol{M}\boldsymbol{T}\right| &= \left|\lambda \boldsymbol{T}^{-1}\boldsymbol{T} - \boldsymbol{T}^{-1}\boldsymbol{M}\boldsymbol{T}\right| \\ &= \left|\boldsymbol{T}^{-1}\left(\lambda \boldsymbol{I} - \boldsymbol{M}\right)\boldsymbol{T}\right| \\ &= \left|\boldsymbol{T}^{-1}\right| \cdot \left|\lambda \boldsymbol{I} - \boldsymbol{M}\right| \cdot \left|\boldsymbol{T}\right| \\ &= \left|\boldsymbol{T}^{-1}\right| \cdot \left|\boldsymbol{T}\right| \cdot \left|\lambda \boldsymbol{I} - \boldsymbol{M}\right| \\ &= \left|\boldsymbol{T}^{-1}\boldsymbol{T}\right| \cdot \left|\lambda \boldsymbol{I} - \boldsymbol{M}\right| \end{aligned}$$

$$
\begin{aligned}
&= |\boldsymbol{I}| \cdot |\lambda \boldsymbol{I} - \boldsymbol{M}| \\
&= |\lambda \boldsymbol{I} - \boldsymbol{M}| \qquad (17.43)
\end{aligned}
$$

これより，$\boldsymbol{T}^{-1}\boldsymbol{M}\boldsymbol{T}$ と $\boldsymbol{M}$ の特性方程式が等しいので，固有値が等しいことがわかる．

17.3　行列の対角化

17.3.1　対角化と固有値

正方行列 $\boldsymbol{M}$ があるとする．これにある特別な正則行列 $\boldsymbol{T}$（$\boldsymbol{T}$ がどんな行列かは後で述べる）を使って，

$$
\boldsymbol{T}^{-1}\boldsymbol{M}\boldsymbol{T} = \begin{bmatrix} \lambda_1 & 0 & \cdots & 0 \\ 0 & \lambda_2 & \ddots & \vdots \\ \vdots & \ddots & \ddots & 0 \\ 0 & \cdots & 0 & \lambda_n \end{bmatrix} \tag{17.44}
$$

とできるとき，$\boldsymbol{M}$ は**対角化可能**であるという．上式のように，$\boldsymbol{M}$ の左右から $\boldsymbol{T}^{-1}$ と $\boldsymbol{T}$ を掛けて対角行列を導く操作を $\boldsymbol{M}$ の**対角化**という．上式の右辺は対角行列であり，その対角要素には $\boldsymbol{M}$ の固有値 λ_i $(i = 1, \cdots, n)$ が並んでいるところが特徴である．

どんな正方行列でも対角化が可能であるとは限らない．対角化可能な行列の例として，例えば，

- n 個の固有値が互いに異なる正方行列
- 対称行列

などが知られている．これ以外にも対角化可能な行列はあるので，多くの行列は対角化可能である（対角化可能でない行列も数多くある）．

17.3.2　$\boldsymbol{T}$ の構成方法

n 個の固有値が互いに異なる n 次正方行列 $\boldsymbol{M}$ が与えられたとする．(17.44) 式の対角化を行うとき，そうなるような $\boldsymbol{T}$ をまずは求めなければならない．それは，$\boldsymbol{M}$ の固有ベクトル $\boldsymbol{v}_i$ $(i = 1, \cdots, n)$ を用いて

$$\boldsymbol{T} = \begin{bmatrix} \boldsymbol{v}_1 & \boldsymbol{v}_2 & \cdots & \boldsymbol{v}_n \end{bmatrix} \tag{17.45}$$

と構成すればよい．上の $\boldsymbol{T}$ は，n 次元ベクトル $\boldsymbol{v}_i$ が横に n 本並んで構成されているので，n 行 n 列の行列となる．$\boldsymbol{T}^{-1}$ が存在するか気になるところであるが，n 個の固有値が互いに異なる場合には，$\boldsymbol{v}_1$, $\boldsymbol{v}_2$, $\cdots$, $\boldsymbol{v}_n$ は独立となり，$\boldsymbol{T}^{-1}$ が存在する．

(17.45) 式のように $\boldsymbol{T}$ を構成すると $\boldsymbol{T}^{-1}\boldsymbol{M}\boldsymbol{T}$ が確かに (17.44) 式の右辺のようになることは，次のように証明できる．λ_i が固有値，$\boldsymbol{v}_i$ が固有ベクトルであることから

$$\boldsymbol{M}\boldsymbol{v}_1 = \lambda_1\boldsymbol{v}_1,\ \ \boldsymbol{M}\boldsymbol{v}_2 = \lambda_2\boldsymbol{v}_2,\ \ \cdots,\ \ \boldsymbol{M}\boldsymbol{v}_n = \lambda_n\boldsymbol{v}_n \tag{17.46}$$

が成り立つ．これら n 個の式を一つにまとめると

$$\begin{aligned} &\boldsymbol{M}\begin{bmatrix} \boldsymbol{v}_1 & \boldsymbol{v}_2 & \cdots & \boldsymbol{v}_n \end{bmatrix} \\ &\quad = \begin{bmatrix} \lambda_1\boldsymbol{v}_1 & \lambda_2\boldsymbol{v}_2 & \cdots & \lambda_n\boldsymbol{v}_n \end{bmatrix} \\ &\quad = \begin{bmatrix} \boldsymbol{v}_1 & \boldsymbol{v}_2 & \cdots & \boldsymbol{v}_n \end{bmatrix} \begin{bmatrix} \lambda_1 & 0 & \cdots & 0 \\ 0 & \lambda_2 & \ddots & \vdots \\ \vdots & \ddots & \ddots & 0 \\ 0 & \cdots & 0 & \lambda_n \end{bmatrix} \end{aligned} \tag{17.47}$$

と書ける．これは，(17.45) 式を用いると

$$\boldsymbol{M}\boldsymbol{T} = \boldsymbol{T} \begin{bmatrix} \lambda_1 & 0 & \cdots & 0 \\ 0 & \lambda_2 & \ddots & \vdots \\ \vdots & \ddots & \ddots & 0 \\ 0 & \cdots & 0 & \lambda_n \end{bmatrix} \tag{17.48}$$

であり，$\boldsymbol{T}^{-1}$ を左から掛けて

$$\boldsymbol{T}^{-1}\boldsymbol{M}\boldsymbol{T} = \begin{bmatrix} \lambda_1 & 0 & \cdots & 0 \\ 0 & \lambda_2 & \ddots & \vdots \\ \vdots & \ddots & \ddots & 0 \\ 0 & \cdots & 0 & \lambda_n \end{bmatrix} \tag{17.49}$$

となる．

（例 1）

$$\boldsymbol{M} = \begin{bmatrix} 1 & -12 \\ 1 & -6 \end{bmatrix} \tag{17.50}$$

を対角化する．この行列は (17.22) 式のものであり，その固有ベクトルは (17.28) 式と (17.29) 式で求められている．対角化のための $\boldsymbol{T}$ は，それら固有ベクトルを用いて (17.45) 式に従い，

$$\boldsymbol{T} = \begin{bmatrix} \boldsymbol{v}_1 & \boldsymbol{v}_2 \end{bmatrix} = \begin{bmatrix} 4 & 3 \\ 1 & 1 \end{bmatrix} \tag{17.51}$$

と構成される．これを用いて $\boldsymbol{T}^{-1}\boldsymbol{M}\boldsymbol{T}$ を計算してみると，確かに

$$\boldsymbol{T}^{-1}\boldsymbol{M}\boldsymbol{T} = \begin{bmatrix} -2 & 0 \\ 0 & -3 \end{bmatrix} \tag{17.52}$$

となることが確認できる．この右辺に表されている -2 と -3 は (17.23) 式の固有値である．

（例 2）

$$\boldsymbol{M} = \begin{bmatrix} -2 & -1 \\ 1 & -1 \end{bmatrix} \tag{17.53}$$

を対角化する．この行列は (17.30) 式のものであり，その固有ベクトルは (17.34) 式と (17.35) 式で求められている．対角化のための $\boldsymbol{T}$ は，それら固有ベクトルを用いて (17.45) 式に従い

$$\boldsymbol{T} = \begin{bmatrix} \boldsymbol{v}_1 & \boldsymbol{v}_2 \end{bmatrix} = \begin{bmatrix} -\frac{1}{2} + \frac{\sqrt{3}}{2}j & -\frac{1}{2} - \frac{\sqrt{3}}{2}j \\ 1 & 1 \end{bmatrix} \tag{17.54}$$

と構成される．これを用いて $\boldsymbol{T}^{-1}\boldsymbol{M}\boldsymbol{T}$ を計算してみると

$$\boldsymbol{T}^{-1}\boldsymbol{M}\boldsymbol{T}=\begin{bmatrix} -\frac{3}{2}+\frac{\sqrt{3}}{2}j & 0 \\ 0 & -\frac{3}{2}-\frac{\sqrt{3}}{2}j \end{bmatrix} \tag{17.55}$$

となることが確認できる．この右辺には (17.31) 式の λ_1 と λ_2 が現れている．
注意： 対角化できない行列もある．それらも含めた一般的な正方行列に対しては，ある特別な $\tilde{\boldsymbol{T}}$ を用いた $\tilde{\boldsymbol{T}}^{-1}\boldsymbol{M}\tilde{\boldsymbol{T}}$ の計算によって，対角行列ではなく，**ジョルダン標準形**と呼ばれる「対角行列に近い」行列が現れる．詳細な構造についてては線形代数の参考書を見ていただきたい．

17.3.3　行列指数関数の対角化

正方行列 $\boldsymbol{M}$ が対角化可能で

$$\boldsymbol{T}^{-1}\boldsymbol{M}\boldsymbol{T}=\begin{bmatrix} \lambda_1 & 0 & \cdots & 0 \\ 0 & \lambda_2 & \ddots & \vdots \\ \vdots & \ddots & \ddots & 0 \\ 0 & \cdots & 0 & \lambda_n \end{bmatrix} \tag{17.56}$$

とできるとき，

$$\begin{aligned}\boldsymbol{T}^{-1}\boldsymbol{M}^k\boldsymbol{T} &= \boldsymbol{T}^{-1}\boldsymbol{M}\cdot\boldsymbol{M}\cdots\boldsymbol{M}\cdot\boldsymbol{M}\boldsymbol{T} \\ &= \boldsymbol{T}^{-1}\boldsymbol{M}\boldsymbol{T}\boldsymbol{T}^{-1}\boldsymbol{M}\boldsymbol{T}\boldsymbol{T}^{-1}\cdots\boldsymbol{M}\boldsymbol{T}\boldsymbol{T}^{-1}\boldsymbol{M}\boldsymbol{T} \\ &= \left(\boldsymbol{T}^{-1}\boldsymbol{M}\boldsymbol{T}\right)^k \\ &= \left(\begin{bmatrix} \lambda_1 & 0 & \cdots & 0 \\ 0 & \lambda_2 & \ddots & \vdots \\ \vdots & \ddots & \ddots & 0 \\ 0 & \cdots & 0 & \lambda_n \end{bmatrix}\right)^k \\ &= \begin{bmatrix} \lambda_1^k & 0 & \cdots & 0 \\ 0 & \lambda_2^k & \ddots & \vdots \\ \vdots & \ddots & \ddots & 0 \\ 0 & \cdots & 0 & \lambda_n^k \end{bmatrix}\end{aligned} \tag{17.57}$$

となる．これを利用しながら行列指数関数（詳細は第 18 章で述べる）

$$\boldsymbol{e}^{\boldsymbol{M}t} = \boldsymbol{I} + \boldsymbol{M}t + \frac{1}{2!}\boldsymbol{M}^2t^2 + \frac{1}{3!}\boldsymbol{M}^3t^3 + \cdots \tag{17.58}$$

に対して，$\boldsymbol{T}^{-1}\boldsymbol{e}^{\boldsymbol{M}t}\boldsymbol{T}$ を計算すると，

$$\boldsymbol{T}^{-1}\boldsymbol{e}^{\boldsymbol{M}t}\boldsymbol{T} = \begin{bmatrix} e^{\lambda_1 t} & 0 & \cdots & 0 \\ 0 & e^{\lambda_2 t} & \ddots & \vdots \\ \vdots & \ddots & \ddots & 0 \\ 0 & \cdots & 0 & e^{\lambda_n t} \end{bmatrix} \tag{17.59}$$

という対角化ができる．

17.4 行列のランク

$\boldsymbol{M}$ を n 行 m 列の行列とする（正方とは限らない）．$\boldsymbol{M}$ の行と列からそれぞれ r 本を選び出し，r 行 r 列の正方行列をつくったとする（$r \leq \min(n, m)$ である）．その行列の行列式を「$\boldsymbol{M}$ からつくられる r 次の小行列式」と呼ぶ．r 本の行と列の選び方は ${}_nC_r \times_m C_r$ 通りあるので，r 次の小行列式はその数だけ存在する．

ある行列 $\boldsymbol{M}$ があり，$\boldsymbol{M}$ からつくられる $k+1$ 次の小行列式がすべて 0 で，k 次の小行列式には 0 でないものが存在するとき，$\boldsymbol{M}$ の**ランク**は k であるといい，

$$\mathrm{rank}\boldsymbol{M} = k \tag{17.60}$$

と書く．

（例 1）

$$\boldsymbol{M} = \begin{bmatrix} 1 & 2 \\ 2 & 4 \\ 3 & 6 \end{bmatrix} \tag{17.61}$$

の場合，2 次の小行列式は

$$\begin{vmatrix} 1 & 2 \\ 2 & 4 \end{vmatrix}, \quad \begin{vmatrix} 1 & 2 \\ 3 & 6 \end{vmatrix}, \quad \begin{vmatrix} 2 & 4 \\ 3 & 6 \end{vmatrix} \tag{17.62}$$

の三つがあり，1 次の小行列式は

$$1,\ 2,\ 2,\ 4,\ 3,\ 6 \tag{17.63}$$

の 6 個が存在する．(17.62) 式の 2 次の小行列式の値はすべて 0 になり，(17.63) 式の 1 次の小行列式には 0 でないものが存在するので，rank$\boldsymbol{M} = 1$ である．

（例 2）

$$\boldsymbol{M} = \begin{bmatrix} 1 & 2 \\ 1 & 4 \\ 3 & 6 \end{bmatrix} \tag{17.64}$$

の場合，2 次の小行列式は

$$\begin{vmatrix} 1 & 2 \\ 1 & 4 \end{vmatrix},\quad \begin{vmatrix} 1 & 2 \\ 3 & 6 \end{vmatrix},\quad \begin{vmatrix} 1 & 4 \\ 3 & 6 \end{vmatrix} \tag{17.65}$$

である．このうち

$$\begin{vmatrix} 1 & 2 \\ 1 & 4 \end{vmatrix} = 2 \neq 0 \tag{17.66}$$

であり，2 次の小行列式に 0 でないものがあるので，(17.64) 式の $\boldsymbol{M}$ のランクは 2 である．

17.5 ランクと独立なベクトル

$\boldsymbol{M}$ の中に最大で r 本の独立な行ベクトル（あるいは，最大で r 本の独立な列ベクトル）が含まれているとき，$\boldsymbol{M}$ のランクは r となる．「r 本のベクトルが独立」とは「r 本の中から任意に選んだ 1 本のベクトルが，その他の $r-1$ 本の線形結合で表せない」ともいえる．

なお，$\boldsymbol{M}$ を n 次正方行列のとき，$\boldsymbol{M}$ のランクが n であるということは $|\boldsymbol{M}| \neq 0$ を意味する．

17.6　正定行列

$\boldsymbol{M}$ を n 次正方の対称行列，$\boldsymbol{v}$ を n 次元ベクトルとする．$\boldsymbol{0}$ でない任意の $\boldsymbol{v}$ に対して（$\boldsymbol{0}$ 以外のどんな $\boldsymbol{v}$ に対しても），

$$\boldsymbol{v}^T\boldsymbol{M}\boldsymbol{v} > 0 \tag{17.67}$$

が成り立つならば，行列 $\boldsymbol{M}$ は正定行列であるという（$\boldsymbol{v}^T\boldsymbol{M}\boldsymbol{v}$ は 2 次形式と呼ばれる式である）．$\boldsymbol{M}$ が正定行列であることを $\boldsymbol{M} > 0$ と書く．

例えば，

$$\boldsymbol{M} = \begin{bmatrix} 1 & 0 & 0 \\ 0 & 2 & 0 \\ 0 & 0 & 3 \end{bmatrix} \tag{17.68}$$

は正定行列である．なぜなら

$$\boldsymbol{v} = \begin{bmatrix} v_1 \\ v_2 \\ v_3 \end{bmatrix} \tag{17.69}$$

とすれば，

$$\boldsymbol{v}^T\boldsymbol{M}\boldsymbol{v} = v_1^2 + 2v_2^2 + 3v_3^2 \tag{17.70}$$

となり，0 以外のどんな v_1, v_2, v_3 に対しても上式の値は正となるからである．

例えば，

$$\boldsymbol{M} = \begin{bmatrix} -1 & 0 & 0 \\ 0 & 2 & 0 \\ 0 & 0 & 3 \end{bmatrix} \tag{17.71}$$

は正定行列ではない．なぜなら

$$\boldsymbol{v} = \begin{bmatrix} 3 \\ 1 \\ 1 \end{bmatrix} \tag{17.72}$$

とすると

$$\boldsymbol{v}^T\boldsymbol{M}\boldsymbol{v} = -9 + 2 + 3 = -4 < 0 \tag{17.73}$$

となるからである．

上の例では $\boldsymbol{M}$ は対角行列であるが，一般には正定行列は対角行列とは限らない．また，負の要素を持っても正定行列になる場合がある．例えば

$$\boldsymbol{M} = \begin{bmatrix} 1 & -1 \\ -1 & 2 \end{bmatrix} \tag{17.74}$$

は正定行列である．

一般に，正定行列の固有値はすべて正の実数となる．このことは，与えられた対称行列が正定かどうか判別したいときにしばしば用いられる．

$\boldsymbol{0}$ でない任意の $\boldsymbol{v}$ に対して，

$$\boldsymbol{v}^T \boldsymbol{M} \boldsymbol{v} \geq 0 \tag{17.75}$$

となるならば，行列 $\boldsymbol{M}$ は半正定行列（あるいは準正定行列）であるといい，$\boldsymbol{M} \geq 0$ と書く．

正定とは逆に

$$\boldsymbol{v}^T \boldsymbol{M} \boldsymbol{v} < 0 \tag{17.76}$$

となるのであれば，$\boldsymbol{M}$ は負定行列であるといい，$\boldsymbol{M} < 0$ と書く．

演習問題

問題 17.1

$$\boldsymbol{M} = \begin{bmatrix} 1 & 2 \\ -3 & 1 \end{bmatrix}$$

の固有値を求めよ．

第 18 章 状態方程式の解

第 16 章で状態方程式がある種の微分方程式であることを述べました．この章では，その方程式の解を求めてみます．解の特徴を調べていくと，状態 $\boldsymbol{x}(t)$ の持つ意味が見えてきます．初期状態 $\boldsymbol{x}(0)$，入力 $\boldsymbol{u}(t)$，状態 $\boldsymbol{x}(t)$，出力 $\boldsymbol{y}(t)$ の間の因果関係も説明します．

18.1 状態方程式を解くとは

第 16 章では，システムを表す式として状態方程式と出力方程式，すなわち

$$\dot{\boldsymbol{x}}(t) = \boldsymbol{A}\boldsymbol{x}(t) + \boldsymbol{B}\boldsymbol{u}(t) \tag{18.1}$$
$$\boldsymbol{y}(t) = \boldsymbol{C}\boldsymbol{x}(t) \tag{18.2}$$

を紹介した．ここでは，まず (18.1) 式のみに注目する．

(18.1) 式は，$\boldsymbol{u}(t)$ が動いたときの $\boldsymbol{x}(t)$ の動きを表す式である．ここでは，(18.1) 式を $\boldsymbol{x}(t)$ が未知関数である微分方程式とみなして，$\boldsymbol{x}(t)$ を $\boldsymbol{A}$, $\boldsymbol{B}$, $\boldsymbol{u}(t)$ を用いて「$\boldsymbol{x}(t) = \cdots$」と解くことを考える．

(18.1) 式は線形常微分方程式であるが，行列とベクトルで構成されているので，その取扱いには注意を要し，解くためには少しの準備が必要である．

18.2 行列指数関数

まず，状態方程式を解く準備として**行列指数関数**というものを定義しておく．それは

$$\boldsymbol{e}^{\boldsymbol{A}t} = \boldsymbol{I} + \boldsymbol{A}t + \frac{1}{2!}\boldsymbol{A}^2t^2 + \frac{1}{3!}\boldsymbol{A}^3t^3 + \cdots \tag{18.3}$$

と定義される．ここで，$\boldsymbol{I}$ は単位行列を表す．$e^{\boldsymbol{A}t}$ は行列であり，t は時間を表す．

この行列指数関数は，次の (i)∼(iv) の性質を持っている．

$$\text{(i)} \quad \frac{d}{dt}e^{\boldsymbol{A}t} = \boldsymbol{A}e^{\boldsymbol{A}t} \tag{18.4}$$

$$\text{(ii)} \quad e^{\boldsymbol{A}0} = \boldsymbol{I} \tag{18.5}$$

$$\text{(iii)} \quad e^{\boldsymbol{A}t}e^{\boldsymbol{A}\tau} = e^{\boldsymbol{A}(t+\tau)} \tag{18.6}$$

$$\text{(iv)} \quad \left\{e^{\boldsymbol{A}t}\right\}^{-1} = e^{-\boldsymbol{A}t} \tag{18.7}$$

行列を微分するときには各要素を微分する．(18.3) 式に基づき $e^{\boldsymbol{A}t}$ を微分すると，(i) が成り立つことを確認できる．(ii) は (18.3) 式で $t=0$ とした場合である．(iii) が成り立つことを確認するには，(18.3) 式を使って直接計算すればよい．(iv) は，(iii) において $\tau=-t$ として (ii) を用いれば確認できる．

一般には，$e^{\boldsymbol{A}_1t}e^{\boldsymbol{A}_2t} = e^{\boldsymbol{A}_2t}e^{\boldsymbol{A}_1t} = e^{(\boldsymbol{A}_1+\boldsymbol{A}_2)t}$ は成り立たない．これが成り立つのは $\boldsymbol{A}_1\boldsymbol{A}_2 = \boldsymbol{A}_2\boldsymbol{A}_1$ が成り立つ特殊な場合のみである（一般には，二つの行列に交換則は成り立たない）．

18.3　状態方程式の解

18.3.1　$\boldsymbol{u}=\boldsymbol{0}$ の場合の解

まず，システムに入力 $\boldsymbol{u}(t)$ が加わらない場合から考える．すなわち，

$$\dot{\boldsymbol{x}}(t) = \boldsymbol{A}\boldsymbol{x}(t), \quad \boldsymbol{x}(t_0) = \boldsymbol{x}_0 \tag{18.8}$$

の解を求める．ただし，$\boldsymbol{x}(t_0) = \boldsymbol{x}_0$ は初期条件を表す式である（初期時刻 t_0 のときの状態 $\boldsymbol{x}_0$ を初期状態という．$\boldsymbol{x}_0$ は定数ベクトルである）．(18.8) 式は，外から何も操作しなければシステムの内部変数 $\boldsymbol{x}(t)$ が $\boldsymbol{x}_0$ からどう変わっていくかを表す方程式である．

$$\dot{\boldsymbol{x}}(t) = \boldsymbol{A}\boldsymbol{x}(t), \quad \boldsymbol{x}(t_0) = \boldsymbol{x}_0 \tag{18.9}$$

の解は

$$\boldsymbol{x}(t) = \boldsymbol{e}^{\boldsymbol{A}(t-t_0)}\boldsymbol{x}_0 \tag{18.10}$$

である．

(18.10) 式が解であることは，(18.9) に代入すれば確かめられる．

$t > t_0$ とすると，(18.10) 式から次のようなことがいえる．時刻 t_0 のときの $\boldsymbol{x}_0$ であった状態は，時刻 t （すなわち，$t - t_0$ だけ経過した後）には $\boldsymbol{e}^{\boldsymbol{A}(t-t_0)}\boldsymbol{x}_0$ になる．つまり，ある時刻の状態に $\boldsymbol{e}^{\boldsymbol{A}(\text{経過時間})}$ を掛けると，その経過時間後の状態に推移する．この意味で，行列指数関数 $\boldsymbol{e}^{\boldsymbol{A}t}$ は**状態推移行列**とも呼ばれる．

18.3.2 $\boldsymbol{u} \neq \boldsymbol{0}$ の場合の解

状態方程式

$$\dot{\boldsymbol{x}}(t) = \boldsymbol{A}\boldsymbol{x}(t) + \boldsymbol{B}\boldsymbol{u}(t), \quad \boldsymbol{x}(t_0) = \boldsymbol{x}_0 \tag{18.11}$$

の解として，$\boldsymbol{x}(t)$ は

$$\boldsymbol{x}(t) = \boldsymbol{e}^{\boldsymbol{A}(t-t_0)}\boldsymbol{x}_0 + \int_{t_0}^{t} \boldsymbol{e}^{\boldsymbol{A}(t-\tau)}\boldsymbol{B}\boldsymbol{u}(\tau)d\tau \tag{18.12}$$

と表される．

また，(18.2) 式の出力方程式から，

出力 $\boldsymbol{y}(t)$ は

$$\boldsymbol{y}(t) = \boldsymbol{C}\boldsymbol{e}^{\boldsymbol{A}(t-t_0)}\boldsymbol{x}_0 + \boldsymbol{C}\int_{t_0}^{t} \boldsymbol{e}^{\boldsymbol{A}(t-\tau)}\boldsymbol{B}\boldsymbol{u}(\tau)d\tau \tag{18.13}$$

と表される．

(18.11) 式から (18.12) 式を導いてみる．まず，(18.9) 式の解が (18.10) 式であることから，(18.11) 式の解を

$$\boldsymbol{x}(t) = \boldsymbol{e}^{\boldsymbol{A}t}\boldsymbol{k}(t) \tag{18.14}$$

と仮定する．そして，未知の関数 $\boldsymbol{k}(t)$ を求めることにより解 $\boldsymbol{x}(t)$ を求める（定数変化法と呼ばれる解法である）．では $k(t)$ を求めてみよう．まず，(18.14) 式を (18.11) 式に代入すると

$$\boldsymbol{A}\boldsymbol{e}^{\boldsymbol{A}t}\boldsymbol{k}(t) + \boldsymbol{e}^{\boldsymbol{A}t}\dot{\boldsymbol{k}}(t) = \boldsymbol{A}\boldsymbol{e}^{\boldsymbol{A}t}\boldsymbol{k}(t) + \boldsymbol{B}\boldsymbol{u}(t) \tag{18.15}$$

となり，これより

$$\boldsymbol{e}^{\boldsymbol{A}t}\dot{\boldsymbol{k}}(t) = \boldsymbol{B}\boldsymbol{u}(t) \tag{18.16}$$

が得られ，これより，$\dot{k}(t)$ は

$$\dot{\boldsymbol{k}}(t) = \left\{\boldsymbol{e}^{\boldsymbol{A}t}\right\}^{-1}\boldsymbol{B}\boldsymbol{u}(t) = \boldsymbol{e}^{-\boldsymbol{A}t}\boldsymbol{B}\boldsymbol{u}(t) \tag{18.17}$$

と表されることがわかる．上式を積分して $k(t)$ を求めよう．t を τ に置き換え，両辺を t_0 から t まで積分すると

$$\boldsymbol{k}(t) - \boldsymbol{k}(t_0) = \int_{t_0}^{t} \boldsymbol{e}^{-\boldsymbol{A}\tau}\boldsymbol{B}\boldsymbol{u}(\tau)d\tau \tag{18.18}$$

となる．この左辺に $\boldsymbol{k}(t_0)$ があるが，(18.11) 式の初期条件 $\boldsymbol{x}(t_0) = \boldsymbol{x}_0$ と，(18.14) 式で $t = t_0$ を代入した式 $\boldsymbol{x}(t_0) = \boldsymbol{e}^{\boldsymbol{A}t_0}\boldsymbol{k}(t_0)$ から，

$$\boldsymbol{k}(t_0) = \boldsymbol{e}^{-\boldsymbol{A}t_0}\boldsymbol{x}_0 \tag{18.19}$$

と求められる．これを (18.18) 式に代入すれば

$$\boldsymbol{k}(t) = \boldsymbol{e}^{-\boldsymbol{A}t_0}\boldsymbol{x}_0 + \int_{t_0}^{t} \boldsymbol{e}^{-\boldsymbol{A}\tau}\boldsymbol{B}\boldsymbol{u}(\tau)d\tau \tag{18.20}$$

として $\boldsymbol{k}(t)$ が求められ，これを (18.14) 式に代入すれば (18.12) 式が得られる．

18.4　解の特徴

時刻 t における状態 $\boldsymbol{x}(t)$ は (18.12) 式で，出力 $\boldsymbol{y}(t)$ は (18.13) 式で表され，それらはそれぞれ二つの項からなっている．(18.13) 式の $\boldsymbol{y}(t)$ において，第 1 項 $\boldsymbol{C}\boldsymbol{e}^{\boldsymbol{A}(t-t_0)}\boldsymbol{x}_0$ は初期状態 $\boldsymbol{x}_0$ の影響を表す項であり，第 2 項 $\boldsymbol{C}\int_{t_0}^{t}\boldsymbol{e}^{\boldsymbol{A}(t-\tau)}\boldsymbol{B}\boldsymbol{u}(\tau)d\tau$ は時刻 t_0 から t までの入力 $\boldsymbol{u}$ の影響を表す項である．

過去（時刻 t_0 以降）から現在（時刻 t）まで積分をする項が現れているのは (18.1) 式が微分方程式であり，動的システムを表す式だからである．過去の入力 $\boldsymbol{u}(\tau)$ が現在の出力 $\boldsymbol{y}(t)$ に影響するのは動的システムの特徴である．

ここで，時刻 t における出力 $\boldsymbol{y}(t)$ を記述するために，$\boldsymbol{x}$ と $\boldsymbol{u}$ はどれだけの時間区間だけ必要かについて考えてみる．(18.13) 式を見ると，第 1 項は時刻 t_0 の状態 $\boldsymbol{x}_0$ に関係し，第 2 項では積分区間が t_0 から t になっている（$t_0 \sim t$ での入力が関係している）．

このことからいえることは，時刻 t_0 の状態 $\boldsymbol{x}_0$ があれば，入力 $\boldsymbol{u}$ は t_0 以降のみ必要で，t_0 より過去の $\boldsymbol{u}$ は必要ない．いい方を変えれば，時刻 t_0 の状態 $\boldsymbol{x}_0$ は，t_0 より過去のシステムの情報（t_0 より過去において入力 $\boldsymbol{u}$ がどんなものだったか，それによって $\boldsymbol{x}(t)$ がどう動いていたかというような情報）をすべて集約した量であるといえる．

このようなことから，$\boldsymbol{x}(t)$ はシステムの過去の履歴を集約して，その値に反映している量であると考えられる．このことから，$\boldsymbol{x}(t)$ が「状態」という言葉で呼ばれている．

18.5　状態の初期値について

図 18.1 のように，入力 $u(t)$ に対して $y(t)$ が出力される 1 入力 1 出力システムがあるとする．

図 18.1　入出力システム

このシステムが

$$\begin{cases} \dot{\boldsymbol{x}}(t) = \boldsymbol{A}\boldsymbol{x}(t) + \boldsymbol{B}u(t) \\ y(t) = \boldsymbol{C}\boldsymbol{x}(t) \end{cases} \tag{18.21}$$

という状態空間表現で表されるとすると，出力 $y(t)$ は，(18.13) 式より

$$y(t) = \boldsymbol{C}\boldsymbol{e}^{\boldsymbol{A}(t-t_0)}\boldsymbol{x}_0 + \boldsymbol{C}\int_{t_0}^{t} \boldsymbol{e}^{\boldsymbol{A}(t-\tau)}\boldsymbol{B}u(\tau)d\tau \tag{18.22}$$

で書かれる．一方，5.1 節で学んだように，出力 $y(t)$ は伝達関数 $G(s)$ を用いると

$$y(t) = \mathcal{L}^{-1}\left[G(s)\mathcal{L}[u(t)]\right] \tag{18.23}$$

と表される（$\mathcal{L}$ はラプラス変換，$\mathcal{L}^{-1}$ はラプラス逆変換を表す）．

(18.22) 式では初期時刻 t_0 での初期値 $\boldsymbol{x}_0$ が関係しているのに対し，(18.23) 式ではどこにも初期値が現れていない．その理由は，伝達関数と状態方程式では，次に述べるように初期状態に対する取扱いが異なっていることによる．

伝達関数でシステムを表現するときには，変数の初期値はすべては 0 であることが仮定されている．このことは，伝達関数を求めるときには導関数のラプラス変換を

$$\mathcal{L}\frac{dy(t)}{dt} = sy(s) - y(t)|_{t=0} = sy(s)$$

として，$t = 0$ のときの $y(t)$ を 0 としていたことからもわかる．伝達関数は，初期時刻 0 まではシステムが静止していて，時刻 0 以降に入力 $u(t)$ が加わっ

たときに $y(t)$ がどう動くかを表す式であり，初期状態の値は考えに入れていない．これに対し，状態方程式表現では初期時刻において $\boldsymbol{x}(t)$ を $\mathbf{0}$ には限定せず，初期状態の値まで考慮できるシステムの表現式となっている．

演習問題

問題 18.1　$\boldsymbol{x}(t)$ は $\dot{\boldsymbol{x}}(t) = \boldsymbol{A}\boldsymbol{x}(t)$ を満たす．また，

$$\boldsymbol{e}^{\boldsymbol{A}t} = \begin{bmatrix} e^{-3t} & 0 \\ 0 & e^{2t} \end{bmatrix}$$

であるとする．$\boldsymbol{x}(1) = \begin{bmatrix} 1 \\ 1 \end{bmatrix}$ のとき，$\boldsymbol{x}(3)$ の値を求めよ．

第 19 章 安 定 性

古典制御理論（第 **2** 章〜第 **14** 章）では，システムが伝達関数で表されるときの安定性が，伝達関数の極との関係によって論じられました．この章では，システムが状態方程式で表されるときの安定性について考察します．そして，「安定」の意味や，安定性と状態方程式との関係，状態方程式から定義される極について説明します．

19.1　線形自由システムの安定性

19.1.1　線形自由システム

図 19.1 のような入出力システムが

$$\dot{\boldsymbol{x}}(t) = \boldsymbol{A}\boldsymbol{x}(t) + \boldsymbol{B}\boldsymbol{u}(t) \tag{19.1}$$

$$\boldsymbol{y}(t) = \boldsymbol{C}\boldsymbol{x}(t) \tag{19.2}$$

で表されるとする．ここでは，入力 $\boldsymbol{u}(t) = \boldsymbol{0}$ ，すなわち外部からシステムに操作を加えない場合を考える．

図 19.1　入出力システム

初期時刻 t_0 は 0 として，初期値 $\boldsymbol{x}(0) = \boldsymbol{x}_0 \neq \boldsymbol{0}$ から

$$\dot{\boldsymbol{x}}(t) = \boldsymbol{A}\boldsymbol{x}(t) \tag{19.3}$$

を満たす $\boldsymbol{x}(t)$ がどう動くかを考える．(19.3) 式は，**線形自由システム**と呼ばれる．

19.1.2 線形自由システムの安定条件

ここでは，時間の経過とともに $\boldsymbol{x}(t)$ がどのような挙動を示すか（発散するのか 0 に収束するのか）を考えてみる．

(19.3) 式に従って $\boldsymbol{x}(t)$ が動いているとする．任意の初期値 $\boldsymbol{x}_0$ に対して，$t \to \infty$ のとき $\boldsymbol{x}(t) \to \boldsymbol{0}$ となるならば (19.3) 式のシステムは**安定**であるという（「$\to \boldsymbol{0}$」は，時間の経過とともに $\boldsymbol{0}$ に限りなく近づくことを意味する．この意味から，システムは**漸近安定**であるともいう）．$\boldsymbol{x}(t)$ も $\boldsymbol{0}$ も n 次元ベクトルであるので「$\boldsymbol{x} \to \boldsymbol{0}$」というのは，ベクトル $\boldsymbol{x}(t)$ の n 個の要素（$x_1(t)$, $\cdots$, $x_n(t)$）すべてが 0 に漸近することを意味している（図 19.2 参照）．$\boldsymbol{x}(t)$ の n 個の要素のうち一つでも発散する（∞ あるいは $-\infty$ になる）要素があれば，(19.3) 式のシステムは**不安定**であるという．

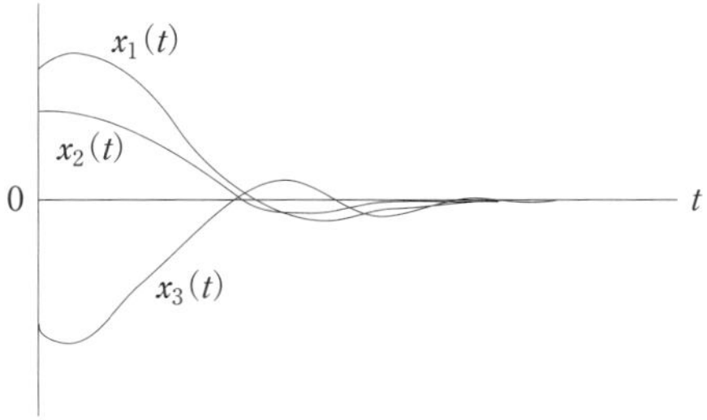

図 19.2　安定なシステムでの $\boldsymbol{x}(t)$ の動き

19.1.3 固有値による安定条件

(19.3) 式のシステムが安定であるか，不安定であるかは何によって決まるのだろうか．(19.3) 式の解は，前章で学んだように，

$$\boldsymbol{x}(t) = \boldsymbol{e}^{\boldsymbol{A}t}\boldsymbol{x}_0 \tag{19.4}$$

である．任意の初期値 $\boldsymbol{x}_0$ に対して $\boldsymbol{x}(t) \to 0$ となる（安定である）ということは，(19.4) 式より $\boldsymbol{e}^{\boldsymbol{A}t} \to \boldsymbol{0}$ となることである（ここでの $\boldsymbol{0}$ は零行列を表す）．では，行列 $\boldsymbol{A}$ がどのような行列のとき，$\boldsymbol{e}^{\boldsymbol{A}t} \to \boldsymbol{0}$ となるのだろうか．

スカラー（実数あるいは複素数）a に対して $e^{at} \to 0$ となる必要十分条件は，a の実部が負であることであることはよく知られている．しかし，いま考えている場合においては $\boldsymbol{A}$ が行列となっている．システムの安定性に関する次の定理は，制御工学において重要である．

線形自由システム

$$\dot{\boldsymbol{x}}(t) = \boldsymbol{A}\boldsymbol{x}(t) \tag{19.5}$$

が漸近安定である必要十分条件は，$\boldsymbol{A}$ のすべての固有値の実部が負であることである．

$\boldsymbol{A}$ の固有値は，

$$|s\boldsymbol{I} - \boldsymbol{A}| = 0 \tag{19.6}$$

を解いて得られる．上の式は行列 $\boldsymbol{A}$ の「**特性方程式**」と呼ばれている．また，$|s\boldsymbol{I} - \boldsymbol{A}|$ は行列 $\boldsymbol{A}$ の「**特性多項式**」と呼ばれる．$\boldsymbol{A}$ が n 行 n 列の行列であるとき，その固有値は n 個ある．行列 $\boldsymbol{A}$ のすべての固有値の実部が負のとき，「**$\boldsymbol{A}$ は安定な行列である**」ということがある．

システムが (19.1) 式あるいは (19.3) 式で表されるとき，$\boldsymbol{A}$ の固有値をそのシステムの**極**と呼ぶ．n 個すべての極の実部が負であるときにシステムは安定となる（図 19.3）．逆に，一つでも正のものがあれば不安定となる．

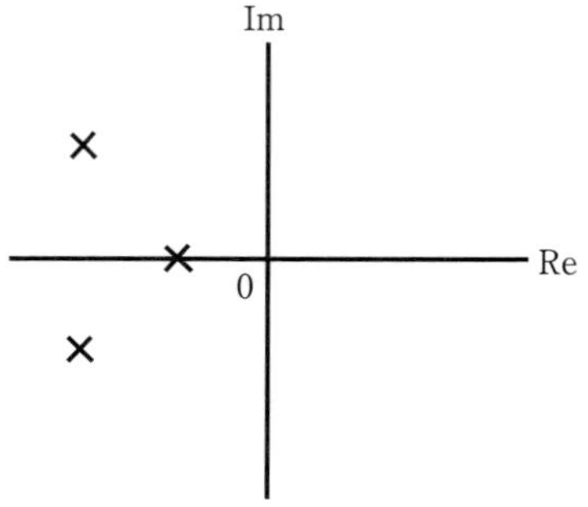

図 19.3　安定なシステムの極の位置

19.1.4 なぜ固有値か

なぜ安定条件が $\boldsymbol{A}$ の固有値に関連するのか，その理由をこの節で述べておく．ここでは説明を簡単にするため，行列 $\boldsymbol{A}$ が対角化可能，すなわち

$$\boldsymbol{T}^{-1}\boldsymbol{A}\boldsymbol{T} = \begin{bmatrix} \lambda_1 & 0 & \cdots & 0 \\ 0 & \lambda_2 & \ddots & \vdots \\ \vdots & \ddots & \ddots & 0 \\ 0 & \cdots & 0 & \lambda_n \end{bmatrix} = \boldsymbol{\Lambda} \tag{19.7}$$

となるような正則行列 $\boldsymbol{T}$ が存在するとする．ただし，$\lambda_1, \lambda_2, \cdots, \lambda_n$ は行列 $\boldsymbol{A}$ の固有値であり，$\boldsymbol{T}$ は，$\boldsymbol{A}$ の固有ベクトル $v_1, v_2, \cdots, v_n$ を用いて

$$\boldsymbol{T} = \begin{bmatrix} v_1 & v_2 & \cdots & v_n \end{bmatrix} \tag{19.8}$$

と構成される正則行列である．

安定条件，すなわち $\boldsymbol{x}(t) \to \boldsymbol{0}$ となる条件は，(19.4) 式より $\boldsymbol{e}^{\boldsymbol{A}t} \to \boldsymbol{0}$ となる条件である．この条件は，$\boldsymbol{T}$ を正則行列とすれば $\boldsymbol{T}^{-1}\boldsymbol{e}^{\boldsymbol{A}t}\boldsymbol{T} \to \boldsymbol{0}$ となる条件と等価である．したがって，$\boldsymbol{T}^{-1}\boldsymbol{e}^{\boldsymbol{A}t}\boldsymbol{T}$ が $\boldsymbol{0}$（零行列）に漸近する条件について考察する．

$\boldsymbol{T}^{-1}\boldsymbol{e}^{\boldsymbol{A}t}\boldsymbol{T}$ を計算してみると，

$$\begin{aligned} &\boldsymbol{T}^{-1}\boldsymbol{e}^{\boldsymbol{A}t}\boldsymbol{T} \\ &= \boldsymbol{T}^{-1}\left(\boldsymbol{I} + \boldsymbol{A}t + \frac{1}{2!}\boldsymbol{A}^2t^2 + \cdots\right)\boldsymbol{T} \\ &= \boldsymbol{T}^{-1}\boldsymbol{T} + \boldsymbol{T}^{-1}\boldsymbol{A}\boldsymbol{T}t + \frac{1}{2!}\boldsymbol{T}^{-1}\boldsymbol{A}^2t^2\boldsymbol{T} + \cdots \\ &= \boldsymbol{I} + \boldsymbol{\Lambda}t + \frac{1}{2!}\left(\boldsymbol{T}^{-1}\boldsymbol{A}\boldsymbol{T}\right)^2t^2 + \cdots \\ &= \boldsymbol{I} + \boldsymbol{\Lambda}t + \frac{1}{2!}\boldsymbol{\Lambda}^2t^2 + \cdots \qquad (19.9) \\ &= \begin{bmatrix} e^{\lambda_1 t} & 0 & \cdots & 0 \\ 0 & e^{\lambda_2 t} & \ddots & \vdots \\ \vdots & \ddots & \ddots & 0 \\ 0 & \cdots & 0 & e^{\lambda_n t} \end{bmatrix} \qquad (19.10) \end{aligned}$$

となる．(19.9) 式から (19.10) 式の変形には指数関数のテーラー展開

$$e^{\lambda_i t} = 1 + \lambda_i t + \frac{1}{2!}\lambda_i^2 t^2 + \frac{1}{3!}\lambda_i^3 t^3 + \cdots \tag{19.11}$$

を用いている．

さらに (19.10) 式の中の要素，例えば $e^{\lambda_1 t}$ に注目する．ここに現れている λ_1 は $\boldsymbol{A}$ の固有値の一つであり，一般に複素数である．λ_1 をその実部 α_1 と虚部 β_1 を用いて

$$\lambda_1 = \alpha_1 + j\beta_1 \tag{19.12}$$

と表すと，$e^{\lambda_1 t} = e^{\alpha_1 t}e^{j\beta_1 t}$ となる．この大きさをとると

$$|e^{\lambda_1 t}| = |e^{\alpha_1 t}| \cdot |e^{j\beta_1 t}| = |e^{\alpha_1 t}| \tag{19.13}$$

となる．これが $t \to \infty$ とともにどうなるかを考えてみると，$\alpha_1 < 0$ のとき，すなわち λ_1 の実部が負のときに $e^{\lambda_1 t}$ の大きさは 0 に漸近する．

よって，すべての固有値 $\lambda_1, \cdots, \lambda_n$ の実部が負のとき，(19.10) 式で表される $\boldsymbol{T}^{-1}e^{\boldsymbol{A}t}\boldsymbol{T}$ は $\boldsymbol{0}$ に漸近する．すると，$e^{\boldsymbol{A}t} \to \boldsymbol{0}$ となり，$\boldsymbol{x}(t) \to \boldsymbol{0}$ となる．逆に，一つでも実部が正の固有値があれば，それが原因となって $\boldsymbol{x}(t)$ は発散する．

以上が安定条件に固有値が現れる理由である．上では $\boldsymbol{A}$ が対角化可能な場合について説明したが，ジョルダン標準形に基づいてもほぼ同様に説明ができる．

19.2 極と収束波形

行列 $\boldsymbol{A}$ のすべての固有値の実部が負であると，$\dot{\boldsymbol{x}}(t) = \boldsymbol{A}\boldsymbol{x}(t)$ の $\boldsymbol{x}(t)$ は時間の経過とともに $\boldsymbol{0}$ へ収束する．では，その収束速度は何によって決まるのだろうか．前節で述べたように，$\boldsymbol{x}(t) \to \boldsymbol{0}$ となるのは $e^{\boldsymbol{A}t} \to \boldsymbol{0}$ となることによる．(19.10) 式を見ると，$e^{\boldsymbol{A}t} \to \boldsymbol{0}$ となるのは $e^{\lambda_i t} \to 0$ $(i = 1, \cdots, n)$ となることによっており，その大きさが 0 へ向かう速度は (19.12), (19.13) 式を見るとわかるように，固有値 λ_i の実部 α_i の絶対値が大きいほど速い．つまり，

> $\boldsymbol{A}$ の固有値が複素左半面の虚軸から遠いところにあるほど, $\dot{\boldsymbol{x}}(t) = \boldsymbol{A}\boldsymbol{x}(t)$ で表されるシステムの $\boldsymbol{x}(t)$ は速く 0 に収束する（図 19.4）.

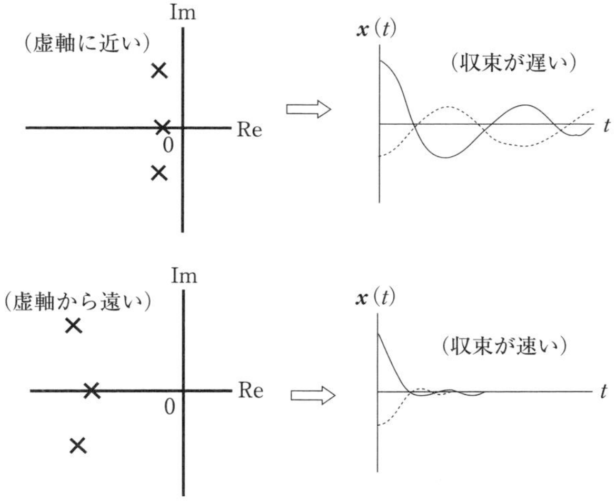

図 19.4　極の位置（図中の × 印）と収束の速さとの関係

演習問題

問題 19.1　次のシステムの $\boldsymbol{x}(t)$ が発散するかしないか判別せよ.

$$\dot{\boldsymbol{x}}(t) = \begin{bmatrix} -1 & 2 \\ -3 & 0 \end{bmatrix} \boldsymbol{x}(t) \ , \quad \boldsymbol{x}(0) = \begin{bmatrix} 3 \\ 4 \end{bmatrix}$$

第 20 章
状態変数変換

この章では，システムの状態方程式表現を次のようにみなすとします．「入力 $\boldsymbol{u}(t)$ と出力 $\boldsymbol{y}(t)$ との関係（入出力関係）を記述する式であり，状態 $\boldsymbol{x}(t)$ の物理的意味にはこだわらない」．この場合，状態変数変換という手法を用いると，状態方程式を解析しやすい形式に変換できます．

20.1 状態変数変換

20.1.1 状態ベクトルの再考

16.4 節で，電気回路を状態方程式で表した．このとき状態 $\boldsymbol{x}(t)$ を

$$\boldsymbol{x}(t) = \begin{bmatrix} x_1(t) \\ x_2(t) \end{bmatrix} = \begin{bmatrix} y(t) \\ i(t) \end{bmatrix} \tag{20.1}$$

と定義した．ここで，$y(t)$ と $i(t)$ の順番を入れ替えて

$$\boldsymbol{x}(t) = \begin{bmatrix} x_1(t) \\ x_2(t) \end{bmatrix} = \begin{bmatrix} i(t) \\ y(t) \end{bmatrix} \tag{20.2}$$

としたら何か不都合が生じるだろうか．電気回路の入力 $u(t)$ と出力 $y(t)$ との関係を表すのが目的であれば，上のような入れ替えを行っても支障は生じない．あるいは

$$\boldsymbol{x}(t) = \begin{bmatrix} x_1(t) \\ x_2(t) \end{bmatrix} = \begin{bmatrix} y(t) \\ 2i(t) \end{bmatrix} \tag{20.3}$$

としてもよいし，

$$\boldsymbol{x}(t) = \begin{bmatrix} x_1(t) \\ x_2(t) \end{bmatrix} = \begin{bmatrix} y(t) + 2i(t) \\ i(t) \end{bmatrix} \tag{20.4}$$

と定義してしても構わない．上のように $\boldsymbol{x}(t)$ の定義の仕方を変えても，それに応じて $\boldsymbol{A}, \boldsymbol{B}, \boldsymbol{C}$ の中身（行列の要素の値）を変えれば，$u(t)$ と $y(t)$ との関係は同じにできる．

このように，システムの入出力関係（$\boldsymbol{u}(t)$ と $\boldsymbol{y}(t)$ との関係）を表すのがモデリングの目的であれば，状態ベクトル $\boldsymbol{x}(t)$ の中身の並べ方には自由度がある．

20.1.2 状態変数変換

前項で述べたことをもっと一般的に述べる．ある入出力システムの $\boldsymbol{u}(t)$, $\boldsymbol{y}(t)$ の関係が

$$\begin{cases} \dot{\boldsymbol{x}}(t) = \boldsymbol{A}\boldsymbol{x}(t) + \boldsymbol{B}\boldsymbol{u}(t) \\ \boldsymbol{y}(t) = \boldsymbol{C}\boldsymbol{x}(t) \end{cases} \tag{20.5}$$

と状態方程式を使って表現されているとする．

ここで，状態ベクトル $\boldsymbol{x}(t)$ を $\boldsymbol{z}(t)$ という別の状態ベクトルへ変換することを考える．$\boldsymbol{z}(t)$ は，$\boldsymbol{x}(t)$ と同様に n 次元ベクトルである．$\boldsymbol{x}(t)$ と $\boldsymbol{z}(t)$ との関係は，定数の正方行列 $\boldsymbol{T}$ を用いて

$$\boldsymbol{x}(t) = \boldsymbol{T}\boldsymbol{z}(t) \tag{20.6}$$

で表されるものとする．ただし，$\boldsymbol{T}$ は正則，すなわち逆行列が存在するものとする．(20.6) 式の関係は

$$\boldsymbol{z}(t) = \boldsymbol{T}^{-1}\boldsymbol{x}(t) \tag{20.7}$$

とも書ける．このような $\boldsymbol{x}(t)$ から $\boldsymbol{z}(t)$ への変換を**状態変数変換**という．前項での例で見たような $\boldsymbol{x}(t)$ の要素の順番を入れ替えたり，ある要素を定数倍したり，それを別の要素に加えたりするような操作は，すべて (20.6) 式の $\boldsymbol{T}$ を用いた変換によって表すことができる．

さて，状態変数を変換をしても入力 $\boldsymbol{u}(t)$, $\boldsymbol{y}(t)$ の関係を (20.5) 式と同じに保つには，$\boldsymbol{A}, \boldsymbol{B}, \boldsymbol{C}$ も変換されなければならない．それは，次のように考えればよい．(20.6) 式を (20.5) 式に代入すると

$$\begin{cases} \boldsymbol{T}\dot{\boldsymbol{z}}(t) = \boldsymbol{A}\boldsymbol{T}\boldsymbol{z}(t) + \boldsymbol{B}\boldsymbol{u}(t) \\ \boldsymbol{y}(t) = \boldsymbol{C}\boldsymbol{T}\boldsymbol{z}(t) \end{cases} \tag{20.8}$$

となり，これより，

$$\begin{cases} \dot{\boldsymbol{z}}(t) = \boldsymbol{T}^{-1}\boldsymbol{A}\boldsymbol{T}\boldsymbol{z}(t) + \boldsymbol{T}^{-1}\boldsymbol{B}\boldsymbol{u}(t) \\ \boldsymbol{y}(t) = \boldsymbol{C}\boldsymbol{T}\boldsymbol{z}(t) \end{cases} \tag{20.9}$$

となる．ここで，新たに行列 $\tilde{\boldsymbol{A}}, \tilde{\boldsymbol{B}}, \tilde{\boldsymbol{C}}$ を

$$\begin{cases} \tilde{\boldsymbol{A}} = \boldsymbol{T}^{-1}\boldsymbol{A}\boldsymbol{T}, \quad \tilde{\boldsymbol{B}} = \boldsymbol{T}^{-1}\boldsymbol{B} \\ \tilde{\boldsymbol{C}} = \boldsymbol{C}\boldsymbol{T} \end{cases} \tag{20.10}$$

と定義すれば，(20.9) 式は

$$\begin{cases} \dot{\boldsymbol{z}}(t) = \tilde{\boldsymbol{A}}\boldsymbol{z}(t) + \tilde{\boldsymbol{B}}\boldsymbol{u}(t) \\ \boldsymbol{y}(t) = \tilde{\boldsymbol{C}}\boldsymbol{z}(t) \end{cases} \tag{20.11}$$

と書かれ，状態変数を $\boldsymbol{z}(t)$ に変換をした後の状態方程式が得られた．

以上をまとめると，次のようになる．

- (20.5) 式で表されるシステムの入出力関係は，(20.11) 式でも表すことができる．
- 状態変数 $\boldsymbol{x}(t)$ を (20.6) 式により $\boldsymbol{z}(t)$ に変換した．
- 状態変数の変換に伴い，定数行列も (20.10) 式で書き換えられる．

20.1.3 伝達関数行列との関係

ある入出力システムの $\boldsymbol{u}(t)$ と $\boldsymbol{y}(t)$ との関係が

$$\begin{cases} \dot{\boldsymbol{x}}(t) = \boldsymbol{A}\boldsymbol{x}(t) + \boldsymbol{B}\boldsymbol{u}(t) \\ \boldsymbol{y}(t) = \boldsymbol{C}\boldsymbol{x}(t) \end{cases} \tag{20.12}$$

でも

$$\begin{cases} \dot{\boldsymbol{z}}(t) = \tilde{\boldsymbol{A}}\boldsymbol{z}(t) + \tilde{\boldsymbol{B}}\boldsymbol{u}(t) \\ \boldsymbol{y}(t) = \tilde{\boldsymbol{C}}\boldsymbol{z}(t) \end{cases} \tag{20.13}$$

でも書き表されることを述べた．(20.12) 式も (20.13) 式も同じシステムを表しているので，それらから得られる伝達関数行列は同じはずである．ここでは，そのことを式を用いて確認する．

まず，(20.12) 式から得られるシステムの伝達関数行列は，(16.30) 式より，

$$\boldsymbol{G}(s) = \boldsymbol{C}(s\boldsymbol{I} - \boldsymbol{A})^{-1}\boldsymbol{B} \tag{20.14}$$

である．また，(20.13) 式からは

$$\tilde{\boldsymbol{G}}(s) = \tilde{\boldsymbol{C}}(s\boldsymbol{I} - \tilde{\boldsymbol{A}})^{-1}\tilde{\boldsymbol{B}} \tag{20.15}$$

となる．ここで，$\boldsymbol{G}(s) = \tilde{\boldsymbol{G}}(s)$ であることを示す．(20.10) 式を用いると

$$\begin{aligned}\tilde{\boldsymbol{G}}(s) &= \tilde{\boldsymbol{C}}(s\boldsymbol{I} - \tilde{\boldsymbol{A}})^{-1}\tilde{\boldsymbol{B}} \\ &= \boldsymbol{C}\boldsymbol{T}(s\boldsymbol{T}^{-1}\boldsymbol{T} - \boldsymbol{T}^{-1}\boldsymbol{A}\boldsymbol{T})^{-1}\boldsymbol{T}^{-1}\boldsymbol{B} \\ &= \boldsymbol{C}\boldsymbol{T}\left\{\boldsymbol{T}^{-1}(s\boldsymbol{I} - \boldsymbol{A})\boldsymbol{T}\right\}^{-1}\boldsymbol{T}^{-1}\boldsymbol{B} \\ &= \boldsymbol{C}\boldsymbol{T}\boldsymbol{T}^{-1}(s\boldsymbol{I} - \boldsymbol{A})^{-1}\boldsymbol{T}\boldsymbol{T}^{-1}\boldsymbol{B} \\ &= \boldsymbol{C}(s\boldsymbol{I} - \boldsymbol{A})^{-1}\boldsymbol{B}\end{aligned} \tag{20.16}$$

となり，確かに

$$\boldsymbol{G}(s) = \tilde{\boldsymbol{G}}(s)$$

である．このように，状態変数変換をしても，それらの状態方程式から計算される伝達関数行列は同じものになる．

なお，上と同じような計算によって

$$|s\boldsymbol{I} - \boldsymbol{A}| = |s\boldsymbol{I} - \tilde{\boldsymbol{A}}| \tag{20.17}$$

を示すことができる．この式より，状態変数変換をしても特性多項式は不変であることがわかる．したがって，極の位置は変わらず，システムの安定性も不変である．

20.2 正準形式

20.2.1 状態変数変換の意義

もともと $\boldsymbol{x}(t)$ で状態を表していたのを $\boldsymbol{z}(t)$ に変換してどんなメリットがあるのだろうか．$\boldsymbol{x}(t)$ が物理的な意味を持った量（例えば，電圧とか電流と

か位置とか速度とか）であったとしても，それを $\boldsymbol{T}$ で変換してしまった後の $\boldsymbol{z}(t)$ には物理的意味がなくなってしまうことが多い．

変換の意義は $\boldsymbol{z}(t)$ にあるのではなく，むしろ変換後の係数行列にある．行列 $\boldsymbol{T}$ を使って状態変数を変換すると，係数行列 $\boldsymbol{A}, \boldsymbol{B}, \boldsymbol{C}$ が (20.10) 式に従って $\tilde{\boldsymbol{A}}, \tilde{\boldsymbol{B}}, \tilde{\boldsymbol{C}}$ に置き換わる．このとき，$\boldsymbol{T}$ をある特殊な行列に設定しておくと，それに応じて $\tilde{\boldsymbol{A}}, \tilde{\boldsymbol{B}}, \tilde{\boldsymbol{C}}$ もある特殊な形式になる．そうした変換によって，(20.11) 式の状態方程式が解析しやすいものに変えることができる．

状態変数変換を行う目的は，状態方程式を解析しやすい形式に変換することである（図 20.1）．そのような形式として，いくつかの「正準形式」と呼ばれているものがある．本章ではそれらの形式を紹介する．

なお，本章では以降，1 入力 1 出力システムを扱う．多入力多出力システムにおいても同様な正準形式が存在するが，記述はもっと複雑になる．

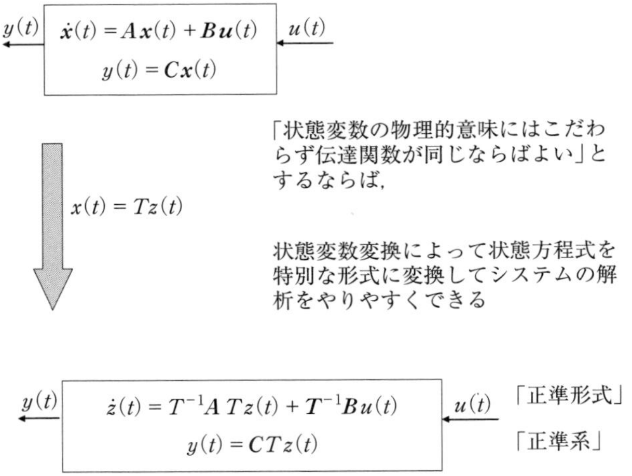
y(t)
ẋ(t) = Ax(t) + Bu(t)
y(t) = Cx(t)
u(t)
x(t) = Tz(t)
「状態変数の物理的意味にはこだわらず伝達関数が同じならばよい」とするならば，
状態変数変換によって状態方程式を特別な形式に変換してシステムの解析をやりやすくできる
y(t)
ż(t) = T⁻¹A Tz(t) + T⁻¹Bu(t)
y(t) = CTz(t)
u(t)
「正準形式」
「正準系」

図 20.1　正準形式への変換

20.2.2　対角正準形式

状態方程式

$$\begin{cases} \dot{\boldsymbol{x}}(t) = \boldsymbol{A}\boldsymbol{x}(t) + \boldsymbol{B}u(t) \\ y(t) = \boldsymbol{C}\boldsymbol{x}(t) \end{cases} \tag{20.18}$$

に対して (20.6) 式の状態変数変換を行うとき，変換行列 $\boldsymbol{T}$ には正則行列を用いる．正則行列といってもいろいろある（無限個ある）が，ここでは一つの特殊な選び方として，$\boldsymbol{T}$ を $\boldsymbol{A}$ の固有ベクトルを用いて構成してみる．

$\boldsymbol{A}$ が対角化可能であるとすると

$$\boldsymbol{T}^{-1}\boldsymbol{A}\boldsymbol{T} = \begin{bmatrix} \lambda_1 & 0 & \cdots & 0 \\ 0 & \lambda_2 & \ddots & \vdots \\ \vdots & \ddots & \ddots & 0 \\ 0 & \cdots & 0 & \lambda_n \end{bmatrix} \tag{20.19}$$

となるような正則行列 $\boldsymbol{T}$ が存在するとする．ただし，$\lambda_1, \lambda_2, \cdots, \lambda_n$ は行列 $\boldsymbol{A}$ の固有値であり，$\boldsymbol{T}$ は，$\boldsymbol{A}$ の固有ベクトル $v_1, v_2, \cdots, v_n$ を用いて

$$\boldsymbol{T} = \begin{bmatrix} v_1 & v_2 & \cdots & v_n \end{bmatrix} \tag{20.20}$$

と構成される正則行列である．

この $\boldsymbol{T}$ を (20.6) 式の状態変数変換に用いてみる．(20.10) 式に従って $\tilde{\boldsymbol{A}}$, $\tilde{\boldsymbol{B}}$, $\tilde{\boldsymbol{C}}$ を計算すると，変数変換後の状態方程式 (20.11) 式は下記の形式になる．

$$\begin{bmatrix} \dot{z}_1(t) \\ \dot{z}_2(t) \\ \vdots \\ \dot{z}_n(t) \end{bmatrix} = \begin{bmatrix} \lambda_1 & 0 & \cdots & 0 \\ 0 & \lambda_2 & \ddots & \vdots \\ \vdots & \ddots & \ddots & 0 \\ 0 & \cdots & 0 & \lambda_n \end{bmatrix} \begin{bmatrix} z_1(t) \\ z_2(t) \\ \vdots \\ z_n(t) \end{bmatrix} + \begin{bmatrix} \tilde{b}_1 \\ \tilde{b}_2 \\ \vdots \\ \tilde{b}_n \end{bmatrix} u(t) \tag{20.21}$$

$$y(t) = \begin{bmatrix} \tilde{c}_1 & \tilde{c}_2 & \cdots & \tilde{c}_n \end{bmatrix} \begin{bmatrix} z_1(t) \\ z_2(t) \\ \vdots \\ z_n(t) \end{bmatrix} \tag{20.22}$$

特徴は $\tilde{\boldsymbol{A}}$ が対角行列になっていて，$\boldsymbol{A}$ の固有値が対角要素に並んでいるところである．この形式は「**対角正準形式**」と呼ばれている（この形式をどう利用するかについては後に説明する）．

20.2.3　可制御正準形式

前項と同様，状態方程式

$$\begin{cases} \dot{\boldsymbol{x}}(t) = \boldsymbol{A}\boldsymbol{x}(t) + \boldsymbol{B}u(t) \\ y(t) = \boldsymbol{C}\boldsymbol{x}(t) \end{cases} \tag{20.23}$$

に対して状態変数変換を行う．変換行列 $\boldsymbol{T}$ の選び方として，次のような特殊なものを用いてみる．

まず，$\boldsymbol{A}$ の特性多項式を計算すると，

$$|s\boldsymbol{I} - \boldsymbol{A}| = s^n + a_n s^{n-1} + \cdots + a_2 s + a_1 \tag{20.24}$$

という s に関する n 次多項式になる．ここに現れている係数 $a_1, \cdots, a_n$ を用いて，

$$\boldsymbol{W} = \begin{bmatrix} a_2 & a_3 & a_4 & \cdots & a_n & 1 \\ a_3 & a_4 & \cdots & a_n & 1 & 0 \\ a_4 & & & & 0 & \\ \vdots & a_n & & & & \vdots \\ a_n & 1 & 0 & & & \\ 1 & 0 & & \cdots & & 0 \end{bmatrix} \tag{20.25}$$

という行列をつくる．そして，行列 $\boldsymbol{A}, \boldsymbol{B}$ を用いて

$$\boldsymbol{U}_c = \begin{bmatrix} \boldsymbol{B} & \boldsymbol{A}\boldsymbol{B} & \boldsymbol{A}^2\boldsymbol{B} & \cdots & \boldsymbol{A}^{n-1}\boldsymbol{B} \end{bmatrix} \tag{20.26}$$

という行列をつくる（この行列 $\boldsymbol{U}_c$ は後でも現れる．これは，**可制御性行列**と呼ばれる行列である）．これらを用いて

$$\boldsymbol{T} = \boldsymbol{U}_c \boldsymbol{W} \tag{20.27}$$

を計算する．この $\boldsymbol{T}$ を用いて状態変数変換をする．

すると，(20.10) 式の $\tilde{\boldsymbol{A}}$, $\tilde{\boldsymbol{B}}$ は下記のような形になる（これを確認するには少し複雑な計算を要するので，この本書では省略する．興味のある人は参考書を参照してほしい）．

$$\tilde{\boldsymbol{A}} = \boldsymbol{T}^{-1}\boldsymbol{A}\boldsymbol{T} = \begin{bmatrix} 0 & 1 & 0 & \cdots & 0 \\ \vdots & \ddots & 1 & \ddots & \vdots \\ \vdots & & \ddots & \ddots & 0 \\ 0 & \cdots & \cdots & 0 & 1 \\ -a_1 & -a_2 & \cdots & -a_{n-1} & -a_n \end{bmatrix} \tag{20.28}$$

$$\tilde{\boldsymbol{B}} = \boldsymbol{T}^{-1}\boldsymbol{B} = \begin{bmatrix} 0 \\ 0 \\ \vdots \\ 0 \\ 1 \end{bmatrix} \tag{20.29}$$

したがって，状態変数変換後の状態方程式は次のように表される．

$$\begin{bmatrix} \dot{z}_1(t) \\ \dot{z}_2(t) \\ \vdots \\ \dot{z}_n(t) \end{bmatrix} = \begin{bmatrix} 0 & 1 & 0 & \cdots & 0 \\ \vdots & \ddots & 1 & \ddots & \vdots \\ \vdots & & \ddots & \ddots & 0 \\ 0 & \cdots & \cdots & 0 & 1 \\ -a_1 & -a_2 & \cdots & -a_{n-1} & -a_n \end{bmatrix} \begin{bmatrix} z_1(t) \\ z_2(t) \\ \vdots \\ z_n(t) \end{bmatrix} + \begin{bmatrix} 0 \\ 0 \\ \vdots \\ 0 \\ 1 \end{bmatrix} u(t) \tag{20.30}$$

$$y(t) = \begin{bmatrix} \tilde{c}_1 & \tilde{c}_2 & \cdots & \tilde{c}_n \end{bmatrix} \begin{bmatrix} z_1(t) \\ z_2(t) \\ \vdots \\ z_n(t) \end{bmatrix} \tag{20.31}$$

という形式になる．このような状態方程式は**可制御正準形式**と呼ばれる．

20.2.4 可観測正準形式

ここでは，可制御正準形式とよく似た別の形式を導く．まず，行列 $\boldsymbol{A}, \boldsymbol{C}$ を用いて

$$\boldsymbol{U}_o = \begin{bmatrix} \boldsymbol{C} \\ \boldsymbol{C}\boldsymbol{A} \\ \boldsymbol{C}\boldsymbol{A}^2 \\ \vdots \\ \boldsymbol{C}\boldsymbol{A}^{n-1} \end{bmatrix} \tag{20.32}$$

という行列をつくる（この行列 $\boldsymbol{U}_o$ は後でも現れる．これは，**可観測性行列**と呼ばれる行列である）．これと (20.25) 式の $\boldsymbol{W}$ を用いて

$$\boldsymbol{T} = (\boldsymbol{W}\boldsymbol{U}_o)^{-1} \tag{20.33}$$

を計算する．この $\boldsymbol{T}$ を用いて状態変数変換をする．

すると，(20.10) 式の $\tilde{\boldsymbol{A}}, \tilde{\boldsymbol{C}}$ は下記のような形になる．

$$\tilde{\boldsymbol{A}} = \boldsymbol{T}^{-1}\boldsymbol{A}\boldsymbol{T} = \begin{bmatrix} 0 & \cdots & \cdots & 0 & -a_1 \\ 1 & \ddots & & \vdots & -a_2 \\ 0 & \ddots & \ddots & \vdots & \vdots \\ \vdots & \ddots & \ddots & 0 & -a_{n-1} \\ 0 & \cdots & 0 & 1 & -a_n \end{bmatrix} \tag{20.34}$$

$$\tilde{\boldsymbol{C}} = \boldsymbol{C}\boldsymbol{T} = \begin{bmatrix} 0 & 0 & \cdots & 0 & 1 \end{bmatrix} \tag{20.35}$$

したがって，状態変数変換後の状態方程式は次のように表される．

$$\begin{bmatrix} \dot{z}_1(t) \\ \dot{z}_2(t) \\ \vdots \\ \dot{z}_n(t) \end{bmatrix} = \begin{bmatrix} 0 & \cdots & \cdots & 0 & -a_1 \\ 1 & \ddots & & \vdots & -a_2 \\ 0 & \ddots & \ddots & \vdots & \vdots \\ \vdots & \ddots & \ddots & 0 & -a_{n-1} \\ 0 & \cdots & 0 & 1 & -a_n \end{bmatrix} \begin{bmatrix} z_1(t) \\ z_2(t) \\ \vdots \\ z_n(t) \end{bmatrix} + \begin{bmatrix} \tilde{b}_1 \\ \tilde{b}_2 \\ \vdots \\ \tilde{b}_n \end{bmatrix} u(t) \tag{20.36}$$

$$y(t) = \begin{bmatrix} 0 & 0 & \cdots & 0 & 1 \end{bmatrix} \begin{bmatrix} z_1(t) \\ z_2(t) \\ \vdots \\ z_n(t) \end{bmatrix} \tag{20.37}$$

という形式になる．このような状態方程式は**可観測正準形式**と呼ばれる．

20.3 正準形式と伝達関数

20.3.1 可制御正準形式と伝達関数との関係

あるシステムが (20.30),(20.31) 式のような可制御正準形式の状態方程式で表されているとする．このシステムの伝達関数は

$$G(s) = \tilde{\boldsymbol{C}} \left(s\boldsymbol{I} - \tilde{\boldsymbol{A}} \right)^{-1} \tilde{\boldsymbol{B}} \tag{20.38}$$

によって計算できる．実際に，(20.30),(20.31) 式に現れている $\tilde{\boldsymbol{A}}$, $\tilde{\boldsymbol{B}}$, $\tilde{\boldsymbol{C}}$ を代入して計算すると（ここの計算も少し複雑である），

伝達関数は

$$G(s) = \frac{\tilde{c}_n s^{n-1} + \tilde{c}_{n-1} s^{n-2} + \cdots + \tilde{c}_2 s + \tilde{c}_1}{s^n + a_n s^{n-1} + \cdots + a_2 s + a_1} \tag{20.39}$$

となる．

ここで注意してほしいのは，(20.30) 式で行列の要素として現れている a_1, $\cdots$,

a_n が，(20.39) 式において分母多項式の係数に現れていて，(20.31) 式にある $\tilde{c}_1, \cdots, \tilde{c}_n$ が (20.39) 式において分子多項式の係数として現れていることである．このように，状態方程式表現と伝達関数の間でパラメータ $a_1, \cdots, a_n$ および $\tilde{c}_1, \cdots, \tilde{c}_n$ が共有されている．

20.3.2　可観測正準形式と伝達関数との関係

同様なことが可観測正準形式においても成り立っている．(20.36),(20.37) 式から

$$G(s) = \tilde{\boldsymbol{C}} \left(s\boldsymbol{I} - \tilde{\boldsymbol{A}} \right)^{-1} \tilde{\boldsymbol{B}} \tag{20.40}$$

に従って伝達関数を求めると，

$$G(s) = \frac{\tilde{b}_n s^{n-1} + \tilde{b}_{n-1} s^{n-2} + \cdots + \tilde{b}_2 s + \tilde{b}_1}{s^n + a_n s^{n-1} + \cdots + a_2 s + a_1} \tag{20.41}$$

という伝達関数になる．

これを見ても，(20.36) 式におけるパラメータ $a_1, \cdots, a_n$ および $\tilde{b}_1, \cdots, \tilde{b}_n$ が，(20.41) 式の伝達関数の係数と対応していることがわかる．

20.3.3　伝達関数から状態方程式表現を求める方法

あるシステムの状態方程式表現が

$$\begin{cases} \dot{\boldsymbol{x}}(t) = \boldsymbol{A}\boldsymbol{x}(t) + \boldsymbol{B}u(t) \\ y(t) = \boldsymbol{C}\boldsymbol{x}(t) \end{cases} \tag{20.42}$$

であるとき，このシステムの伝達関数は

$$G(s) = \boldsymbol{C} \left(s\boldsymbol{I} - \boldsymbol{A} \right)^{-1} \boldsymbol{B} \tag{20.43}$$

で計算できる．

では逆に，あるシステムの伝達関数が

$$G(s) = \frac{b_n s^{n-1} + b_{n-1} s^{n-2} + \cdots + b_2 s + b_1}{s^n + a_n s^{n-1} + \cdots + a_2 s + a_1} \tag{20.44}$$

と与えられたとしよう．このシステムの状態方程式を求めることができるであろうか．伝達関数から状態方程式表現を求めることを**実現**という．

実現の方法はいろいろ考えられているが，代表的な方法として，可制御正準形式（あるいは可観測正準形式）を用いる方法がよく用いられる．

(20.44) 式で表されるシステムの状態方程式表現は，(20.30),(20.31) 式の可制御正準形式と (20.39) 式の伝達関数との対応関係を用いると

$$\begin{bmatrix} \dot{z}_1(t) \\ \dot{z}_2(t) \\ \vdots \\ \dot{z}_n(t) \end{bmatrix} = \begin{bmatrix} 0 & 1 & 0 & \cdots & 0 \\ \vdots & \ddots & 1 & \ddots & \vdots \\ \vdots & & \ddots & \ddots & 0 \\ 0 & \cdots & \cdots & 0 & 1 \\ -a_1 & -a_2 & \cdots & -a_{n-1} & -a_n \end{bmatrix} \begin{bmatrix} z_1(t) \\ z_2(t) \\ \vdots \\ z_n(t) \end{bmatrix} + \begin{bmatrix} 0 \\ 0 \\ \vdots \\ 0 \\ 1 \end{bmatrix} u(t),$$

$$y(t) = \begin{bmatrix} b_1 & b_2 & \cdots & b_n \end{bmatrix} \begin{bmatrix} z_1(t) \\ z_2(t) \\ \vdots \\ z_n(t) \end{bmatrix} \tag{20.45}$$

として求めることができる．

あるいは，(20.36),(20.37) 式の可観測正準形式と (20.41) 式との対応関係を利用して

$$\begin{bmatrix} \dot{z}_1(t) \\ \dot{z}_2(t) \\ \vdots \\ \dot{z}_n(t) \end{bmatrix} = \begin{bmatrix} 0 & \cdots & \cdots & 0 & -a_1 \\ 1 & \ddots & & \vdots & -a_2 \\ 0 & \ddots & \ddots & \vdots & \vdots \\ \vdots & \ddots & \ddots & 0 & -a_{n-1} \\ 0 & \cdots & 0 & 1 & -a_n \end{bmatrix} \begin{bmatrix} z_1(t) \\ z_2(t) \\ \vdots \\ z_n(t) \end{bmatrix} + \begin{bmatrix} b_1 \\ b_2 \\ \vdots \\ b_{n-1} \\ b_n \end{bmatrix} u(t),$$

$$y(t) = \begin{bmatrix} 0 & 0 & \cdots & 0 & 1 \end{bmatrix} \begin{bmatrix} z_1(t) \\ z_2(t) \\ \vdots \\ z_n(t) \end{bmatrix} \tag{20.46}$$

としてもよい．このように可制御（あるいは可観測）正準形式は，伝達関数の実現に利用できる．

次に，伝達関数の実現に対角正準形式を用いることを考えてみる．(20.21),(20.22) 式から

$$G(s) = \tilde{\boldsymbol{C}}\left(s\boldsymbol{I} - \tilde{\boldsymbol{A}}\right)^{-1}\tilde{\boldsymbol{B}} \tag{20.47}$$

によって伝達関数を求めると

$$G(s) = \sum_{i=1}^{n} \frac{\tilde{b}_i \tilde{c}_i}{s - \lambda_i} \tag{20.48}$$

となることが確認できる（この確認は比較的容易にできる）．したがって，あるシステムの伝達関数が

$$G(s) = \sum_{i=1}^{n} \frac{\beta_i}{s - \alpha_i} \tag{20.49}$$

であるとき，このシステムの状態方程式は，(20.21),(20.22) 式と (20.48) 式との対応関係から

$$\begin{bmatrix} \dot{z}_1(t) \\ \dot{z}_2(t) \\ \vdots \\ \dot{z}_n(t) \end{bmatrix} = \begin{bmatrix} \alpha_1 & 0 & \cdots & 0 \\ 0 & \alpha_2 & \ddots & \vdots \\ \vdots & \ddots & \ddots & 0 \\ 0 & \cdots & 0 & \alpha_n \end{bmatrix} \begin{bmatrix} z_1(t) \\ z_2(t) \\ \vdots \\ z_n(t) \end{bmatrix} + \begin{bmatrix} \beta_1 \\ \beta_2 \\ \vdots \\ \beta_n \end{bmatrix} u(t) \tag{20.50}$$

$$y(t) = \begin{bmatrix} 1 & 1 & \cdots & 1 \end{bmatrix} \begin{bmatrix} z_1(t) \\ z_2(t) \\ \vdots \\ z_n(t) \end{bmatrix} \tag{20.51}$$

として求めることができる．このように，対角正準形式を利用した実現の方法もある．

20.4　システム表現の自由度

あるシステムの入出力関係を記述する状態方程式表現は無限個ある．その理由は，(20.6) 式の状態変数変換によっていろいろな形式に変換可能であるからである（図 20.2）．その自由度は T の自由度に対応していて，T の選び方は無

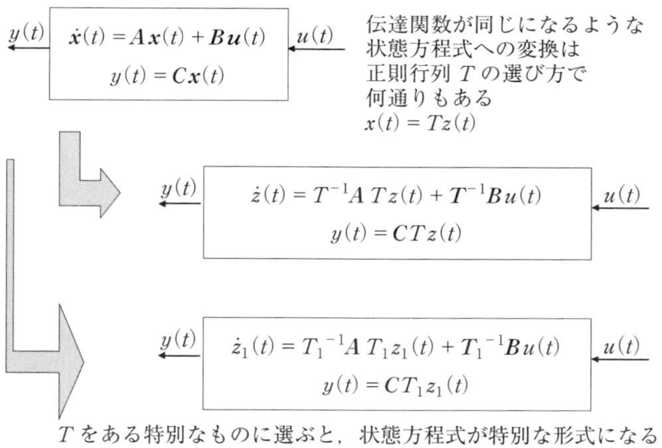
y(t)
ẋ(t) = Ax(t) + Bu(t)
y(t) = Cx(t)
u(t)
伝達関数が同じになるような
状態方程式への変換は
正則行列 T の選び方で
何通りもある
x(t) = Tz(t)
y(t)
ż(t) = T⁻¹A Tz(t) + T⁻¹Bu(t)
y(t) = CTz(t)
u(t)
y(t)
ż₁(t) = T₁⁻¹A T₁z₁(t) + T₁⁻¹Bu(t)
y(t) = CT₁z₁(t)
u(t)
T をある特別なものに選ぶと，状態方程式が特別な形式になる

図 20.2　状態方程式表現の自由度

限個ある（そのうち，ある特殊なものを用いたときの状態方程式が，20.3 節で述べた正準形式である）．

しかし，たとえ無限個のパターンがあったとしても，それらが記述している入出力関係は同じである．つまり，あるシステムの伝達関数はただ一つしかない．このことは，T の選び方を変えても，(20.16) 式に見られたように，伝達関数は，結局のところ同じになることからもわかる．

演習問題

問題 20.1　　次の伝達関数で表されるシステムがある．

$$G(s) = \frac{1}{s+1} + \frac{1}{s+2} + \frac{1}{s+3}$$

このシステムの状態方程式表現を次の 3 通りの形式で書き表せ．

(1) 対角正準形式

(2) 可制御正準形式

(3) 可観測正準形式

第 21 章　可制御性・可観測性

制御対象をフィードバック制御するためには，操作入力 $\boldsymbol{u}(t)$ が制御対象の内部状態 $\boldsymbol{x}(t)$ に影響を及ぼし，その内部状態の変化を出力 $\boldsymbol{y}(t)$ から観測できなければなりません．このように，操作が内部に行き届くか，内部状態の変化の影響が外部の出力に伝わるかという可能性に関して，可制御・可観測という考え方があります．この章では，それらの詳細と判定法について説明します．

21.1　可制御性

21.1.1　$\boldsymbol{x}(t)$ を $\boldsymbol{u}(t)$ で操作できるか

ある制御対象が

$$\dot{\boldsymbol{x}}(t) = \boldsymbol{A}\boldsymbol{x}(t) + \boldsymbol{B}\boldsymbol{u}(t) \tag{21.1}$$

$$\boldsymbol{y}(t) = \boldsymbol{C}\boldsymbol{x}(t) \tag{21.2}$$

と表されているとする．これを制御するということは，$\boldsymbol{u}(t)$ を操作入力として，$\boldsymbol{y}(t)$ を希望の値になるようにすることである．$\boldsymbol{y}(t)$ は (21.2) 式により $\boldsymbol{x}(t)$ によって決まるので，$\boldsymbol{y}(t)$ を希望の値にするには $\boldsymbol{x}(t)$ を $\boldsymbol{u}(t)$ で操作できなければならない．では，$\boldsymbol{u}(t)$ を動かせば $\boldsymbol{x}(t)$ のすべての要素 $x_1(t), \cdots, x_n(t)$ を必ず操作できるのだろうか．

例えば，次の状態方程式を考えてみる．

$$\begin{bmatrix} \dot{x}_1(t) \\ \dot{x}_2(t) \end{bmatrix} = \begin{bmatrix} 1 & 2 \\ 0 & 3 \end{bmatrix} \begin{bmatrix} x_1(t) \\ x_2(t) \end{bmatrix} + \begin{bmatrix} 1 \\ 0 \end{bmatrix} u(t) \tag{21.3}$$

これを二つの式に展開してみると

$$\dot{x}_1(t) = x_1(t) + 2x_2(t) + u(t) \tag{21.4}$$

$$\dot{x}_2(t) = 3x_2(t) \tag{21.5}$$

となる．(21.4) 式の右辺には $u(t)$ があり，これが $\dot{x}_1(t)$（$x_1(t)$ の単位時間当たりの変化量）を調節しているので，$x_1(t)$ は $u(t)$ で操作できそうである．一方，(21.5) 式を見ると，$x_2(t)$ の変化量 $\dot{x}_2(t)$ は $u(t)$ とまったく無関係である．変数 $x_2(t)$ は，ただ (21.5) 式に従って勝手に動いてしまい，$u(t)$ で操作できない．したがって，(21.3) 式のシステムは，$\boldsymbol{u}(t)$ で $\boldsymbol{x}(t)$ を操作できないシステムと考えられる．

別の例を考えてみる．

$$\begin{bmatrix} \dot{x}_1(t) \\ \dot{x}_2(t) \end{bmatrix} = \begin{bmatrix} 1 & 2 \\ 3 & 0 \end{bmatrix} \begin{bmatrix} x_1(t) \\ x_2(t) \end{bmatrix} + \begin{bmatrix} 1 \\ 0 \end{bmatrix} u(t) \tag{21.6}$$

の場合，

$$\dot{x}_1(t) = x_1(t) + 2x_2(t) + u(t) \tag{21.7}$$
$$\dot{x}_2(t) = 3x_1(t) \tag{21.8}$$

となる．この場合も (21.8) 式の右辺に $u(t)$ はないが，その代わり，$u(t)$ で操作可能な $x_1(t)$ がある．このことから，$x_2(t)$ は $x_1(t)$ を通じて間接的に操作できそうである．

これらの例から，$\boldsymbol{u}(t)$ で $\boldsymbol{x}(t)$ を制御できるかどうかは，(21.1) 式における $\boldsymbol{A}, \boldsymbol{B}$ の構造に関連していることが予想される．

21.1.2 可制御・不可制御

$\boldsymbol{x}(t)$ を $\boldsymbol{u}(t)$ で操作できるかどうか（可制御性）をより厳密に考えてみる．システムの状態方程式が

$$\dot{\boldsymbol{x}}(t) = \boldsymbol{A}\boldsymbol{x}(t) + \boldsymbol{B}\boldsymbol{u}(t) \tag{21.9}$$

であるとき，このシステムが可制御であること，その定義は次のようなものである．

「すべての初期値 $\boldsymbol{x}(0)$ と，任意に与えられた状態ベクトル $\boldsymbol{x}_T$ に対して，有限な時刻 T と $\boldsymbol{u}(t)$ $(0 \leq t \leq T)$ が存在し，$\boldsymbol{x}(T) = \boldsymbol{x}_T$ とできるならば，(21.9) 式のシステムは**可制御**であるといい，そうでないときは**不可制御**という」

21.1.3 可制御かどうかの判定法

(21.9) 式が与えられたとき，それが可制御であるか不可制御であるかを判別したいとする．そのための方法はいくつかある．21.1.1 項の考察から $\boldsymbol{A}$, $\boldsymbol{B}$ が関連していることが予想され，実際そうなっている．n を状態ベクトル $\boldsymbol{x}(t)$ の次元（ベクトルの要素の数）とするとき，次の条件が成り立つ（その証明は 21.7 節で示す）．

> (21.9) 式のシステムが可制御である必要十分条件は，**可制御性行列**
>
> $$\boldsymbol{U}_c = \begin{bmatrix} \boldsymbol{B} & \boldsymbol{AB} & \boldsymbol{A}^2\boldsymbol{B} & \cdots & \boldsymbol{A}^{n-1}\boldsymbol{B} \end{bmatrix} \tag{21.10}$$
>
> のランクが n となることである．

なお，上の条件が成り立つような $\boldsymbol{A}$ と $\boldsymbol{B}$ の組に対して，「($\boldsymbol{A}$, $\boldsymbol{B}$) は可制御である」といういい方をすることがある．

$\boldsymbol{B}$ の行の数を n, 列の数を m とすると，(21.10) 式の $\boldsymbol{U}_c$ は n 行 $m \times n$ 列の行列である．もし，1 入力システム（$m=1$）の場合には $\boldsymbol{U}_c$ は n 行 n 列の正方行列になり，上の条件は行列式を用いて次のように書くこともできる．

> 1 入力システムの場合，(21.9) 式のシステムが可制御である必要十分条件は，
>
> $$|\boldsymbol{U}_c| \neq 0 \tag{21.11}$$
>
> となることである．

21.2 可観測性

21.2.1 $\boldsymbol{x}(t)$ の値を推定することができるか

あるシステムの状態方程式表現が

$$\dot{\boldsymbol{x}}(t) = \boldsymbol{Ax}(t) + \boldsymbol{Bu}(t) \tag{21.12}$$

$$\boldsymbol{y}(t) = \boldsymbol{C}\boldsymbol{x}(t) \tag{21.13}$$

であるとする．$\boldsymbol{x}(t)$ はシステム内部の変数であるため，直接は観測できない．システムの外部で観測できる信号 $\boldsymbol{u}(t), \boldsymbol{y}(t)$ を用いて $\boldsymbol{x}(t)$ の値（$\boldsymbol{x}(t)$ のすべての要素 $x_1(t), \cdots, x_n(t)$）を推定して知ることできるかについて考えてみる．

$\boldsymbol{x}(t)$ の推定に $\boldsymbol{y}(t)$ を用いるので，(21.13) 式における行列 $\boldsymbol{C}$ が推定の可能性に関わる．また，$\boldsymbol{x}(t)$ の各要素 $x_1(t), \cdots, x_n(t)$ は (21.12) 式において相互に関連しているので，$\boldsymbol{A}$ も推定可能性に関連してくる．

例えば，

$$\begin{bmatrix} \dot{x}_1(t) \\ \dot{x}_2(t) \end{bmatrix} = \begin{bmatrix} 0 & 2 \\ 1 & 3 \end{bmatrix} \begin{bmatrix} x_1(t) \\ x_2(t) \end{bmatrix} + \begin{bmatrix} 0 \\ 1 \end{bmatrix} u(t) \tag{21.14}$$

$$y(t) = \begin{bmatrix} 0 & 1 \end{bmatrix} \begin{bmatrix} x_1(t) \\ x_2(t) \end{bmatrix} \tag{21.15}$$

これを展開してみると

$$\dot{x}_1(t) = 2x_2(t) \tag{21.16}$$

$$\dot{x}_2(t) = x_1(t) + 3x_2(t) + u(t) \tag{21.17}$$

$$y(t) = x_2(t) \tag{21.18}$$

となる．(21.18) 式から $x_2(t)$ の値は $y(t)$ から知ることができる．では，$x_1(t)$ の値は知ることが可能であろうか．$x_2(t)$ を用いて $x_1(t)$ の値を知ることは可能なのか．

21.2.2 可観測・不可観測

前項で述べたような $\boldsymbol{x}(t)$ の推定可能性には，「可観測性」という用語が用いられる．ここで，システムの状態方程式表現が

$$\begin{cases} \dot{\boldsymbol{x}}(t) = \boldsymbol{A}\boldsymbol{x}(t) + \boldsymbol{B}\boldsymbol{u}(t) \\ \boldsymbol{y}(t) = \boldsymbol{C}\boldsymbol{x}(t) \end{cases} \tag{21.19}$$

であるとき，そのシステムが可観測であることの厳密な定義を述べておく．

「システムの状態方程式表現が (21.19) 式であるとき，ある有限な時刻 T があり，$0 \leq t \leq T$ の間の $\boldsymbol{y}(t)$ と $\boldsymbol{u}(t)$ の観測から $\boldsymbol{x}(0)$ が一意に決定できるとき，そのシステムは**可観測**であるといい，そうでないとき**不可観測**という」

21.2.3　可観測かどうかの判定法

(21.19) 式が与えられたとき（$\boldsymbol{A}$, $\boldsymbol{B}$, $\boldsymbol{C}$ の各要素が具体的に与えられたとき），そのシステムが可観測であるかを判別したいとする．可制御性の判定に $\boldsymbol{A}$ と $\boldsymbol{B}$ が関連していたのに対し，可観測性の判定には $\boldsymbol{A}$ と $\boldsymbol{C}$ が関連する．

> (21.19) 式のシステムが可観測である必要十分条件は，**可観測性行列**
>
> $$\boldsymbol{U}_o = \begin{bmatrix} \boldsymbol{C} \\ \boldsymbol{C}\boldsymbol{A} \\ \boldsymbol{C}\boldsymbol{A}^2 \\ \vdots \\ \boldsymbol{C}\boldsymbol{A}^{n-1} \end{bmatrix} \tag{21.20}$$
>
> のランクが n となることである．

上の条件が成り立つような $\boldsymbol{A}$ と $\boldsymbol{C}$ の組に対して，「$(\boldsymbol{A}, \boldsymbol{C})$ は可観測である」ということがある．

1 出力システムで $\boldsymbol{C}$ が 1 行 n 列のベクトルである場合には，上の条件は等価的に次のように書くこともできる．

> 1 出力システムの場合，(21.19) 式のシステムが可観測である必要十分条件は，
>
> $$|\boldsymbol{U}_o| \neq 0 \tag{21.21}$$
>
> となることである．

21.3　対角正準形式による可制御・可観測性の判定

ここでは 1 入力 1 出力システムに限定して，システムの状態方程式表現が

$$\begin{cases} \dot{\boldsymbol{x}}(t) = \boldsymbol{A}\boldsymbol{x}(t) + \boldsymbol{B}u(t) \\ y(t) = \boldsymbol{C}\boldsymbol{x}(t) \end{cases} \tag{21.22}$$

と表され，$\boldsymbol{A}$ が対角化可能な行列である場合を考える．この場合，$\boldsymbol{A}$ の固有ベクトルを使った状態変数変換によって，

$$\begin{bmatrix} \dot{z}_1(t) \\ \dot{z}_2(t) \\ \vdots \\ \dot{z}_n(t) \end{bmatrix} = \begin{bmatrix} \lambda_1 & 0 & \cdots & 0 \\ 0 & \lambda_2 & \ddots & \vdots \\ \vdots & \ddots & \ddots & 0 \\ 0 & \cdots & 0 & \lambda_n \end{bmatrix} \begin{bmatrix} z_1(t) \\ z_2(t) \\ \vdots \\ z_n(t) \end{bmatrix} + \begin{bmatrix} \tilde{b}_1 \\ \tilde{b}_2 \\ \vdots \\ \tilde{b}_n \end{bmatrix} u(t),$$

$$y(t) = \begin{bmatrix} \tilde{c}_1 & \tilde{c}_2 & \cdots & \tilde{c}_n \end{bmatrix} \begin{bmatrix} z_1(t) \\ z_2(t) \\ \vdots \\ z_n(t) \end{bmatrix} \tag{21.23}$$

という対角正準形式によって書き表すことができる（20.2.2 項参照）．この形式に基づいてシステムの構造を図に表すと，図 21.1 のようになる．

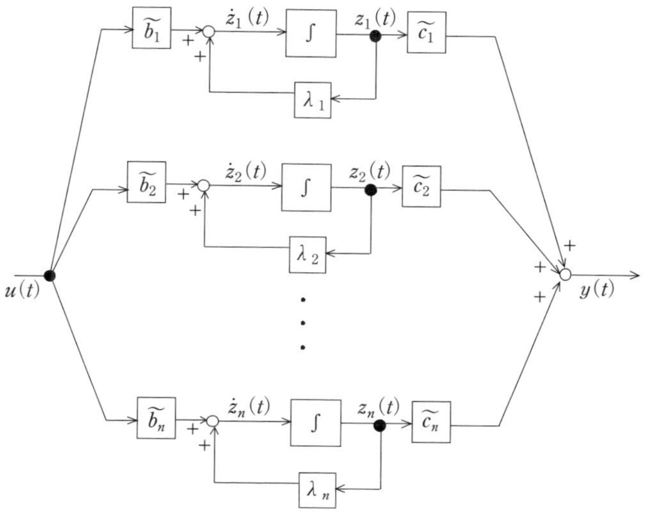

図 21.1　対角正準形式に基づくシステムの構造

ここで，状態変数変換の式

$$\boldsymbol{x}(t) = \boldsymbol{T}\boldsymbol{z}(t) \tag{21.24}$$

によって $\boldsymbol{x}(t)$ と $\boldsymbol{z}(t)$ が関係づけられていることを思い出すと，$\boldsymbol{x}(t)$ を操作することは $\boldsymbol{z}(t)$ を操作することと同じである．このことと (21.23) 式および図 21.1 から，次のようなことがいえる．

例えば，もし $\tilde{b}_1 = 0$ であると，$z_1(t)$ には入力 $u(t)$ の影響が伝わらなくなり，不可制御となる．可制御であるためにはすべての $\tilde{b}_i$ $(i = 1, \cdots, n)$ は 0 であってはならない．同じような考え方から，可観測であるためには，すべての $\tilde{c}_i$ $(i = 1, \cdots, n)$ は 0 であってはならない．このような考察から，次のことがいえる．

(21.22) 式のシステムが可制御であるための必要十分条件は，(21.23) 式の対角正準形式に変換したときに $\tilde{b}_i \neq 0$ $(i = 1, \cdots, n)$ となることである．また，可観測であるための必要十分条件は，$\tilde{c}_i \neq 0$ $(i = 1, \cdots, n)$ となることである．

このように，対角正準形式に基づいて可制御・可観測性を判定することもできるが，よく用いられる判定方法は，先ほど述べたような可制御性行列 $\boldsymbol{U}_c$ や可観測性行列 $\boldsymbol{U}_o$ を用いる方法である．

21.4 不可制御あるいは不可観測への対処

あるシステムを制御したいので，それを状態方程式を使って

$$\begin{cases} \dot{\boldsymbol{x}}(t) = \boldsymbol{A}\boldsymbol{x}(t) + \boldsymbol{B}\boldsymbol{u}(t) \\ \boldsymbol{y}(t) = \boldsymbol{C}\boldsymbol{x}(t) \end{cases} \tag{21.25}$$

と表したとする（$\boldsymbol{A}$, $\boldsymbol{B}$, $\boldsymbol{C}$ の各要素の具体的な数値が得られたとする）．そして，(21.10) 式や (21.20) 式を用いて，可制御性と可観測性を調べたところ，不可制御，あるいは不可観測となってしまったとする．この原因としては，

(i) センサやアクチュエータが不足している（ハードウェアの構成がよくない）．

(ii) センサやアクチュエータは足りているが，状態方程式の $\boldsymbol{x}(t)$ の次元が必要以上に大きすぎる（状態 $\boldsymbol{x}(t)$ の定義がよくない）．

ということが考えられる．

システムを制御するためには，その状態方程式表現が可制御・可観測であることが望ましい．そうするためには，次のような対策をとる．

(i) 多くの場合，センサを追加すると行列 $\boldsymbol{C}$ が変わり，アクチュエータを追加すると行列 $\boldsymbol{B}$ が変わる（それに応じて $\boldsymbol{A}$ も変わることもある）．こうすると，(21.10) 式や (21.20) 式の条件が満たされ，可制御かつ可観測になる場合が多い．

(ii) 制御対象のモデル化に必要のない変数が $\boldsymbol{x}(t)$ に要素として含まれている場合，それを $\boldsymbol{x}(t)$ からとり除く．こうすると $\boldsymbol{A}, \boldsymbol{B}, \boldsymbol{C}$ が変わり，可制御かつ可観測になることがある．

21.5　状態方程式の次数と伝達関数の次数

この節では 1 入力 1 出力システムに限定して考える．

状態ベクトル $\boldsymbol{x}(t)$ が何次元ベクトルであるか，その数を**状態方程式の次数**という．例えば，16.4 節の電気回路の状態方程式の次数は 2 次である．状態方程式の次数について次の等式が成り立つ．

$$
\begin{aligned}
\text{状態方程式の次数} &= \text{ベクトル } \boldsymbol{x} \text{ の次元} \\
&= \text{正方行列 } \boldsymbol{A} \text{ の次数} \\
&= \boldsymbol{A} \text{ の固有値の数} \\
&= \text{多項式 } |s\boldsymbol{I}-\boldsymbol{A}| \text{ の次数} \\
&= \text{特性方程式 } |s\boldsymbol{I}-\boldsymbol{A}|=0 \text{ の解の数}
\end{aligned}
$$

伝達関数 $G(s)$ の分母多項式の次数を**伝達関数の次数**という．例えば，

$$
G(s) = \frac{s+1}{s^2+3s+1} \tag{21.26}
$$

であれば，この伝達関数の次数は 2 次である．

あるシステムの状態方程式表現が

$$
\begin{cases}
\dot{\boldsymbol{x}}(t) = \boldsymbol{A}\boldsymbol{x}(t) + \boldsymbol{B}u(t) \\
y(t) = \boldsymbol{C}\boldsymbol{x}(t)
\end{cases} \tag{21.27}
$$

のとき，このシステムの伝達関数は

$$G(s) = \boldsymbol{C}(s\boldsymbol{I} - \boldsymbol{A})^{-1}\boldsymbol{B} \tag{21.28}$$

で計算できる（16.5 節参照）．(21.27) 式の状態方程式の次数が n 次であるとき，(21.28) 式の伝達関数の次数も n 次になるだろうか．

17.1.6 項の (17.12) 式を用いると，(21.28) 式は

$$G(s) = \frac{\boldsymbol{C}\mathrm{adj}(s\boldsymbol{I} - \boldsymbol{A})\boldsymbol{B}}{|s\boldsymbol{I} - \boldsymbol{A}|} \tag{21.29}$$

となり，この分母多項式は $|s\boldsymbol{I} - \boldsymbol{A}|$ と求まる．この多項式の次数は n 次となるので，伝達関数 $G(s)$ の次数も n 次となりそうである．しかし，そうとは限らない．

例えば，

$$\dot{\boldsymbol{x}}(t) = \begin{bmatrix} -2 & 0 \\ 1 & -3 \end{bmatrix} \boldsymbol{x}(t) + \begin{bmatrix} 0 \\ 1 \end{bmatrix} u(t) \tag{21.30}$$

$$y(t) = \begin{bmatrix} 1 & 1 \end{bmatrix} \boldsymbol{x}(t) \tag{21.31}$$

の場合，この状態方程式の次数は 2 次である．これに対応する伝達関数 $G(s)$ を (21.28) 式に従って計算すると

$$\begin{aligned} G(s) &= \begin{bmatrix} 1 & 1 \end{bmatrix} \begin{bmatrix} s+2 & 0 \\ -1 & s+3 \end{bmatrix}^{-1} \begin{bmatrix} 0 \\ 1 \end{bmatrix} \\ &= \frac{1}{(s+2)(s+3)} \cdot \begin{bmatrix} 1 & 1 \end{bmatrix} \begin{bmatrix} s+3 & 0 \\ 1 & s+2 \end{bmatrix} \begin{bmatrix} 0 \\ 1 \end{bmatrix} \\ &= \frac{1}{(s+2)(s+3)} \cdot \begin{bmatrix} 1 & 1 \end{bmatrix} \begin{bmatrix} 0 \\ s+2 \end{bmatrix} \\ &= \frac{(s+2)}{(s+2)(s+3)} \qquad (21.32) \\ &= \frac{1}{s+3} \qquad (21.33) \end{aligned}$$

となり，この分母多項式に注目すれば，次数は 1 次である．伝達関数の次数は $|s\boldsymbol{I} - \boldsymbol{A}|$ の次数と等しいとは限らず，それよりも小さくなることがある．上の例では，(21.32) 式の段階では 2 次であったが，分子分母で相殺が生じて

(21.33) 式のように 1 次となった（このような相殺を**極零相殺**あるいは**極零消去**という）.

では，極零相殺はどういう場合に生じるのか．それは，状態方程式表現が不可制御であったり，不可観測であったりする場合に生じる．(21.30) 式の状態方程式の場合には不可制御になっている．

21.3 節の図 21.1 で見たように，不可制御や不可観測の場合，$u(t)$ や $y(t)$ とつながっていない $z_i(t)$ が存在する．伝達関数は u と y を結びつける式なので，u や y につながっていない $z_i(t)$ は伝達関数には不要であり，その分だけ伝達関数の次数は減ることになる．

逆に，可制御かつ可観測であれば，伝達関数の次数は状態方程式の次数と等しくなる．

以上をまとめると，次のようになる．

$$\text{状態方程式の次数} \geq \text{伝達関数の次数} \tag{21.34}$$

上式の等号は，状態方程式表現が可制御かつ可観測のときに成り立つ．

可制御かつ可観測な状態方程式表現は，次数が最小という意味から**最小実現**と呼ばれる．

21.6 不可制御・不可観測と極零消去

システムを状態方程式で記述した場合，

$$\text{極} = \{\boldsymbol{A}\text{ の固有値 }\} = \{|s\boldsymbol{I} - \boldsymbol{A}| = 0\text{ の解 }\}$$

として定義される．一方，システムを伝達関数で記述した場合，

$$\text{極} = \{\text{ 伝達関数の「分母多項式} = 0\text{」の解 }\}$$

これら両者は等しいものになるか？

答えは，**可制御可観測の場合，$\boldsymbol{A}$ の固有値と伝達関数の極は一致する**が，不可制御や不可観測の場合は一致しない．

前節の例では

$$\text{状態方程式から求められる極} = \left\{ \begin{bmatrix} -2 & 0 \\ 1 & -3 \end{bmatrix} \text{の固有値} \right\} = \{ \ -2, \quad -3 \ \}$$

であり，

$$\text{伝達関数から求められる極} = \{s+3=0 \text{ の解}\} = \{ \ -3 \ \}$$

となり，両者は等しくならない．不可制御や不可観測の場合には，(21.32) 式から (21.33) 式で見たような極零相殺が生じるので，伝達関数の極の数は $\boldsymbol{A}$ の固有値の数よりも少なくなる．

不可制御な場合に相殺される極（上の例では -2）は「不可制御な極」と呼ばれることがある．同様に，不可観測な場合に相殺される極は「不可観測な極」と呼ばれることがある．

21.7 可制御であるための条件の証明

21.1.3 項でシステムが可制御であるための必要十分条件が

$$\text{rank}\boldsymbol{U}_c = \text{rank}\left[\ \boldsymbol{B} \quad \boldsymbol{AB} \quad \boldsymbol{A}^2\boldsymbol{B} \quad \cdots \quad \boldsymbol{A}^{n-1}\boldsymbol{B} \ \right] = n \tag{21.35}$$

であることを述べた．この節では，なぜこの条件なのかを説明する．まずは，それに必要となるケーリー - ハミルトンの定理から述べておく．

21.7.1 ケーリー - ハミルトンの定理

正方行列 $\boldsymbol{M}$ の特性多項式を

$$|\lambda \boldsymbol{I} - \boldsymbol{M}| = \lambda^n + a_n\lambda^{n-1} + \cdots + a_2\lambda + a_1 \tag{21.36}$$

とすると，

$$\boldsymbol{M}^n + a_n\boldsymbol{M}^{n-1} + \cdots + a_2\boldsymbol{M} + a_1\boldsymbol{I} = \boldsymbol{0} \tag{21.37}$$

が成り立つ．これをケーリー - ハミルトンの定理という．

これを用いると

$$M^n = -a_n M^{n-1} - \cdots - a_2 M - a_1 I \tag{21.38}$$

というように，M の n 乗を $n-1$ 乗 ~ 0 乗の線形結合を用いて表すことができる．さらに (21.38) 式を利用すると，M^{n+1}, M^{n+2}, $\cdots$ も M の $n-1$ 乗 ~ 0 乗を用いて表すことができる．

制御工学でこの定理が用いられる場面は，行列指数関数 e^{At} の表現においてである．それは，もともと

$$e^{At} = I + At + \frac{1}{2!}A^2t^2 + \frac{1}{3!}A^3t^3 + \cdots \tag{21.39}$$

という無限級数で定義されたものであった．しかし，ケーリー - ハミルトンの定理より，A^n, A^{n+1}, A^{n+2}, $\cdots$ が，A^{n-1}, A^{n-2}, $\cdots$, A, I の線形結合で表されるので，

$$e^{At} = q_1(t)I + q_2(t)A + q_3(t)A^2 + \cdots q_n(t)A^{n-1} \tag{21.40}$$

と書くことができる（ただし，$q_1(t)$, $\cdots$, $q_n(t)$ は適当なスカラーの時間関数である）．

次の節で可制御性を論じるとき，e^{At} が式の中に現れるが，その判定条件の (21.35) 式には A の $n-1$ 乗までしか現れないのは，(21.40) 式のお蔭である．

21.7.2 必要性の証明

ここでは，「可制御であるためには (21.35) 式が必要である」ことを証明する．逆に，「(21.35) 式が成り立てば可制御である」ことの証明は少し長くなるので付録に記す．

システムが可制御であるとしよう．すると，任意に与えられた $x_T = x(T)$ に対して

$$\begin{aligned} x(T) &= e^{AT}x(0) + \int_0^T e^{A(T-\tau)}Bu(\tau)d\tau \\ &= e^{AT}\left(x(0) + \int_0^T e^{-A\tau}Bu(\tau)d\tau\right) \end{aligned} \tag{21.41}$$

となる入力 $\boldsymbol{u}$ が存在する．(21.41) 式に左から $\boldsymbol{e}^{-\boldsymbol{A}T}$ を掛けると，

$$\boldsymbol{e}^{-\boldsymbol{A}T}\boldsymbol{x}(T)-\boldsymbol{x}(0)=\int_0^T \boldsymbol{e}^{-\boldsymbol{A}\tau}\boldsymbol{B}\boldsymbol{u}(\tau)d\tau \tag{21.42}$$

が得られる．ここで，右辺の中の $\boldsymbol{e}^{-\boldsymbol{A}\tau}$ を (21.40) 式に基づき変形しながら右辺を計算すると，

$$\begin{aligned}\boldsymbol{e}^{-\boldsymbol{A}T}\boldsymbol{x}(T)-\boldsymbol{x}(0)&=\int_0^T\left(q_1(-\tau)\boldsymbol{I}+q_2(-\tau)\boldsymbol{A}+\cdots q_n(-\tau)\boldsymbol{A}^{n-1}\right)\boldsymbol{B}\boldsymbol{u}(\tau)d\tau\\&=\left[\begin{array}{ccccc}\boldsymbol{B} & \boldsymbol{AB} & \boldsymbol{A}^2\boldsymbol{B} & \cdots & \boldsymbol{A}^{n-1}\boldsymbol{B}\end{array}\right]\left[\begin{array}{c}\boldsymbol{Q}_1\\ \vdots\\ \boldsymbol{Q}_n\end{array}\right]\end{aligned} \tag{21.43}$$

となる．ただし，

$$\boldsymbol{Q}_i=\int_0^T q_i(-\tau)\boldsymbol{u}(\tau)d\tau \tag{21.44}$$

とした．

ここで，(21.43) 式の左辺 $\boldsymbol{e}^{-\boldsymbol{A}T}\boldsymbol{x}(T)-\boldsymbol{x}(0)$ に注目すると，これは任意に与えられる $\boldsymbol{x}(T)$, $\boldsymbol{x}(0)$ によって決まる任意の n 次元ベクトルである．一方，右辺は，

$$\boldsymbol{U}_c=\left[\begin{array}{ccccc}\boldsymbol{B} & \boldsymbol{AB} & \boldsymbol{A}^2\boldsymbol{B} & \cdots & \boldsymbol{A}^{n-1}\boldsymbol{B}\end{array}\right] \tag{21.45}$$

を構成している列ベクトルの線形結合とみなすことができる．左辺の任意の n 次元ベクトルを右辺のベクトルの線形結合で表現して，(21.43) 式の等式を成立させるためには，(21.45) 式の中に n 本の独立なベクトルが含まれていなければならない．行列のランクは，その中に含まれている独立なベクトルの本数に等しいので，

$$\mathrm{rank}\boldsymbol{U}_c=n \tag{21.46}$$

が成り立つ．

以上が必要性の証明であった．十分性の証明は付録を参照されたい．

演習問題

問題 21.1 入力 $u(t)$, 状態 $\boldsymbol{x}(t)$, 出力 $y(t)$ の関係が

$$\begin{cases} \dot{\boldsymbol{x}}(t) = \begin{bmatrix} 3 & 1 \\ 2 & 4 \end{bmatrix} \boldsymbol{x}(t) + \begin{bmatrix} -1 \\ 1 \end{bmatrix} u(t) \\ y(t) = \begin{bmatrix} 0 & 1 \end{bmatrix} \boldsymbol{x}(t) \end{cases}$$

と表されるシステムがある.

(1) このシステムが可制御かどうか判別せよ.

(2) このシステムが可観測かどうか判別せよ.

(3) このシステムの伝達関数を求めよ.

第 22 章 状態フィードバック

第 **16** 章～第 **21** 章までは制御対象のみに注目して，その状態方程式表現の性質を調べてきました．本章からはコントローラも組み合わせたフィードバック制御系を考え，その設計法について説明します．まずは，構成が簡単なフィードバック制御として，「状態フィードバック」を紹介します．本章以降では，制御対象の状態方程式における $\boldsymbol{A}$, $\boldsymbol{B}$, $\boldsymbol{C}$ は値が既知の行列とします．すなわち，制御対象の状態方程式は形だけでなく，定数行列の各要素の値も求められているということを前提とします．

22.1 状態フィードバックによる制御

22.1.1 状態そのものを観測できる制御対象

制御対象のモデルとして

$$\dot{\boldsymbol{x}}(t) = \boldsymbol{A}\boldsymbol{x}(t) + \boldsymbol{B}\boldsymbol{u}(t) \tag{22.1}$$

$$\boldsymbol{y}(t) = \boldsymbol{C}\boldsymbol{x}(t) \tag{22.2}$$

という状態方程式表現を用いるとする．

多くの制御対象では，(22.2) 式の $\boldsymbol{C}$ は横に長い行列となる．例えば，$\boldsymbol{x}(t)$ が 3 次元ベクトルで，出力 $\boldsymbol{y}(t)$ が 2 次元ベクトルであり，

$$\boldsymbol{C} = \begin{bmatrix} 0 & 1 & 0 \\ 0 & 0 & 1 \end{bmatrix} \tag{22.3}$$

のようなものであったりする．この場合，

$$\boldsymbol{x}(t) = \begin{bmatrix} x_1(t) \\ x_2(t) \\ x_3(t) \end{bmatrix} \tag{22.4}$$

とすれば，(22.2),(22.3) 式より，出力 $\boldsymbol{y}(t)$ には $x_2(t)$ と $x_3(t)$ のみが現れる．

ところが，制御対象によっては $x_1(t)$, $x_2(t)$, $x_3(t)$ のすべてが出力 $\boldsymbol{y}(t)$ として観測できるものもある（センサを数多くつけた場合など）．この場合，

$$\boldsymbol{C} = \begin{bmatrix} 1 & 0 & 0 \\ 0 & 1 & 0 \\ 0 & 0 & 1 \end{bmatrix} = \boldsymbol{I} \tag{22.5}$$

となり（$\boldsymbol{I}$ は単位行列），

$$\boldsymbol{y}(t) = \boldsymbol{C}\boldsymbol{x}(t) = \boldsymbol{x}(t) = \begin{bmatrix} x_1(t) \\ x_2(t) \\ x_3(t) \end{bmatrix} \tag{22.6}$$

となる．本章では，まずこのように制御対象の状態 $\boldsymbol{x}(t)$ のすべての要素が $\boldsymbol{y}(t)$ として観測できる場合を想定する．

22.1.2 制御の目的

この章で考える制御の目的は，状態 $\boldsymbol{x}(t)$ を速やかに $\boldsymbol{0}$ にすることである．「$\boldsymbol{x}(t) = \boldsymbol{0}$」をそのシステムが安定に動作している望ましい状態と考える．もし，外乱によって $\boldsymbol{x}(t)$ が $\boldsymbol{0}$ からずれても，制御によって速やかに $\boldsymbol{0}$ に戻したいとする．

制御対象が不安定で，(22.1) 式の $\boldsymbol{A}$ の固有値に実部が正のものがある場合を考えてみよう．何も制御しないで $\boldsymbol{u}(t) = 0$ であると，$\dot{\boldsymbol{x}}(t) = \boldsymbol{A}\boldsymbol{x}(t)$ に従い状態 $\boldsymbol{x}(t)$ は $\boldsymbol{0}$ から遠ざかり，ついには発散してしまう．これを抑えるためには，(22.1) 式において何らかの $\boldsymbol{u}(t)$ を作用させ，$\boldsymbol{x}(t)$ の動きを抑えなければならない．制御対象が不安定なときに制御によって発散を防ぐことを**安定化**という．

制御対象が安定な場合には，$\boldsymbol{u}(t) = \boldsymbol{0}$ であっても $\dot{\boldsymbol{x}}(t) = \boldsymbol{A}\boldsymbol{x}(t)$ に従い，$\boldsymbol{x}(t) \to \boldsymbol{0}$ となる．しかし，その収束の速さは $\boldsymbol{A}$ の固有値によって決まっているので，もし $\boldsymbol{A}$ の固有値が虚軸に近ければ収束は遅くなってしまう．

いずれの場合でも，$\boldsymbol{u}(t)$ を何らかの方法で算出して，(22.1) 式の制御対象に作用させ，$\boldsymbol{x}(t)$ を速やかに $\boldsymbol{0}$ にすることが望まれる．

22.1.3　レギュレータ

ここで，$\boldsymbol{u}(t)$ の一つの算出方法を述べる．制御対象は

$$\begin{cases} \dot{\boldsymbol{x}}(t) = \boldsymbol{A}\boldsymbol{x}(t) + \boldsymbol{B}\boldsymbol{u}(t) \\ \boldsymbol{y}(t) = \boldsymbol{x}(t) \end{cases} \tag{22.7}$$

という状態方程式表現で記述されるとする（$\boldsymbol{C} = \boldsymbol{I}$ であり，$\boldsymbol{y}(t) = \boldsymbol{x}(t)$ が成り立っている）．行列 $\boldsymbol{A}, \boldsymbol{B}$ は，各要素の値が既知であり，制御系を設計するときに利用できるとする．$\boldsymbol{x}(t)$ を $\boldsymbol{0}$ に戻すようなコントローラは**レギュレータ**と呼ばれる．

制御対象における状態 $\boldsymbol{x}(t)$ が $\boldsymbol{y}(t)$ として観測可能な場合には，レギュレータに定数行列を用いる方法がある．それは，ある定数行列を $\boldsymbol{F}$ として

$$\boldsymbol{u}(t) = -\boldsymbol{F}\boldsymbol{x}(t) \tag{22.8}$$

として，この $\boldsymbol{u}(t)$ を制御入力（操作入力）とするものである．この方法は，**状態フィードバック**と呼ばれている．また，(22.8) 式における定数行列 $\boldsymbol{F}$ は状態フィードバックゲインと呼ばれる（文脈から明らかなときには，単に「ゲイン」と呼ぶこともある）．$\boldsymbol{F}$ の要素の値は制御がうまくいくように考えて決めなければならない．それについては後で述べる．状態フィードバックを用いた制御系は図 22.1 のようになる．

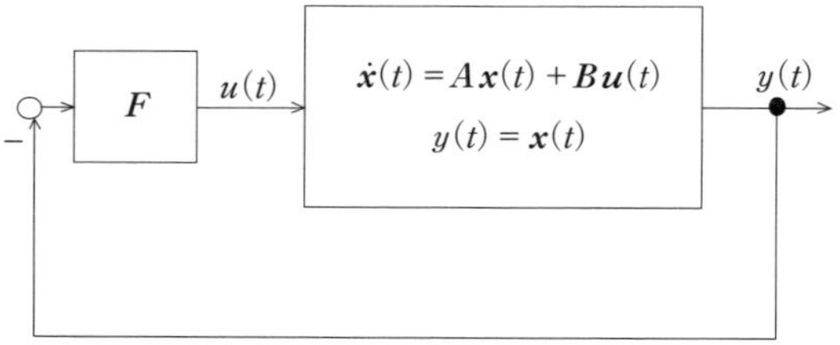

図 22.1　状態フィードバックによる制御系

22.2 閉ループ制御系の特性

22.2.1 制御系の状態方程式

(22.8) 式の状態フィードバックゲイン $\boldsymbol{F}$ は，状態量 $\boldsymbol{x}(t)$ から制御入力 $\boldsymbol{u}(t)$ を算出するための定数行列である．$\boldsymbol{x}(t)$ が n 次元ベクトル，$\boldsymbol{u}(t)$ が m 次元ベクトルであれば，$\boldsymbol{F}$ は n 行 m 列の行列である．$\boldsymbol{F}$ を具体的にどういう行列に設定するかということが，制御がうまくいくかどうかを決める．

制御に望まれる第一条件は，制御系が安定であることである．それは，制御系の内部にある変数が $\boldsymbol{0}$ に収束することである．制御系の内部変数が満たしている方程式は「**フィードバック系の状態方程式**」とか「**制御系の状態方程式**」と呼ばれるものであり，この方程式が安定条件を満たすことが望まれる．

図 22.1 のフィードバック系においては，制御対象とコントローラという二つのシステムがある．いまの場合では，コントローラは $\boldsymbol{F}$ という定数行列なので，コントローラの内部に変数はない．内部変数を持っているのは制御対象であり，それは $\boldsymbol{x}(t)$ である．そこで，$\boldsymbol{x}(t)$ について成り立っている方程式を導く．

まず，制御対象において (22.7) 式が成り立っている．さらに $\boldsymbol{u}(t)$ が (22.8) 式で表されるので，これを (22.7) 式の状態方程式に代入すると

$$\dot{\boldsymbol{x}}(t) = \boldsymbol{A}\boldsymbol{x}(t) - \boldsymbol{B}\boldsymbol{F}\boldsymbol{x}(t) = (\boldsymbol{A} - \boldsymbol{B}\boldsymbol{F})\,\boldsymbol{x}(t) \tag{22.9}$$

となる．これが図 22.1 のフィードバック系の状態方程式である．

22.2.2 安定性・閉ループ極

こうして求めた

$$\dot{\boldsymbol{x}}(t) = (\boldsymbol{A} - \boldsymbol{B}\boldsymbol{F})\,\boldsymbol{x}(t) \tag{22.10}$$

のシステムの変数 $\boldsymbol{x}(t)$ が $\boldsymbol{0}$ に収束するかどうかを考えるには，第 19 章で述べた線形自由システムの安定条件を応用すればよい．すなわち，第 19 章の (19.5) 式の $\boldsymbol{A}$ を $\boldsymbol{A} - \boldsymbol{B}\boldsymbol{F}$ に置き換えて考えればよい．

すると，(22.10) 式のシステムが安定であるための必要十分条件は，$\boldsymbol{A}-\boldsymbol{BF}$ のすべての**固有値の実部が負**であることとなる．

フィードバック系の状態方程式の安定性を決める行列の固有値は，「**フィードバック系の極**」とか「**閉ループ極**」と呼ばれる．図 22.1 のフィードバック系の場合，その極は $\boldsymbol{A}-\boldsymbol{BF}$ の固有値として決まる．

22.3　状態フィードバックゲインの設計

22.3.1　行列 $\boldsymbol{F}$ の設定の方針

制御系を安定にするため，$\boldsymbol{F}$ の設定においては，$\boldsymbol{A}-\boldsymbol{BF}$ の固有値の実部が負となることを第一に考えなければならない．また，$\boldsymbol{x}(t)$ は速く $\boldsymbol{0}$ に収束したほうがよいので，$\boldsymbol{A}-\boldsymbol{BF}$ の固有値が，複素平面上で虚軸から離れた位置にあるように $\boldsymbol{F}$ を設定しなければならない．

その望ましい位置は，おおよそ図 22.2 の斜線部のようなところである．行列 $\boldsymbol{F}$ によって $\boldsymbol{A}-\boldsymbol{BF}$ の固有値を望ましい位置に配置する制御系設計法は**極配置法**と呼ばれている．

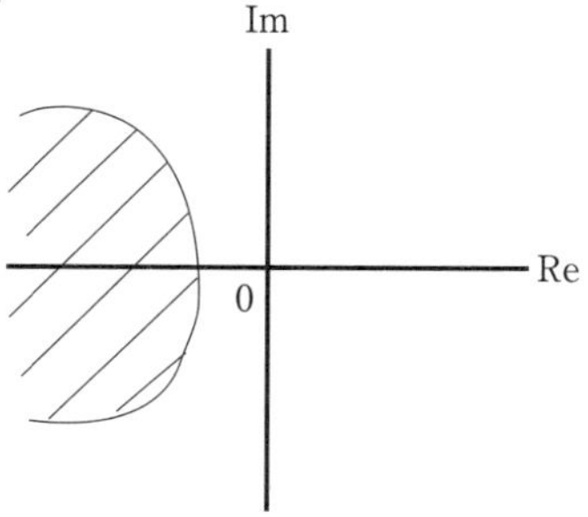

図 22.2　閉ループ極の望ましい位置

22.3.2　行列 $\boldsymbol{F}$ の設定手順

$\boldsymbol{A}-\boldsymbol{BF}$ の固有値（閉ループ系の極）が複素平面で望ましいところに位置するような $\boldsymbol{F}$ を求めたい．それは具体的にどういう手順で求めることができるか．

その手順は，制御対象が 1 入力システムの場合（$m=1$ の場合）と多入力システム（$m \geq 2$ の場合）とで少し異なり，多入力のほうが複雑となる．ここでは，1 入力の場合についてその手順を紹介する．1 入力で $m=1$ の場合，$\boldsymbol{F}$ は 1 行 n 列の横長ベクトルとなる．

まず前提として，$\boldsymbol{A}, \boldsymbol{B}$ が与えられ，望ましい閉ループ極の値（n 個の複素数 $\mu_1, \cdots \mu_n$）も与えられているとする．このとき $\boldsymbol{A}-\boldsymbol{B}\boldsymbol{F}$ の固有値が $\mu_1, \cdots, \mu_n$ となるようなベクトル $\boldsymbol{F}$ は次のように求められる．

一般の場合

(i) $\boldsymbol{A}$ の特性多項式

$$|s\boldsymbol{I}-\boldsymbol{A}| = s^n + a_n s^{n-1} + a_{n-1}s^{n-2} + \cdots + a_2 s + a_1 \tag{22.11}$$

と可制御性行列 $\boldsymbol{U}_c$ を求めて，(20.27) 式の $\boldsymbol{T}$（可制御正準形式への変換行列）を求める．

(ii) 与えられた望ましい極 $\mu_1, \cdots, \mu_n$ を用いて

$$\begin{aligned}&(s-\mu_1)(s-\mu_2)\cdots(s-\mu_n)\\&\quad = s^n + d_n s^{n-1} + d_{n-1}s^{n-2} + \cdots + d_2 s + d_1\end{aligned} \tag{22.12}$$

と展開して，係数 $d_1, \cdots, d_n$ を求める．

(iii)

$$\boldsymbol{F} = \begin{bmatrix} d_1-a_1 & d_2-a_2 & \cdots & d_n-a_n \end{bmatrix}\boldsymbol{T}^{-1} \tag{22.13}$$

によって $\boldsymbol{F}$ を求める（証明は付録を参照）．

次数が低い場合の簡単な方法

上記の手順は，n の値が小さくても大きくても有効な一般的な方法であった．n の値が小さい場合，例えば $n=2$ の場合であれば，次のような簡単な方法で $\boldsymbol{F}$ を求めることもできる．

(i)

$$\boldsymbol{F} = \begin{bmatrix} f_1 & f_2 \end{bmatrix} \tag{22.14}$$

として（f_1, f_2 は未知数と考える），$\boldsymbol{A}-\boldsymbol{BF}$ の特性多項式を

$$|s\boldsymbol{I}-(\boldsymbol{A}-\boldsymbol{BF})| = s^2 + c_2 s + c_1 \tag{22.15}$$

と展開して，係数 c_1, c_2 を求める（これらに f_1, f_2 が含まれる）

(ii) 与えられた望ましい極 μ_1, μ_2 を用いて

$$(s-\mu_1)(s-\mu_2) = s^2 + d_2 s + d_1 \tag{22.16}$$

と展開して，係数 d_1, d_2 を求める．

(iii) (22.15) 式と (22.16) 式が同じ式になるように，

$$c_1 = d_1, \quad c_2 = d_2 \tag{22.17}$$

として，これらの方程式から f_1, f_2 を求める．

22.3.3　状態フィードバックが可能な制御対象

22.3.2 項の手順で $\boldsymbol{F}$ を求めることができると述べたが，それは $(\boldsymbol{A}, \boldsymbol{B})$ が可制御の場合である．次の定理は，可制御性と状態フィードバックを関連づけるものである．

> 行列 $\boldsymbol{F}$ によって $\boldsymbol{A}-\boldsymbol{BF}$ の固有値を任意の値に設定できるための必要十分条件は，$(\boldsymbol{A}, \boldsymbol{B})$ が可制御であることである．

$(\boldsymbol{A}, \boldsymbol{B})$ が可制御でない場合には，(21.11) 式の条件が成り立たず，$|\boldsymbol{U}_c| = 0$ となる．そうなると (20.27) 式の $\boldsymbol{T}$ においても $|\boldsymbol{T}| = 0$ となり，$\boldsymbol{T}^{-1}$ の逆行列が求めらず，(22.13) 式によって $\boldsymbol{F}$ を求めることができない．

22.4　状態フィードバックの効果

22.4.1　状態フィードバックによる極配置

状態フィードバックで制御を行うと，閉ループ系の極の位置が望ましいところに配置され，$\boldsymbol{x}(t)$ の動き方は (22.10) 式に従う望ましいものとなる．制御な

しと制御ありを比べると，図 22.3 のようになる．

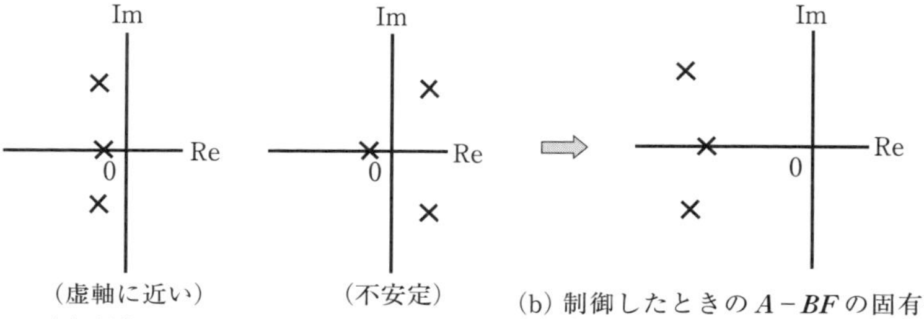

(a) 制御しないときの A の固有値

(b) 制御したときの $A-BF$ の固有値 (状態フィードバックを用いて固有値を望ましい位置に配置)

図 22.3　状態フィードバックの効果

22.4.2　状態フィードバックの適用例

制御対象の状態方程式表現が

$$
\begin{cases} \dot{\boldsymbol{x}}(t) = \begin{bmatrix} 3 & 2 \\ -1 & -4 \end{bmatrix} \boldsymbol{x}(t) + \begin{bmatrix} 0 \\ 1 \end{bmatrix} u(t) \\ \boldsymbol{y}(t) = \boldsymbol{x}(t) \end{cases} \tag{22.18}
$$

であるとする．

$$
\boldsymbol{A} = \begin{bmatrix} 3 & 2 \\ -1 & -4 \end{bmatrix}, \quad \boldsymbol{B} = \begin{bmatrix} 0 \\ 1 \end{bmatrix} \tag{22.19}
$$

として $\boldsymbol{A}$ の固有値を調べると $\{2.7016,\ -3.7016\}$ であり，実部が正のものがあるので，制御対象は不安定なシステムである．何も制御しないとき，$\boldsymbol{x}(t)(=\boldsymbol{y}(t))$ は図 22.4 のように発散してしまう．実線が $x_1(t)$, 破線が $x_2(t)$ を表している．

ここでは，望ましい閉ループ極が $\{-1,\ -2\}$ であるとする．$\boldsymbol{A}-\boldsymbol{BF}$ の固有値が $\{-1,\ -2\}$ となるような $\boldsymbol{F}$ を 22.3.2 項の手順に従って求めると，

$$
\boldsymbol{F} = \begin{bmatrix} 9 & 2 \end{bmatrix} \tag{22.20}
$$

と求められる．これに基づき，

$$
u(t) = -\begin{bmatrix} 9 & 2 \end{bmatrix} \boldsymbol{x}(t) \tag{22.21}
$$

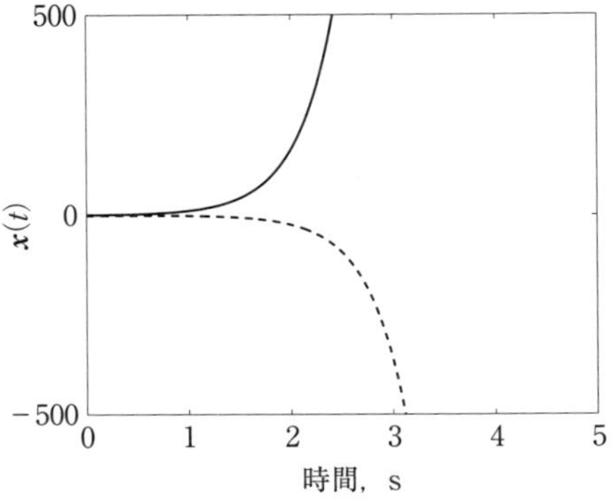

図 22.4 $u(t) = 0$ の場合の $\boldsymbol{x}(t)$ の挙動

によって制御する．制御した場合，$\boldsymbol{x}(t)$ は図 22.5 のように $\mathbf{0}$ に収束する．実線が $x_1(t)$, 破線が $x_2(t)$ を表している．

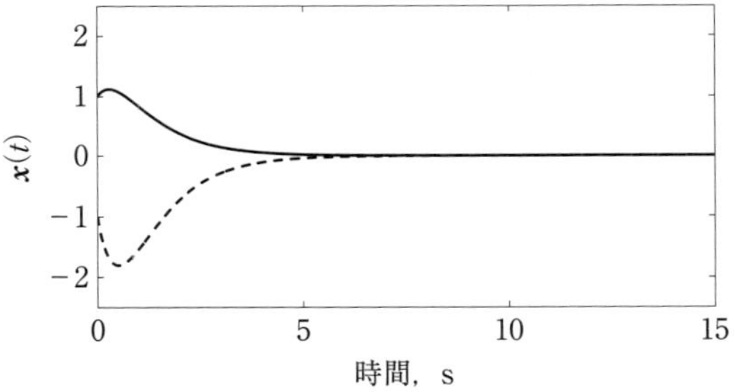

図 22.5 状態フィードバックで制御したときの $\boldsymbol{x}(t)$

演習問題

問題 22.1 制御対象の状態方程式が

$$\dot{\boldsymbol{x}}(t) = \begin{bmatrix} 4 & 2 \\ -7 & -5 \end{bmatrix} \boldsymbol{x}(t) + \begin{bmatrix} 0 \\ 1 \end{bmatrix} u(t)$$

であり，状態 $\boldsymbol{x}(t)$ は出力 $\boldsymbol{y}(t)$ として観測可能であるとする（$\boldsymbol{y}(t) = \boldsymbol{x}(t)$ とする）．

(i) 制御をしないとき，このシステムは安定か不安定か．

(ii) この制御対象は可制御か不可制御か判別せよ．

(iii) $u(t) = -\boldsymbol{F}\boldsymbol{x}(t)$ という状態フィードバックによって制御する．フィードバック系の極が -1, -2 となるような $\boldsymbol{F}$ を求めよ．

第23章 オブザーバ

前章では，状態 $\boldsymbol{x}(t)$ を直接測定できるという仮定のもとに状態フィードバックの設計法を論じました．しかし，どちらかといえば状態 $\boldsymbol{x}(t)$ を測定できない制御対象のほうが数多くあり，それらに対しては前章の方法を用いることができません．本章では，$\boldsymbol{x}(t)$ を測定するのではなく，$\boldsymbol{u}(t)$ と $\boldsymbol{y}(t)$ を用いて $\boldsymbol{x}(t)$ を推定する方法を紹介します．そして，その推定値を用いた制御の方法も説明します．

23.1 オブザーバが必要な制御対象

制御対象が

$$\dot{\boldsymbol{x}}(t) = \boldsymbol{A}\boldsymbol{x}(t) + \boldsymbol{B}\boldsymbol{u}(t) \tag{23.1}$$

$$\boldsymbol{y}(t) = \boldsymbol{C}\boldsymbol{x}(t) \tag{23.2}$$

と表されているとする．

本章では，(23.2) 式の $\boldsymbol{C}$ は単位行列ではないとする．ただし，$(\boldsymbol{A}, \boldsymbol{C})$ は可観測であるとする．多くの制御対象では，$\boldsymbol{C}$ は横に長い行列となる．例えば，$\boldsymbol{x}(t)$ が 3 次元ベクトルで出力 $\boldsymbol{y}(t)$ が 2 次元ベクトルであると，

$$\boldsymbol{C} = \begin{bmatrix} 0 & 1 & 0 \\ 0 & 0 & 1 \end{bmatrix} \tag{23.3}$$

となる．この場合，

$$\boldsymbol{y}(t) = \begin{bmatrix} 0 & 1 & 0 \\ 0 & 0 & 1 \end{bmatrix} \begin{bmatrix} x_1(t) \\ x_2(t) \\ x_3(t) \end{bmatrix} = \begin{bmatrix} x_2(t) \\ x_3(t) \end{bmatrix} \tag{23.4}$$

となり，状態 $\boldsymbol{x}(t)$ のすべての要素が $\boldsymbol{y}(t)$ に現れず，前章で述べた状態フィー

ドバックを使うことはできない．このように，出力方程式 (23.2) における $\boldsymbol{C}$ が単位行列でない場合，制御のやり方に工夫を要する．

そこで，オブザーバを用いることにする．**オブザーバ**とは，**状態観測器**とも呼ばれ，$\boldsymbol{x}(t)$ を推定するシステムである．$\boldsymbol{x}(t)$ を直接 $\boldsymbol{y}(t)$ として測定できないならば，$\boldsymbol{x}(t)$ を推定し，その推定値を制御に利用するという考えに基づくものである．オブザーバによる $\boldsymbol{x}(t)$ の推定値（$\hat{\boldsymbol{x}}(t)$ と書くことにする）を制御に用いる際には，操作入力 $\boldsymbol{u}(t)$ を

$$\boldsymbol{u}(t) = -\boldsymbol{F}\hat{\boldsymbol{x}}(t) \tag{23.5}$$

と算出することにする（式の形としては前章の状態フィードバックと似ている）．この制御系の構成は，図 23.1 で表される．

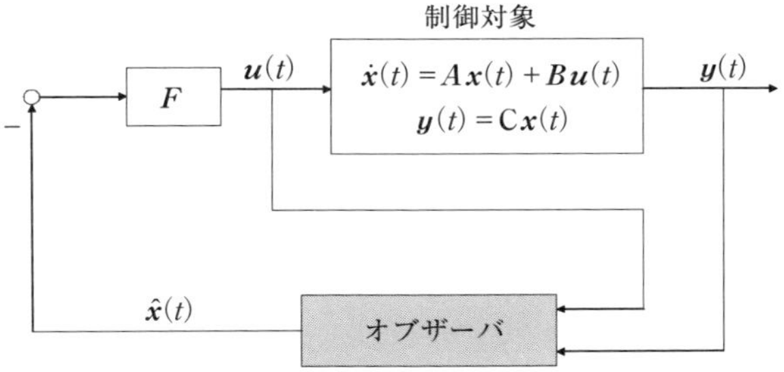

図 23.1　オブザーバを用いた制御系

23.2　オブザーバの仕組み

23.2.1　オブザーバの考え方

(23.1) 式に見られた制御対象の状態量 $\boldsymbol{x}(t)$ は，直接測定できない未知のベクトルである．$\boldsymbol{x}(t)$ を推定するのに使える情報は，

- 制御対象の入出力信号 $\boldsymbol{u}(t)$ と $\boldsymbol{y}(t)$（$\boldsymbol{u}(t)$ も $\boldsymbol{y}(t)$ も計測器を用いて測定でき，推定中にリアルタイムで利用できる）

- (23.1),(23.2) 式における定数行列 $\boldsymbol{A}$, $\boldsymbol{B}$, $\boldsymbol{C}$（行列の各要素の値は既知な定数で入手ずみである）

とする．オブザーバに要求される機能は，$t \to \infty$ において $\hat{\boldsymbol{x}}(t) \to \boldsymbol{x}(t)$ となること，すなわち時間の経過とともに推定値 $\hat{\boldsymbol{x}}(t)$ が真の値 $\boldsymbol{x}(t)$ に限りなく近づいていくことである．ここで，図 23.1 内に見られたオブザーバをどのように構成すればよいか（どのような式にすればよいか）を考えてみる．

一つのアイデアとして，制御対象の状態方程式 (23.1) の形を模倣して，

$$\dot{\hat{\boldsymbol{x}}}(t) = \boldsymbol{A}\hat{\boldsymbol{x}}(t) + \boldsymbol{B}\boldsymbol{u}(t) \tag{23.6}$$

をオブザーバとするという考えがある．$\boldsymbol{u}(t)$ を利用して (23.6) 式に従って $\hat{\boldsymbol{x}}(t)$ を動かせば，$\boldsymbol{x}(t)$ と同じように動くであろうという考えである．しかし，これは後に述べる理由によりよくない．

これに代わるアイデアはもっと $\boldsymbol{y}(t)$ を有効利用するもので，

$$\dot{\hat{\boldsymbol{x}}}(t) = \boldsymbol{A}\hat{\boldsymbol{x}}(t) + \boldsymbol{B}\boldsymbol{u}(t) + \boldsymbol{L}(\boldsymbol{y}(t) - \hat{\boldsymbol{y}}(t)) \tag{23.7}$$

$$\hat{\boldsymbol{y}}(t) = \boldsymbol{C}\hat{\boldsymbol{x}}(t) \tag{23.8}$$

をオブザーバとするものである．ただし，$\boldsymbol{L}$ は n 行 ℓ 列の定数行列である．(23.7) 式は，制御対象の (23.1) 式を模擬しつつ，$+\boldsymbol{L}(\boldsymbol{y}(t) - \hat{\boldsymbol{y}}(t))$ を付加している．(23.8) 式は (23.2) 式を模擬したものであり，$\hat{\boldsymbol{y}}(t)$ は制御対象の出力 $\boldsymbol{y}(t)$ の推定値である．

(23.7) 式において $+\boldsymbol{L}(\boldsymbol{y}(t) - \hat{\boldsymbol{y}}(t))$ という項がある理由は，制御対象の出力 $\boldsymbol{y}(t)$ とその予想値 $\hat{\boldsymbol{y}}(t)$ に誤差があれば，それに $\boldsymbol{L}$ というゲインを掛けて $\hat{\boldsymbol{x}}(t)$ の動きを修正しようという意図によるものである．出力推定値 $\hat{\boldsymbol{y}}(t)$ に誤差があるならば，状態の推定値 $\hat{\boldsymbol{x}}(t)$ にも誤差があるだろうから，それの修正が必要であろうという考え方である．

(23.7),(23.8) 式の二つの式は，(23.8) 式を (23.7) 式に代入して，

$$\dot{\hat{\boldsymbol{x}}}(t) = (\boldsymbol{A} - \boldsymbol{L}\boldsymbol{C})\hat{\boldsymbol{x}}(t) + \boldsymbol{B}\boldsymbol{u}(t) + \boldsymbol{L}\boldsymbol{y}(t) \tag{23.9}$$

と一つの式にまとめることができ，これをオブザーバと呼ぶことが多い．(23.9) 式のオブザーバは，図 23.2 のように，$\boldsymbol{u}(t)$ と $\boldsymbol{y}(t)$ が入力で，$\hat{\boldsymbol{x}}(t)$ が

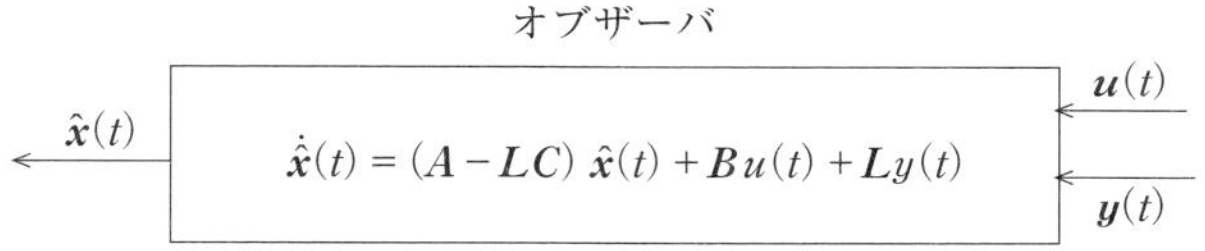

図 23.2　オブザーバの入出力

出力のシステムとみなすことができる．

> 制御対象が
>
> $$\dot{\boldsymbol{x}}(t) = \boldsymbol{A}\boldsymbol{x}(t) + \boldsymbol{B}\boldsymbol{u}(t) \tag{23.10}$$
> $$\boldsymbol{y}(t) = \boldsymbol{C}\boldsymbol{x}(t) \tag{23.11}$$
>
> で表されるとする．この $\boldsymbol{A}, \boldsymbol{C}$ に対して，行列 $\boldsymbol{L}$ を $\boldsymbol{A} - \boldsymbol{LC}$ のすべての固有値の実部が負になるように設定すると，
>
> $$\dot{\hat{\boldsymbol{x}}}(t) = (\boldsymbol{A} - \boldsymbol{LC})\hat{\boldsymbol{x}}(t) + \boldsymbol{B}\boldsymbol{u}(t) + \boldsymbol{L}\boldsymbol{y}(t) \tag{23.12}$$
>
> で記述されるオブザーバの $\hat{\boldsymbol{x}}(t)$ は，$\hat{\boldsymbol{x}}(t) \to \boldsymbol{x}(t)$ となる．

このように，$\boldsymbol{L}$ を $\boldsymbol{A} - \boldsymbol{LC}$ が安定な行列となるように設定すれば，推定値 $\hat{\boldsymbol{x}}(t)$ は状態量 $\boldsymbol{x}(t)$ に限りなく近づいていく．

23.2.2　推定の証明

前項で述べたオブザーバの $\hat{\boldsymbol{x}}(t)$ が $\boldsymbol{x}(t)$ に漸近することの証明は，次のとおりである．まず，推定誤差を

$$\boldsymbol{e}_x(t) = \boldsymbol{x}(t) - \hat{\boldsymbol{x}}(t) \tag{23.13}$$

と定義して，これが時間の経過とともにどうなるかを調べる．(23.10) 式の両辺から (23.12) 式の両辺を引くと，

$$\dot{\boldsymbol{e}}_x(t) = \boldsymbol{A}\boldsymbol{e}_x(t) + \boldsymbol{LC}\hat{\boldsymbol{x}}(t) - \boldsymbol{L}\boldsymbol{y}(t) \tag{23.14}$$

となり，この $\boldsymbol{y}(t)$ に (23.11) 式を代入すると

$$\begin{aligned}\dot{\boldsymbol{e}}_x(t) &= \boldsymbol{A}\boldsymbol{e}_x(t) + \boldsymbol{L}\boldsymbol{C}\hat{\boldsymbol{x}}(t) - \boldsymbol{L}\boldsymbol{C}\boldsymbol{x}(t) \\ &= \boldsymbol{A}\boldsymbol{e}_x(t) - \boldsymbol{L}\boldsymbol{C}(\boldsymbol{x}(t) - \hat{\boldsymbol{x}}(t)) \\ &= (\boldsymbol{A} - \boldsymbol{L}\boldsymbol{C})\boldsymbol{e}_x(t)\end{aligned} \tag{23.15}$$

したがって，

$$\dot{\boldsymbol{e}}_x(t) = (\boldsymbol{A} - \boldsymbol{L}\boldsymbol{C})\boldsymbol{e}_x(t) \tag{23.16}$$

によって $\boldsymbol{e}_x(t)$ は動く．ここで，第 19 章の線形自由システムの安定論を思い出すと，$(\boldsymbol{A} - \boldsymbol{L}\boldsymbol{C})$ のすべての固有値の実部が負であれば，$\boldsymbol{e}_x(t)$ は $\boldsymbol{0}$ に漸近する．つまり，$\hat{\boldsymbol{x}}(t) \to \boldsymbol{x}(t)$ となる．

ここで，なぜ (23.6) 式はよくないのかを説明することによって行列 L を導入した意義を明らかにしておこう．オブザーバとして (23.6) 式を用いるのはよくない．もしそれを用いると，推定誤差 $\boldsymbol{e}_x(t)$ の式は，(23.10) 式から (23.6) 式を引くことにより，

$$\dot{\boldsymbol{e}}_x(t) = \boldsymbol{A}\boldsymbol{e}_x(t) \tag{23.17}$$

となる．$\boldsymbol{A}$ は制御対象によって決まる行列であり，もし制御対象が不安定なシステムの場合（$\boldsymbol{A}$ の固有値に実部が正のものがある場合），(23.17) 式の $\boldsymbol{e}_x(t)$ は発散してしまう．あるいは $\boldsymbol{A}$ が安定な場合でも，(23.17) 式の $\boldsymbol{e}_x(t)$ の収束速度は調節できない．一方，(23.12) 式のオブザーバであれば，$\boldsymbol{L}$ をうまく設定すれば $\boldsymbol{A} - \boldsymbol{L}\boldsymbol{C}$ の固有値を複素平面上の望ましい位置に配置することができ，(23.16) 式に従って動く $\boldsymbol{e}_x(t)$ の収束速度を調整できる．行列 $\boldsymbol{L}$ を**オブザーバゲイン**と呼ぶ．

23.2.3　オブザーバゲインの求め方

オブザーバゲイン $\boldsymbol{L}$ は $\boldsymbol{A} - \boldsymbol{L}\boldsymbol{C}$ の固有値が望ましい値になるように設定する．その設定方法は，前章（状態フィードバック）で示した $\boldsymbol{A} - \boldsymbol{B}\boldsymbol{F}$ における $\boldsymbol{F}$ の設定法を応用すればよい．

ただし，$\boldsymbol{A} - \boldsymbol{L}\boldsymbol{C}$ と $\boldsymbol{A} - \boldsymbol{B}\boldsymbol{F}$ において，求めたい行列（$\boldsymbol{L}$ あるいは $\boldsymbol{F}$）の位置が異なる．そのため，次のような操作を行う．この方法は，「$\boldsymbol{A} - \boldsymbol{L}\boldsymbol{C}$ の

固有値と $\boldsymbol{A}^T - \boldsymbol{C}^T\boldsymbol{L}^T$ の固有値が等しい」ことを利用している.

(i) $\boldsymbol{A}, \boldsymbol{C}$ から，それらの転置行列 $\boldsymbol{A}^T, \boldsymbol{C}^T$ を求める.

(ii) $\boldsymbol{A}^T - \boldsymbol{C}^T\boldsymbol{L}^T$ の固有値が望ましい値 $\mu_1, \cdots, \mu_n$ となるような $\boldsymbol{L}^T$ を求める（これを求めるには，前章の $\boldsymbol{A} - \boldsymbol{BF}$ における $\boldsymbol{F}$ の求め方をそのまま使えばよい.

(iii) $\boldsymbol{L}^T$ の転置行列として $\boldsymbol{L}$ を求める.

こうして得られる $\boldsymbol{L}$ により，$\boldsymbol{A} - \boldsymbol{LC}$ の固有値が $\mu_1, \cdots, \mu_n$ となる.

23.2.4　オブザーバの次数について

(23.10) 式の制御対象の状態方程式が n 次のとき，(23.12) 式のオブザーバの次数（$\hat{\boldsymbol{x}}(t)$ の次元）も n 次となる．この意味から，(23.12) 式のオブザーバは「同一次元オブザーバ」とか「n 次元オブザーバ」という名前で呼ばれることがある.

(23.12) 式のオブザーバとは別に，「最小次元オブザーバ」と呼ばれるものがあり，その次数は $n-$ (出力 $\boldsymbol{y}(t)$ の次元) となる．すなわち，出力信号の数だけ n 次よりも低い次数になる．詳細については参考書を参照いただきたい.

23.3　オブザーバがある制御系の安定性

制御対象の内部にある $\boldsymbol{x}(t)$ を直接測定できないので，オブザーバを使って $\hat{\boldsymbol{x}}(t)$ を生成して制御に用いるとする．このとき，制御系は図 23.3 のようになる.

ここでは，図 23.3 の制御系の安定性について厳密に考察する．(23.12) 式のオブザーバを用いれば，$\hat{\boldsymbol{x}}(t) \to \boldsymbol{x}(t)$ となるが，（時間の経過とともに近づくものの）$\hat{\boldsymbol{x}}(t) = \boldsymbol{x}(t)$ ではない．このような $\hat{\boldsymbol{x}}(t)$ を用いて

$$\boldsymbol{u}(t) = -\boldsymbol{F}\hat{\boldsymbol{x}}(t) \tag{23.18}$$

という制御を行って，本当に制御系は安定となるのか？

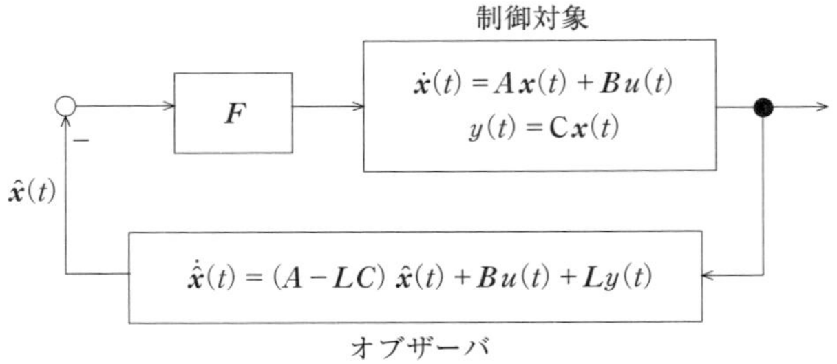

図 23.3　オブザーバを用いた制御系

確かに制御系は安定であり，それは，次のように証明される．まず，図 23.3 の制御系の状態方程式（フィードバック系の状態方程式）を求める．図 23.3 における内部変数は，制御対象の状態 $\boldsymbol{x}(t)$ とオブザーバにおける状態推定値 $\hat{\boldsymbol{x}}(t)$ である．これらが満たす方程式は (23.10) 式と (23.12) 式であるが，それらを一つにまとめてみる．まず，(23.18) 式の $\boldsymbol{u}(t)$ と (23.11) 式の $\boldsymbol{y}(t)$ を，(23.10) と (23.12) 式に代入すると，

$$\dot{\boldsymbol{x}}(t) = \boldsymbol{A}\boldsymbol{x}(t) - \boldsymbol{B}\boldsymbol{F}\hat{\boldsymbol{x}}(t) \tag{23.19}$$

$$\dot{\hat{\boldsymbol{x}}}(t) = (\boldsymbol{A} - \boldsymbol{L}\boldsymbol{C})\hat{\boldsymbol{x}}(t) - \boldsymbol{B}\boldsymbol{F}\hat{\boldsymbol{x}}(t) + \boldsymbol{L}\boldsymbol{C}\boldsymbol{x}(t) \tag{23.20}$$

が得られる．これら 2 式をまとめると

$$\begin{bmatrix} \dot{\boldsymbol{x}}(t) \\ \dot{\hat{\boldsymbol{x}}}(t) \end{bmatrix} = \begin{bmatrix} \boldsymbol{A} & -\boldsymbol{B}\boldsymbol{F} \\ \boldsymbol{L}\boldsymbol{C} & \boldsymbol{A} - \boldsymbol{L}\boldsymbol{C} - \boldsymbol{B}\boldsymbol{F} \end{bmatrix} \begin{bmatrix} \boldsymbol{x}(t) \\ \hat{\boldsymbol{x}}(t) \end{bmatrix} \tag{23.21}$$

となる．これが制御系の状態方程式である．制御系が安定である（$\boldsymbol{x}(t) \to \boldsymbol{0}$, $\hat{\boldsymbol{x}}(t) \to \boldsymbol{0}$ となる）ための必要十分条件は，(23.21) 式における行列を

$$\boldsymbol{A}_c = \begin{bmatrix} \boldsymbol{A} & -\boldsymbol{B}\boldsymbol{F} \\ \boldsymbol{L}\boldsymbol{C} & \boldsymbol{A} - \boldsymbol{L}\boldsymbol{C} - \boldsymbol{B}\boldsymbol{F} \end{bmatrix} \tag{23.22}$$

としたとき，$\boldsymbol{A}_c$ のすべての固有値の実部が負であることである．そうなっていることは，次のように確かめられる．まず，

$$\boldsymbol{T} = \begin{bmatrix} \boldsymbol{I} & \boldsymbol{I} \\ \boldsymbol{0} & \boldsymbol{I} \end{bmatrix} \tag{23.23}$$

とすると，

$$
\begin{aligned}
&\boldsymbol{T}^{-1}\boldsymbol{A}_c\boldsymbol{T} \\
&= \begin{bmatrix} \boldsymbol{I} & -\boldsymbol{I} \\ \boldsymbol{0} & \boldsymbol{I} \end{bmatrix} \begin{bmatrix} \boldsymbol{A} & -\boldsymbol{BF} \\ \boldsymbol{LC} & \boldsymbol{A}-\boldsymbol{LC}-\boldsymbol{BF} \end{bmatrix} \begin{bmatrix} \boldsymbol{I} & \boldsymbol{I} \\ \boldsymbol{0} & \boldsymbol{I} \end{bmatrix} \qquad (23.24) \\
&= \begin{bmatrix} \boldsymbol{A}-\boldsymbol{LC} & \boldsymbol{0} \\ \boldsymbol{LC} & \boldsymbol{A}-\boldsymbol{BF} \end{bmatrix} \qquad (23.25)
\end{aligned}
$$

となる．(17.40) 式の性質より，(23.25) の行列の固有値は $\boldsymbol{A}-\boldsymbol{LC}$ の固有値と $\boldsymbol{A}-\boldsymbol{BF}$ の固有値を合わせたものである．また (17.43) 式と (23.24) より，それは (23.22) 式の $\boldsymbol{A}_c$ の固有値となっている．$\boldsymbol{A}-\boldsymbol{BF}$ と $\boldsymbol{A}-\boldsymbol{LC}$ はどちらも固有値の実部が負であるので，$\boldsymbol{A}_c$ の固有値は実部が負であり，制御系は安定である．

以上より，閉ループ系の極（$\boldsymbol{A}_c$ の固有値）について，次のことがいえる．

> 制御対象が (23.10),(23.11) 式で表され，オブザーバを (23.12) 式として構成するとき，
>
> $$\{\boldsymbol{A}_c\text{の固有値}\} = \{\boldsymbol{A}-\boldsymbol{BF}\text{の固有値},\ \boldsymbol{A}-\boldsymbol{LC}\text{の固有値}\}$$

23.4 オブザーバの適用例

23.4.1 制御対象の特性

制御対象の状態方程式表現が

$$
\begin{cases}
\dot{\boldsymbol{x}}(t) = \begin{bmatrix} 3 & 2 \\ -1 & -4 \end{bmatrix} \boldsymbol{x}(t) + \begin{bmatrix} 0 \\ 1 \end{bmatrix} u(t) \\
y(t) = \begin{bmatrix} 0 & 1 \end{bmatrix} \boldsymbol{x}(t)
\end{cases} \qquad (23.26)
$$

であるとする（(22.18) 式と比べると出力方程式が異なり，$y(t) \neq \boldsymbol{x}(t)$ となっている）．

$$
\boldsymbol{A} = \begin{bmatrix} 3 & 2 \\ -1 & -4 \end{bmatrix},\quad \boldsymbol{B} = \begin{bmatrix} 0 \\ 1 \end{bmatrix},\quad \boldsymbol{C} = \begin{bmatrix} 0 & 1 \end{bmatrix} \qquad (23.27)
$$

とする．22.4.2 項で述べたように，$\boldsymbol{A}$ は実部が正の固有値を持ち，この制御対象は不安定である．

23.4.2　オブザーバの設計

(23.26) 式において $y(t) = \begin{bmatrix} 0 & 1 \end{bmatrix} \boldsymbol{x}(t)$ であり，$\boldsymbol{x}(t)$ を直接観測できないので，オブザーバによってそれを推定することにする．

まず，(23.27) 式の $\boldsymbol{A}$, $\boldsymbol{C}$ に対して，$\boldsymbol{A} - \boldsymbol{LC}$ の固有値の実部が負となるような $\boldsymbol{L}$ を求めなければならない．これを 23.2.3 項の手順で求める．ここでは，望ましい固有値を $\{-3,\ \ -4\}$ として 23.2.3 項の方法で $\boldsymbol{L}$ を求めると，

$$\boldsymbol{L} = \begin{bmatrix} -40 \\ 6 \end{bmatrix} \tag{23.28}$$

となる．この $\boldsymbol{L}$ と (23.27) 式の $\boldsymbol{A}$, $\boldsymbol{B}$, $\boldsymbol{C}$ の値を用いると，(23.12) 式のオブザーバは

$$\dot{\hat{\boldsymbol{x}}}(t) = \begin{bmatrix} 3 & 42 \\ -1 & -10 \end{bmatrix} \hat{\boldsymbol{x}}(t) + \begin{bmatrix} 0 \\ 1 \end{bmatrix} u(t) + \begin{bmatrix} -40 \\ 6 \end{bmatrix} y(t) \tag{23.29}$$

となる．

23.4.3　オブザーバを用いた制御

図 23.3 における $\boldsymbol{F}$，すなわち $u(t) = -\boldsymbol{F}\hat{\boldsymbol{x}}(t)$ における $\boldsymbol{F}$ には，第 22 章で用いた (22.20) 式の $\boldsymbol{F}$ と同じものを用いることにする（もちろん他のものでもよい）．すなわち，(23.29) 式のオブザーバによる状態推定値 $\hat{\boldsymbol{x}}(t)$ を用いて，

$$u(t) = -\begin{bmatrix} 9 & 2 \end{bmatrix} \hat{\boldsymbol{x}}(t) \tag{23.30}$$

によって制御する．制御した場合，$\boldsymbol{x}(t)$ は図 23.4 のように $\boldsymbol{0}$ に収束し，制御系が安定であることを確認できる．実線が $x_1(t)$, 破線が $x_2(t)$ を表している．

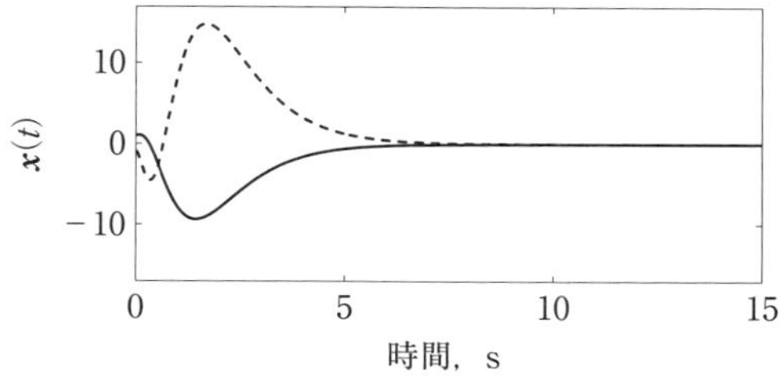

図 23.4　オブザーバを用いて制御したときの $\boldsymbol{x}(t)$

23.4.4　推定の確認

制御を行っているのと同時進行で状態 $\boldsymbol{x}(t)$ をオブザーバで推定し，それを $\hat{\boldsymbol{x}}(t)$ として算出している．ここでは，(23.29) 式のオブザーバによって生成される $\hat{\boldsymbol{x}}(t)$ が状態 $\boldsymbol{x}(t)$ に漸近していたかどうか確認してみる．図 23.5 の実線が $x_1(t)$, 破線が $x_2(t)$ を表しており，それらの推定値 $\hat{x}_1(t)$ と $\hat{x}_2(t)$ を一点鎖線で表示している（$\hat{x}_2(t)$ の一点鎖線は $x_2(t)$ の破線とほとんど重なっている）．オブザーバが機能して $\hat{\boldsymbol{x}}(t) \to \boldsymbol{x}(t)$ となっていることが確認できる．

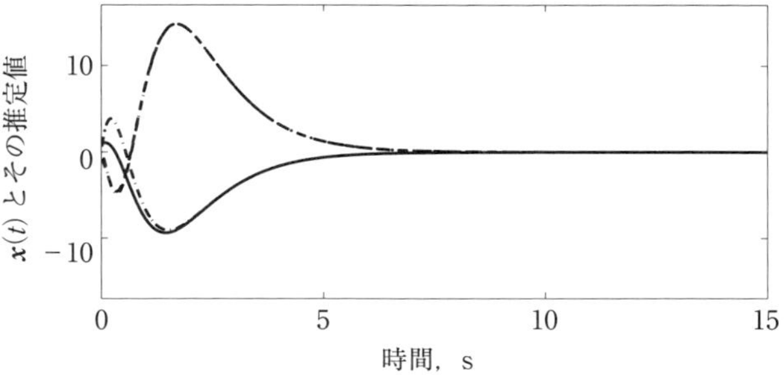

図 23.5 $\boldsymbol{x}(t)$ と $\hat{\boldsymbol{x}}(t)$ の挙動

演習問題

問題 23.1　制御対象が

$$\begin{cases} \dot{\boldsymbol{x}}(t) = \boldsymbol{A}\boldsymbol{x}(t) + \boldsymbol{B}u(t) \\ y(t) = \boldsymbol{C}\boldsymbol{x}(t) \end{cases}$$

と表される．ただし，

$$\boldsymbol{A} = \begin{bmatrix} 1 & 4 \\ -2 & 3 \end{bmatrix},\ \ \boldsymbol{B} = \begin{bmatrix} 0 \\ 1 \end{bmatrix},\ \ \boldsymbol{C} = \begin{bmatrix} 1 & 1 \end{bmatrix}$$

である．この制御対象に対して (23.12) 式のオブザーバを設計する．$\boldsymbol{A} - \boldsymbol{L}\boldsymbol{C}$ の固有値が -2 と -3 となるような $\boldsymbol{L}$ を求めよ．

第 24 章 最適制御

第 **22** 章とは別の考え方でフィードバックゲイン $\boldsymbol{F}$ を求める方法があります．それは，ある評価関数の値（収束の遅さや入力信号の大きさに関連する値）を最小にするような $\boldsymbol{F}$ を求める方法です．このように，ある評価関数を最小化するゲインを用いて制御する方法は「最適制御」と呼ばれます．最適制御にもいろいろありますが，この授業では「最適レギュレータ」について説明します．

24.1 フィードバックゲインの再考

第 22 章では制御対象が

$$\dot{\boldsymbol{x}}(t) = \boldsymbol{A}\boldsymbol{x}(t) + \boldsymbol{B}\boldsymbol{u}(t) \tag{24.1}$$

$$\boldsymbol{y}(t) = \boldsymbol{x}(t) \tag{24.2}$$

と表されるときの状態フィードバック制御として，

$$\boldsymbol{u}(t) = -\boldsymbol{F}\boldsymbol{x}(t) \tag{24.3}$$

という制御入力での制御を考えた．第 7 章のようにオブザーバを用いる場合でも，制御入力は $\boldsymbol{u}(t) = -\boldsymbol{F}\hat{\boldsymbol{x}}(t)$ という形式であり，フィードバックゲイン $\boldsymbol{F}$ の設定が制御の成功に関わる．

第 22 章では，状態フィードバックゲイン $\boldsymbol{F}$ を閉ループ系の極が望ましい値 $\mu_1, \cdots, \mu_n$ になるように設定する方法を説明した．本章では，別の方針に基づいて $\boldsymbol{F}$ を求める方法を説明する．

24.2　最適制御の考え方

24.2.1　制御系に望まれる性能

制御系は

(i) 状態 $\boldsymbol{x}(t)$ が速やかに $\boldsymbol{0}$ に収束する．

(ii) 制御しているとき，入力 $u(t)$ があまり大きくならない．

という性質を持つことが望まれる．

(i) の性質は，外乱が加わって $\boldsymbol{x}(t)$ の値が乱れてもすぐに元に戻るということである．(ii) の性質の意味は，次のようなことである．入力 $\boldsymbol{u}(t)$ は制御対象に加える操作入力であり，その大きさがあまりに大きいと支障が出る．例えば，$\boldsymbol{u}(t)$ がモータなどに掛ける電圧である場合，それが大きいほど電力の消費量が大きくなってしまうし，あまりに大き過ぎると，誤動作や過熱などの問題を生じることもある．したがって，$\boldsymbol{u}(t)$ の大きさはできるだけ抑えたほうがよい．

24.2.2　評価関数

上で述べた (i),(ii) の性質の良し悪しは，次の値の大きさとして評価することができる．

$$J = \int_0^\infty \left\{ \boldsymbol{x}(t)^T \boldsymbol{Q} \boldsymbol{x}(t) + \boldsymbol{u}(t)^T \boldsymbol{R} \boldsymbol{u}(t) \right\} dt \tag{24.4}$$

積分内の第 1 項は時刻 t における $\boldsymbol{x}(t)$ の大きさを表し，第 2 項は $\boldsymbol{u}(t)$ の大きさを表す（$\boldsymbol{Q}$, $\boldsymbol{R}$ については，後ほど詳しく述べる）．時刻 0 から制御を開始し，その後ずっと制御し続けたとき，(24.4) 式の積分値が小さいほどよい制御といえる．(24.4) 式の積分値を最小にする (24.3) 式による制御を**最適レギュレータ**という．

24.2.3 $\boldsymbol{Q}$, $\boldsymbol{R}$ による重みづけ

一般に，$\boldsymbol{x}(t)$ を速やかに $\boldsymbol{0}$ に近づけようとすれば，それだけ制御対象に強力な操作を加えけなければならないので，$\boldsymbol{u}(t)$ の大きさは大きくなる．逆に，$\boldsymbol{u}(t)$ の大きさをできるだけ小さくしようとすれば，制御対象に対する操作が制限され，$\boldsymbol{x}(t)$ の収束は遅くなる．

このように，$\boldsymbol{x}(t)$ を小さくすることと $\boldsymbol{u}(t)$ を小さくすることは相反する要求であり，どちらを重視するかの選択が制御系を設計する人に求められる．そして，その選択は，(24.4) 式における $\boldsymbol{Q}$ と $\boldsymbol{R}$ の設定として評価関数に反映することができる．

$\boldsymbol{Q}$ は n 次正方行列，$\boldsymbol{R}$ は m 次正方行列である（n は状態ベクトル $\boldsymbol{x}(t)$ の次元，m は入力ベクトル $\boldsymbol{u}(t)$ の次元である）．$\boldsymbol{Q}$, $\boldsymbol{R}$ のどちらも正定行列であるとする．これらは制御系を設計する人が $\boldsymbol{F}$ を求める前に設定する行列である．よく用いられる簡単な方法は，スカラーの設計パラメータ $q > 0, r > 0$ を用いて

$$\boldsymbol{Q} = q\boldsymbol{I}, \quad \boldsymbol{R} = r\boldsymbol{I} \tag{24.5}$$

というように $\boldsymbol{Q}$, $\boldsymbol{R}$ の形を決めておき，q と r の値を設定する方法である．（一般的な理論としては，$\boldsymbol{Q}$, $\boldsymbol{R}$ は (24.5) 式のような形式に限定せず，正定行列として設定するものとされている）．

例えば，制御系を設計する人が「入力 $\boldsymbol{u}(t)$ は大きくても構わないから，状態 $\boldsymbol{x}(t)$ の大きさをできるだけ小さくしたい」と望むならば，q を大きく r を小さく設定する（例えば，$q = 10, r = 1$ とする）こうすると，(24.4) 式は，第 1 項に掛かる重み $\boldsymbol{Q}$ が重くなり，状態 $\boldsymbol{x}(t)$ の収束を重視した評価関数となる．逆に，「状態の収束が遅くても，入力の大きさを小さくしたい」と望むときには，重み行列 $\boldsymbol{R}$ を $\boldsymbol{Q}$ に比べて重くして，(24.4) 式を入力の大きさを重視した評価関数にしておく．

このように制御系を設計する人が，$\boldsymbol{Q}$, $\boldsymbol{R}$ のバランスを決めて (24.4) 式の評価関数を設定しておき，その J の値を最小にするような $\boldsymbol{F}$ を求め，それを制御に使うのが，最適レギュレータを用いるときの手順である．

24.2.4 J を最小にする $\boldsymbol{F}$ の求め方

状態フィードバックで制御するとき，$\boldsymbol{F}$ をどういう行列にするかで入力 $\boldsymbol{u}(t)$ のとる値が異なってくる．それに応じて $\boldsymbol{x}(t)$ の時間的推移が決まり，それらの積分値として J の値が決まる．このように J の値は $\boldsymbol{F}$ の選択に依存し，それを用いて制御した結果として決まる値である．しかし，**いろいろな $\boldsymbol{F}$ の中で J の値を最小にする $\boldsymbol{F}$（および J の最小値）は，ある種の方程式の解を用いて求めることができる．**その方程式とは，次の行列方程式である．

$$\boldsymbol{A}^T\boldsymbol{P}+\boldsymbol{P}\boldsymbol{A}-\boldsymbol{P}\boldsymbol{B}\boldsymbol{R}^{-1}\boldsymbol{B}^T\boldsymbol{P}+\boldsymbol{Q}=\boldsymbol{0} \tag{24.6}$$

この形の方程式は**リカッチ方程式**（Riccati 方程式）と呼ばれ，最適制御理論でよく見られる．$\boldsymbol{A}$, $\boldsymbol{B}$, $\boldsymbol{R}$, $\boldsymbol{Q}$ は既知の与えられた行列であり，$\boldsymbol{P}$ が未知の行列となっている．解 $\boldsymbol{P}$ は n 次正方行列であり，正定行列とする．

制御対象が (24.1),(24.2) 式で表されるとき，リカッチ方程式

$$\boldsymbol{A}^T\boldsymbol{P}+\boldsymbol{P}\boldsymbol{A}-\boldsymbol{P}\boldsymbol{B}\boldsymbol{R}^{-1}\boldsymbol{B}^T\boldsymbol{P}+\boldsymbol{Q}=\boldsymbol{0} \tag{24.7}$$

の解 $\boldsymbol{P}$ (ただし，$\boldsymbol{P}$ は正定行列）を用いて，

$$\boldsymbol{F}=\boldsymbol{R}^{-1}\boldsymbol{B}^T\boldsymbol{P} \tag{24.8}$$

とした状態フィードバック

$$\boldsymbol{u}(t)=-\boldsymbol{F}\boldsymbol{x}(t) \tag{24.9}$$

で制御すると，(24.4) 式の J は最小になる．

24.3 最小となることの証明

(24.4) 式の J を最小にする制御入力は，(24.9) 式の $\boldsymbol{u}(t)$ であることを証明する．(24.4) 式における被積分項は，(24.1) 式と (24.7) 式を用いると，次の

ように変形できる．

$$
\begin{aligned}
&\boldsymbol{x}(t)^T\boldsymbol{Q}\boldsymbol{x}(t)+\boldsymbol{u}(t)^T\boldsymbol{R}\boldsymbol{u}(t)\\
&=\boldsymbol{x}(t)^T\left(-\boldsymbol{A}^T\boldsymbol{P}-\boldsymbol{P}\boldsymbol{A}+\boldsymbol{P}\boldsymbol{B}\boldsymbol{R}^{-1}\boldsymbol{B}^T\boldsymbol{P}\right)\boldsymbol{x}(t)+\boldsymbol{u}(t)^T\boldsymbol{R}\boldsymbol{u}(t)\\
&=-\dot{\boldsymbol{x}}(t)^T\boldsymbol{P}\boldsymbol{x}(t)+\boldsymbol{u}(t)^T\boldsymbol{B}^T\boldsymbol{P}\boldsymbol{x}(t)-\boldsymbol{x}(t)^T\boldsymbol{P}\dot{\boldsymbol{x}}(t)+\boldsymbol{x}(t)^T\boldsymbol{P}\boldsymbol{B}\boldsymbol{u}(t)\\
&\quad+\boldsymbol{x}(t)^T\boldsymbol{P}\boldsymbol{B}\boldsymbol{R}^{-1}\boldsymbol{B}^T\boldsymbol{P}\boldsymbol{x}(t)+\boldsymbol{u}(t)^T\boldsymbol{R}\boldsymbol{u}(t)\\
&=-\frac{d}{dt}\left(\boldsymbol{x}(t)^T\boldsymbol{P}\boldsymbol{x}(t)\right)\\
&\quad+\left(\boldsymbol{u}(t)+\boldsymbol{R}^{-1}\boldsymbol{B}^T\boldsymbol{P}\boldsymbol{x}(t)\right)^T\boldsymbol{R}\left(\boldsymbol{u}(t)+\boldsymbol{R}^{-1}\boldsymbol{B}^T\boldsymbol{P}\boldsymbol{x}(t)\right)
\end{aligned}
\tag{24.10}
$$

$t\to\infty$ で $\boldsymbol{x}(t)\to\boldsymbol{0}$ であることを考慮しながら，(24.10) 式の両辺を $t=0$ から ∞ まで積分すると

$$
\begin{aligned}
J&=\boldsymbol{x}(0)^T\boldsymbol{P}\boldsymbol{x}(0)\\
&\quad+\int_0^\infty\left(\boldsymbol{u}(t)+\boldsymbol{R}^{-1}\boldsymbol{B}^T\boldsymbol{P}\boldsymbol{x}(t)\right)^T\boldsymbol{R}\left(\boldsymbol{u}(t)+\boldsymbol{R}^{-1}\boldsymbol{B}^T\boldsymbol{P}\boldsymbol{x}(t)\right)dt\\
&=\boldsymbol{x}(0)^T\boldsymbol{P}\boldsymbol{x}(0)+\int_0^\infty\boldsymbol{v}(t)^T\boldsymbol{R}\boldsymbol{v}(t)dt
\end{aligned}
\tag{24.11}
$$

となる．ただし，

$$
\boldsymbol{v}(t)=\boldsymbol{u}(t)+\boldsymbol{R}^{-1}\boldsymbol{B}^T\boldsymbol{P}\boldsymbol{x}(t) \tag{24.12}
$$

と置いた．(24.11) 式から J を最小にする $\boldsymbol{u}(t)$ を考える．第 1 項 $\boldsymbol{x}(0)^T\boldsymbol{P}\boldsymbol{x}(0)$ は定数なので，第 2 項の積分項に注目する．$\boldsymbol{R}$ は正定行列なので，$\boldsymbol{0}$ 以外のどんな $\boldsymbol{v}(t)$ に対しても $\boldsymbol{v}(t)^T\boldsymbol{R}\boldsymbol{v}(t)$ は正の値になる．したがって，$\boldsymbol{v}(t)=\boldsymbol{0}$ とするときに $\boldsymbol{v}(t)^T\boldsymbol{R}\boldsymbol{v}(t)=0$ となり，$\int_0^\infty\boldsymbol{v}(t)^T\boldsymbol{R}\boldsymbol{v}(t)dt$ は最小となる．したがって，(24.12) 式で $\boldsymbol{v}(t)=\boldsymbol{0}$ として得られる

$$
\boldsymbol{u}(t)=-\boldsymbol{R}^{-1}\boldsymbol{B}^T\boldsymbol{P}\boldsymbol{x}(t) \tag{24.13}
$$

のとき，J は値 $\boldsymbol{x}(0)^T\boldsymbol{P}\boldsymbol{x}(0)$ で最小となる．$\boldsymbol{u}(t)=-\boldsymbol{F}\boldsymbol{x}(t)$ と (24.13) 式より，$\boldsymbol{F}=\boldsymbol{R}^{-1}\boldsymbol{B}^T\boldsymbol{P}$ で最小となることがわかる．

24.4　安定であることの証明

制御対象の状態方程式が $\dot{\boldsymbol{x}}(t) = \boldsymbol{A}\boldsymbol{x}(t) + \boldsymbol{B}\boldsymbol{u}(t)$ であり，最適レギュレータ $\boldsymbol{u}(t) = -\boldsymbol{R}^{-1}\boldsymbol{B}^T\boldsymbol{P}\boldsymbol{x}(t)$ で制御したとき，閉ループ系の状態方程式は

$$\dot{\boldsymbol{x}}(t) = \left(\boldsymbol{A} - \boldsymbol{B}\boldsymbol{R}^{-1}\boldsymbol{B}^T\boldsymbol{P}\right)\boldsymbol{x}(t) \tag{24.14}$$

となる．ところで，この閉ループ系は安定なのだろうか．すなわち，$\boldsymbol{A} - \boldsymbol{B}\boldsymbol{R}^{-1}\boldsymbol{B}^T\boldsymbol{P}$ の固有値は，すべて実部が負なのだろうか．

この問題を考察するためには，**リアプノフ (Lyapunov) の安定論**を応用しなければならない（リアプノフとはロシアの数学者である）．その理論において，次の定理が知られている．

> 線形自由システム
>
> $$\dot{\boldsymbol{x}}(t) = \boldsymbol{A}\boldsymbol{x}(t) \tag{24.15}$$
>
> の解 $\boldsymbol{x}(t)$ が $\boldsymbol{0}$ に漸近する必要十分条件は，正定行列 $\boldsymbol{Y}$ に対して
>
> $$\boldsymbol{A}^T\boldsymbol{X} + \boldsymbol{X}\boldsymbol{A} = -\boldsymbol{Y} \tag{24.16}$$
>
> を満たす正定行列 $\boldsymbol{X}$ が存在することである．

(24.16) 式はリアプノフ方程式と呼ばれるものである．この定理より，正定行列 $\boldsymbol{X}$ と $\boldsymbol{Y}$ に対して (24.16) 式が成り立てば，$\boldsymbol{A}$ は安定な行列（すべての固有値の実部が負の行列）であるといえる．これを応用すると $\boldsymbol{A} - \boldsymbol{B}\boldsymbol{R}^{-1}\boldsymbol{B}^T\boldsymbol{P}$ が安定な行列であることが次のように示される．まず，(24.7) 式は

$$(\boldsymbol{A} - \boldsymbol{B}\boldsymbol{R}^{-1}\boldsymbol{B}^T\boldsymbol{P})^T\boldsymbol{P} + \boldsymbol{P}(\boldsymbol{A} - \boldsymbol{B}\boldsymbol{R}^{-1}\boldsymbol{B}^T\boldsymbol{P}) = -(\boldsymbol{P}\boldsymbol{B}\boldsymbol{R}^{-1}\boldsymbol{B}^T\boldsymbol{P} + \boldsymbol{Q})$$

と変形できる．まず，この式は (24.16) 式のリアプノフ方程式と同じ形をしていることに注意しよう．そして，$\boldsymbol{R}$ と $\boldsymbol{Q}$ が正定行列であることから，上式右辺の $\boldsymbol{P}\boldsymbol{B}\boldsymbol{R}^{-1}\boldsymbol{B}^T\boldsymbol{P} + \boldsymbol{Q}$ は正定行列である．さらに，正定行列 $\boldsymbol{P}$ に対して成り立っていることから，$\boldsymbol{A} - \boldsymbol{B}\boldsymbol{R}^{-1}\boldsymbol{B}^T\boldsymbol{P}$ は安定な行列であることがわかる．

24.5　最適レギュレータの適用例

24.5.1　制御しないとき

制御対象の状態方程式表現が

$$\begin{cases} \dot{\boldsymbol{x}}(t) = \begin{bmatrix} -7 & 12 \\ -3 & 4 \end{bmatrix} \boldsymbol{x}(t) + \begin{bmatrix} 1 \\ 1 \end{bmatrix} u(t) \\ \boldsymbol{y}(t) = \boldsymbol{x}(t) \end{cases} \tag{24.17}$$

であるとする．

$$\boldsymbol{A} = \begin{bmatrix} -7 & 12 \\ -3 & 4 \end{bmatrix}, \quad \boldsymbol{B} = \begin{bmatrix} 1 \\ 1 \end{bmatrix} \tag{24.18}$$

である．何も制御しないとき，$\boldsymbol{x}(t)(=\boldsymbol{y}(t))$ は図 24.1 のように動く．実線が $x_1(t)$, 破線が $x_2(t)$，一点鎖線が $u(t)$ を表している．

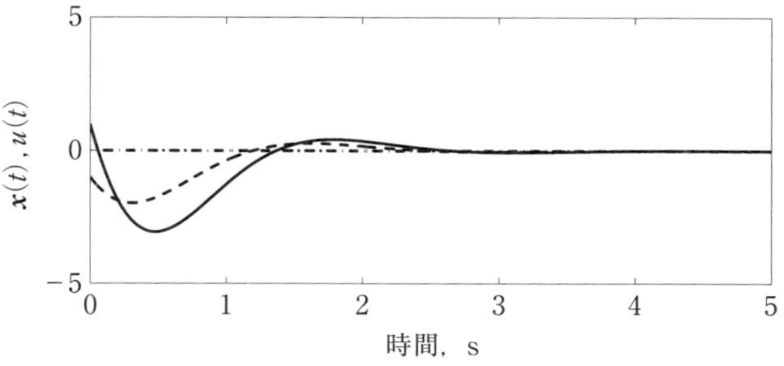

図 24.1　$u(t)=0$ の場合の $\boldsymbol{x}(t)$ の挙動

$\boldsymbol{A}$ が安定な行列であるため，何も制御しなくても $\boldsymbol{x}(t)$ は $\boldsymbol{0}$ に収束するが，制御によってもっと速やかに $\boldsymbol{0}$ に収束させることを以下で試みるとする．

24.5.2　制御の例（その 1）

もっと $\boldsymbol{x}(t)$ を速やかに $\boldsymbol{0}$ に収束させるため，制御対象に $u(t)$ を作用させる．そのために，最適レギュレータを設計する．まず，$q=1, r=1$ として

$$\boldsymbol{Q} = q\boldsymbol{I} = \begin{bmatrix} 1 & 0 \\ 0 & 1 \end{bmatrix}, \quad \boldsymbol{R} = r\boldsymbol{I} = 1 \tag{24.19}$$

で評価関数 J の重み $\boldsymbol{Q}$, $\boldsymbol{R}$ を設定してみる．これら $\boldsymbol{Q}$, $\boldsymbol{R}$ と $\boldsymbol{A}$, $\boldsymbol{B}$ に対して，(24.7) 式のリカッチ方程式を満たす解 $\boldsymbol{P}$ を求めると

$$\boldsymbol{P} = \begin{bmatrix} 0.3781 & -0.7370 \\ -0.7370 & 2.4548 \end{bmatrix} \tag{24.20}$$

となる．これを用いて $\boldsymbol{F} = \boldsymbol{R}^{-1}\boldsymbol{B}^T\boldsymbol{P}$ を計算すると, $\boldsymbol{F} = \begin{bmatrix} -0.3589 & 1.7178 \end{bmatrix}$ となる．したがって，

$$u(t) = -\boldsymbol{F}\boldsymbol{x}(t) = -\begin{bmatrix} -0.3589 & 1.7178 \end{bmatrix}\begin{bmatrix} x_1(t) \\ x_2(t) \end{bmatrix}$$

によって制御入力 $u(t)$ を計算して制御する．制御した結果は図 24.2 のようになる．

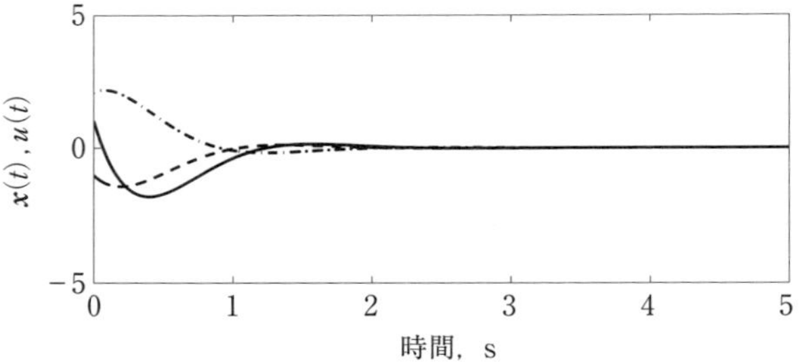

図 24.2　$q=1, r=1$ と設定した最適レギュレータによる制御

実線が $x_1(t)$, 破線が $x_2(t)$，一点鎖線が $u(t)$ を表している．図 24.1 に比べると $x_1(t)$, $x_2(t)$ が速く 0 に収束している．

24.5.3　制御の例（その 2）

図 24.2 よりももっと $\boldsymbol{x}(t)$ を速く $\boldsymbol{0}$ に収束させたいとする．こういう場合，評価関数 J における $\boldsymbol{x}(t)$ に掛かる重み $\boldsymbol{Q}$ を重くすればよいので，$q = 5$, $r = 1$ として

$$\boldsymbol{Q} = q\boldsymbol{I} = \begin{bmatrix} 5 & 0 \\ 0 & 5 \end{bmatrix}, \quad \boldsymbol{R} = r\boldsymbol{I} = 1 \tag{24.21}$$

としてみる．これら $\boldsymbol{Q}$, $\boldsymbol{R}$ と $\boldsymbol{A}$, $\boldsymbol{B}$ に対して (24.7) 式のリカッチ方程式を満たす解 $\boldsymbol{P}$ を求めると

$$\boldsymbol{P} = \begin{bmatrix} 0.9071 & -1.3102 \\ -1.3102 & 5.5017 \end{bmatrix} \tag{24.22}$$

となる．これを用いて $\boldsymbol{F} = \boldsymbol{R}^{-1}\boldsymbol{B}^T\boldsymbol{P}$ を計算すると，$\boldsymbol{F} = \begin{bmatrix} -0.4032 & 4.1915 \end{bmatrix}$ となる．したがって，

$$u(t) = -\boldsymbol{F}\boldsymbol{x}(t) = -\begin{bmatrix} -0.4032 & 4.1915 \end{bmatrix} \begin{bmatrix} x_1(t) \\ x_2(t) \end{bmatrix} \tag{24.23}$$

によって制御入力 $u(t)$ を計算して制御する．制御した結果は図 24.3 のようになる．実線が $x_1(t)$, 破線が $x_2(t)$，一点鎖線が $u(t)$ を表している．図 24.2 よりも $x_1(t)$, $x_2(t)$ が速やかに 0 に収束している．ただし，その分，一点鎖線の $u(t)$ の大きさが図 24.2 の場合よりも大きくなっている．

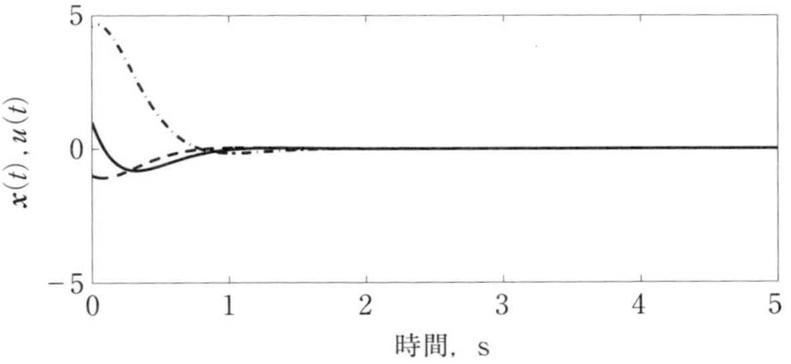

図 24.3　$q=5, r=1$ と設定した最適レギュレータによる制御

このように，q と r の値（一般には $\boldsymbol{Q}$ と $\boldsymbol{R}$）のバランスを調整して，$\boldsymbol{x}(t)$ の収束と $u(t)$ の大きさを調整しながら制御系を設計していくのが最適レギュレータの設計法である．

第 25 章 おわりに

第 16 ～ 21 では，制御対象を状態方程式で表し，その解析方法について述べた．制御を成功させるためには，まずは制御対象の性質を調べなければならない．そのための解析法が $\boldsymbol{A}$, $\boldsymbol{B}$, $\boldsymbol{C}$ という行列に対する操作（固有値やランクを調べる計算）として示されている．

第 22 ～ 24 章では，制御対象にコントローラを組み合わせた制御系の設計を解説した．ここでのコントローラは状態フィードバック，あるいはそれにオブザーバを追加したものとなっている．それらの設計法は，与えられた $\boldsymbol{A}$, $\boldsymbol{B}$, $\boldsymbol{C}$ を用いて，いかに $\boldsymbol{F}$, $\boldsymbol{L}$ を求めるかという問題に帰着される．

上記の解析・設計法は，行列を使った計算アルゴリズムとして書くことができるものとなっている．行列計算は計算機のプログラムにしやすいので，現代制御理論を用いると，解析，設計，シミュレーション，実装をスムーズに行うことができる．しかも，そこに出てくる行列は $\boldsymbol{A}$, $\boldsymbol{B}$, $\boldsymbol{C}$，$\boldsymbol{F}$, $\boldsymbol{L}$ という 5 種類ほどで，これは現代制御理論がかなりすっきりと体系化された理論であることを表している．

役に立ち，すっきりとしていることに加えて，現代制御理論はある種の美しさも持っていることを読者の皆さんは感じられただろうか．現代制御理論で出てくる式の構造に注目すると，ある種の対称性のようなものが見えてくる．例えば，$(\boldsymbol{A}, \boldsymbol{B})$ が可制御となるための条件と $(\boldsymbol{A}, \boldsymbol{C})$ が可観測になるための条件を見比べてみよう．可制御性行列を転置すると，可観測性行列と同じ構造になり，双対性が存在している．オブザーバを用いた制御系の極は，$\boldsymbol{A} - \boldsymbol{B}\boldsymbol{F}$ の固有値と $\boldsymbol{A} - \boldsymbol{L}\boldsymbol{C}$ の固有値になっている．このことは，$\boldsymbol{F}$ による極配置と $\boldsymbol{L}$ による極配置をそれぞれ独立に行うことにより制御系の極配置ができることを意味している．制御に関する $(\boldsymbol{A}, \boldsymbol{B})$，$\boldsymbol{A} - \boldsymbol{B}\boldsymbol{F}$ と，観測に関する $(\boldsymbol{A}, \boldsymbol{C})$，$\boldsymbol{A} - \boldsymbol{L}\boldsymbol{C}$ との間に成り立つ関係は，現代制御理論が持つ美しさといえるだろう．

制御工学をさらに深く勉強していくと，さまざまな面白さに遭遇する．この本を読んで制御理論に興味を持たれた方には，さらに勉強することをおすすめしたい．最後に，そのための参考書をいくつか紹介しておく．

本書を書く上で参考にしたのは，古典制御理論に関しては主に文献 [1]，[2]，現代制御理論に関しては [3] である．

本書で扱うシステムは線形システムだけに限定した．また，制御対象の実例としては簡単な電気回路しか取り上げなかった．実際に制御工学を応用して実システムを制御しようとなると，制御対象をいかに伝達関数や状態方程式で表現するかについてもう少し勉強しなければならない．その基礎として，物理システムのモデリング，非線形システムを線形システムとして近似する方法などについて知っておく必要がある．これについては，参考文献 [1] ～ [5] などに書かれている．

根軌跡について本書では第 14 章で述べたが，あまり詳しく書かれていない．根軌跡については文献 [6] などで詳細に書かれている．

動的システムの本質を理解するために，非線形システムとその安定論の勉強をおすすめする．参考書として文献 [7]，[8] などがある

本書で扱わなかったむだ時間システムについては，文献 [9] が参考書としてあげられる．

付 録

1　部分分数展開

例えば

$$G(s) = \frac{6s^2 + 22s + 18}{s^3 + 6s^2 + 11s + 6} \tag{1}$$
$$= \frac{6s^2 + 22s + 18}{(s+1)(s+2)(s+3)} \tag{2}$$

という伝達関数は

$$G(s) = \frac{1}{s+1} + \frac{2}{s+2} + \frac{3}{s+3} \tag{3}$$

と部分分数展開できる．

一般に，次のような伝達関数があるとする．

$$F(s) = \frac{b_m s^m + b_{m-1} s^{m-1} + \cdots + b_1 s + b_0}{s^n + a_{n-1} s^{n-1} + \cdots + a_1 s + a_0} \tag{4}$$

「分母多項式＝ 0」の根，すなわち極を $p_1, p_2, \cdots, p_n$ とすると，(4) 式は

$$F(s) = \frac{b_m s^m + b_{m-1} s^{m-1} + \cdots + b_1 s + b_0}{(s-p_1)(s-p_2)\cdots(s-p_n)} \tag{5}$$

と表すこともできる．$p_1, p_2, \cdots, p_n$ が互いに異なるとき，(5) 式は次のように部分分数展開することができる．

$$F(s) = \frac{k_1}{s-p_1} + \frac{k_2}{s-p_2} + \cdots + \frac{k_n}{s-p_n} \tag{6}$$

各項の分子に現れる k_i $(i = 1, \cdots, n)$ は，次のように求められる．

$$k_i = (s-p_i)F(s)\Big|_{s=p_i} \tag{7}$$

(5) 式を (6) 式のように変形すると，ラプラス逆変換がやりやすくなる．公式

$$\mathcal{L}^{-1}\left[\frac{1}{s+a}\right] = e^{-at} \tag{8}$$

を利用しながら (6) 式をラプラス逆変換すると，

$$\mathcal{L}^{-1}[F(s)] = k_1 e^{p_1 t} + k_2 e^{p_2 t} + \cdots + k_n e^{p_n t} \tag{9}$$

となる．

2 周波数と角周波数

例えば，$\sin\omega t$ という信号を考える．t は時間を表し，また ω は定数とする．ωt が 0 から 2π まで動くと，$\sin\omega t$ は 1 回りして再び 0 に戻る．このような信号は周期的な信号と呼ばれる．周期的な信号には，「周期」，「周波数」，「角周波数」をという量を与えることができる．

周期的な信号が 1 回り（1 周期）に要する時間を T [s] と書き「周期」と呼ぶ．1 秒間に何周期回るかを表す量が「周波数」であり，f [Hz](=[1/s]) と書く．$f = 1/T$ の関係がある．

周波数とよく似たものに角周波数がある．周波数は 1 秒当たりの回転数を表すのに対し，角周波数は 1 秒当たりの回転角 [rad] を表すものであり，通常 ω という記号が用いられ，単位は [rad/s] である．

周波数と角周波数は 2π 倍の関係がある．1 秒当たり f 回転すれば（1 回転 2π [rad] なので）1 秒当たり $2\pi f$ [rad] の回転角を生じる．したがって，$\omega = 2\pi f$ の関係がある．これと $f = 1/T$ を組み合わせると，$\omega T = 2\pi$ という関係も導かれる．

3 ωt を含む関数について

t を時間，ω を正の数とし，例えば $f(t) = \sin\omega t$ や $f(t) = e^{-\omega t}$ のような関数について考える．ω の値の大小により $f(t)$ の波形はどう変わるか，図で

示すと図 A.1 と図 A.2 のようになる．$\omega = 1$ の場合を実線，$\omega = 0.5$ の場合を一点鎖線，$\omega = 2$ の場合を破線で表示している．

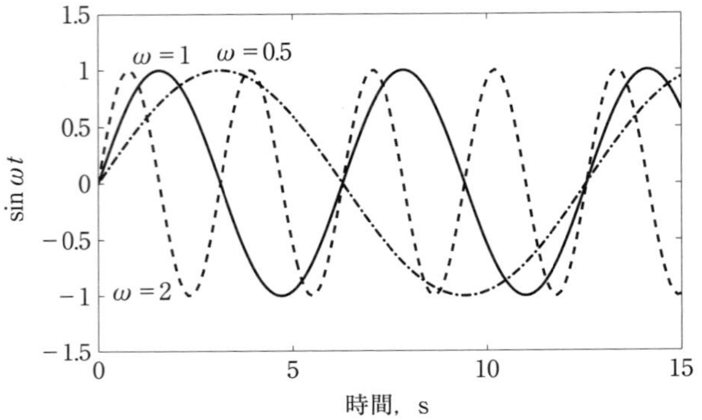

図 A.1　$\sin \omega t$ のグラフ

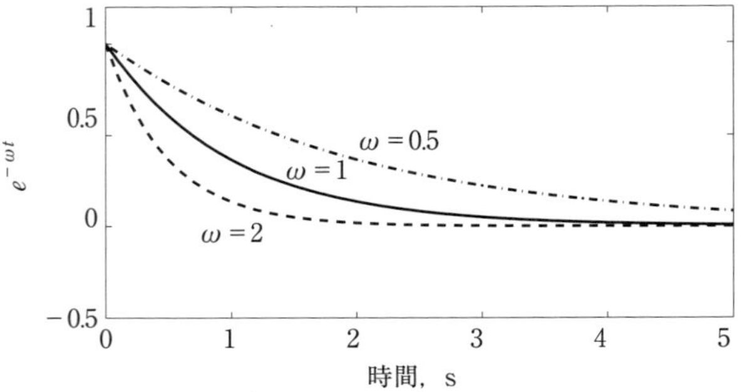

図 A.2　$e^{-\omega t}$ のグラフ

4　可制御であるための条件の証明

(21.35) 式が成り立てば可制御であることを示す．まず，n 次正方行列 $\boldsymbol{W}_T$ を

$$\boldsymbol{W}_T = \int_0^T \boldsymbol{e}^{-\boldsymbol{A}\tau} \boldsymbol{B}\boldsymbol{B}^T \boldsymbol{e}^{-\boldsymbol{A}^T\tau} d\tau \tag{10}$$

と定義する．この $\boldsymbol{W}_T$ は，(21.35) 式が成り立てば逆行列を持つ（この証明は後で行う）．任意に与えられた $\boldsymbol{x}_T$ に対して，$\boldsymbol{W}_T^{-1}$ を用いた入力

$$\boldsymbol{u}(t) = \boldsymbol{B}^T \boldsymbol{e}^{-\boldsymbol{A}^T t} \boldsymbol{W}_T^{-1} \left\{ -\boldsymbol{x}(0) + \boldsymbol{e}^{-\boldsymbol{A}T} \boldsymbol{x}_T \right\} \tag{11}$$

を $\dot{\boldsymbol{x}}(t) = \boldsymbol{A}\boldsymbol{x}(t) + \boldsymbol{B}\boldsymbol{u}(t)$ に与えるとする．このとき，$t = T$ での $\boldsymbol{x}(t)$ は

$$\begin{aligned}
\boldsymbol{x}(T) &= \boldsymbol{e}^{\boldsymbol{A}T}\boldsymbol{x}(0) + \int_0^T \boldsymbol{e}^{\boldsymbol{A}(T-\tau)} \boldsymbol{B}\boldsymbol{u}(\tau) d\tau \\
&= \boldsymbol{e}^{\boldsymbol{A}T} \left[\boldsymbol{x}(0) + \int_0^T \boldsymbol{e}^{-\boldsymbol{A}\tau} \boldsymbol{B}\boldsymbol{B}^T \boldsymbol{e}^{-\boldsymbol{A}^T \tau} \boldsymbol{W}_T^{-1} \left\{ -\boldsymbol{x}(0) + \boldsymbol{e}^{-\boldsymbol{A}T} \boldsymbol{x}_T \right\} d\tau \right] \\
&= \boldsymbol{e}^{\boldsymbol{A}T} \left[\boldsymbol{x}(0) + \int_0^T \boldsymbol{e}^{-\boldsymbol{A}\tau} \boldsymbol{B}\boldsymbol{B}^T \boldsymbol{e}^{-\boldsymbol{A}^T \tau} d\tau \cdot \boldsymbol{W}_T^{-1} \left\{ -\boldsymbol{x}(0) + \boldsymbol{e}^{-\boldsymbol{A}T} \boldsymbol{x}_T \right\} \right] \\
&= \boldsymbol{e}^{\boldsymbol{A}T} \left[\boldsymbol{x}(0) + \left\{ -\boldsymbol{x}(0) + \boldsymbol{e}^{-\boldsymbol{A}T} \boldsymbol{x}_T \right\} \right] \\
&= \boldsymbol{e}^{\boldsymbol{A}T} \boldsymbol{e}^{-\boldsymbol{A}T} \boldsymbol{x}_T \\
&= \boldsymbol{x}_T
\end{aligned} \tag{12}$$

となり，$\boldsymbol{x}(T) = \boldsymbol{x}_T$ とできるので可制御である．

なお，(10) 式の $\boldsymbol{W}_T$ が逆行列をもつことは，次のように背理法を用いて証明できる．仮に，$\boldsymbol{W}_T$ が逆行列を持たず，

$$|\boldsymbol{W}_T| = 0 \tag{13}$$

であるとする．すると，

$$\boldsymbol{W}_T \boldsymbol{v} = \boldsymbol{0} \tag{14}$$

となる n 次元ベクトル $\boldsymbol{v}(\neq \boldsymbol{0})$ が存在する．これを用いて $\boldsymbol{v}^T \boldsymbol{W}_T \boldsymbol{v}$ を計算すると

$$\begin{aligned}
\boldsymbol{v}^T \boldsymbol{W}_T \boldsymbol{v} &= \int_0^T \boldsymbol{v}^T \boldsymbol{e}^{-\boldsymbol{A}\tau} \boldsymbol{B}\boldsymbol{B}^T \boldsymbol{e}^{-\boldsymbol{A}\tau} \boldsymbol{v} d\tau \\
&= \int_0^T \|\boldsymbol{B}^T \boldsymbol{e}^{-\boldsymbol{A}^T \tau} \boldsymbol{v}\|^2 d\tau \qquad (15) \\
&= 0 \quad ((14)\text{ 式より}) \qquad (16)
\end{aligned}$$

(15) 式の積分内は非負の値をとるので，(16) 式となるためには，

$$\boldsymbol{B}^T \boldsymbol{e}^{-\boldsymbol{A}^T t} \boldsymbol{v} = \boldsymbol{0}, \quad 0 \leq t \leq T \tag{17}$$

とならなければならない．この式を t で $0 \sim n-1$ 回微分して，それらに $t=0$ を代入すると

$$\begin{bmatrix} \boldsymbol{B}^T \\ \boldsymbol{B}^T \boldsymbol{A}^T \\ \vdots \\ \boldsymbol{B}^T \left(\boldsymbol{A}^T\right)^{n-1} \end{bmatrix} \boldsymbol{v} = \boldsymbol{0} \tag{18}$$

が得られる．$\boldsymbol{v} \neq \boldsymbol{0}$ に対して (18) 式が成り立つことは，(21.35) 式と矛盾する．したがって，(13) 式は成り立たず，$\boldsymbol{W}_T$ は逆行列を持つ．

5 状態フィードバックゲインの設定法に関する証明

第 22 章の (22.13) 式で状態フィードバックゲイン $\boldsymbol{F}$ を設定することによって，$\boldsymbol{A}-\boldsymbol{BF}$ の固有値が $\mu_1 \cdots \mu_n$ になることを証明する．

$\boldsymbol{T}$ を (20.27) 式で得られるものとすると，

$$\begin{aligned} &|s\boldsymbol{I} - (\boldsymbol{A} - \boldsymbol{BF})| \\ &= |\boldsymbol{T}^{-1}\{s\boldsymbol{I} - (\boldsymbol{A} - \boldsymbol{BF})\}\boldsymbol{T}| \\ &= |s\boldsymbol{I} - \boldsymbol{T}^{-1}\boldsymbol{AT} + \boldsymbol{T}^{-1}\boldsymbol{BFT}| \\ &= \left| s\boldsymbol{I} - \begin{bmatrix} 0 & 1 & 0 & \cdots & 0 \\ \vdots & \ddots & 1 & \ddots & \vdots \\ \vdots & & \ddots & \ddots & 0 \\ 0 & \cdots & \cdots & 0 & 1 \\ -a_1 & -a_2 & \cdots & -a_{n-1} & -a_n \end{bmatrix} \right. \\ &\qquad \left. + \begin{bmatrix} 0 \\ 0 \\ \vdots \\ 0 \\ 1 \end{bmatrix} \begin{bmatrix} d_1 - a_1 & d_2 - a_2 & \cdots & d_n - a_n \end{bmatrix} \right| \end{aligned} \tag{19}$$

$$
\begin{aligned}
&= \left| s\boldsymbol{I} - \begin{bmatrix} 0 & 1 & 0 & \cdots & 0 \\ \vdots & \ddots & 1 & \ddots & \vdots \\ \vdots & & \ddots & \ddots & 0 \\ 0 & \cdots & \cdots & 0 & 1 \\ -d_1 & -d_2 & \cdots & -d_{n-1} & -d_n \end{bmatrix} \right| \\
&= s^n + d_n s^{n-1} + d_{n-1} s^{n-2} + \cdots + d_2 s + d_1 \\
&= (s-\mu_1)(s-\mu_2)\cdots(s-\mu_n)
\end{aligned}
$$

となり，$\boldsymbol{A}-\boldsymbol{BF}$ の固有値が $\mu_1 \cdots \mu_n$ になることがわかる．なお，(19) 式の導出には (20.28), (20.29) 式および (22.13) 式を用いた．

参考文献

[1] 杉江，藤田：フィードバック制御入門，コロナ社，1999
[2] 伊藤正美：自動制御，丸善，1981
[3] 小郷，美多：システム制御理論入門，実教出版，1979
[4] 細江繁幸：システムと制御，オーム社，1997
[5] 大須賀，足立：システム制御へのアプローチ，コロナ社，1999
[6] 吉川恒夫：古典制御論，昭晃堂，2004
[7] 平井，池田：非線形制御システムの解析，オーム社，1986
[8] 井村順一：システム制御のための安定論，コロナ社，2000
[9] 渡部慶二：むだ時間システムの制御，コロナ社，1993

演習問題の解答

問題 2.1

$$F(s) = \frac{2}{s} - \frac{2}{s+2} + \frac{3}{(s+1)^2}$$

問題 3.1

微分方程式の両辺をラプラス変換する（初期値は 0 とする）と，$s^2y(s) + 2sy(s) + 5y(s) = 3u(s)$ となる．これより

$$y(s) = \frac{3}{s^2+2s+5}u(s)$$

が成り立つので，伝達関数は

$$\frac{3}{s^2+2s+5}$$

である．

問題 4.1

図より，$y(s) = G(s)e(s) = G(s)\{r(s) - K(s)y(s)\}$ となる．これより，

$$y(s) = \frac{G(s)}{1+G(s)K(s)}r(s)$$

が得られる．$G(s) = \dfrac{2}{s+3}$, $K(s) = \dfrac{1}{s+2}$ より，

$$\frac{G(s)}{1+G(s)K(s)} = \frac{2s+4}{s^2+5s+8}$$

問題 5.1

$$y(s) = G(s)\frac{1}{s} = \frac{5s+6}{s(s+1)(s+2)}$$

として，これをラプラス逆変換すれば $y(t)$ が求められる．そのために，まずは

$$y(s) = \frac{k_1}{s} + \frac{k_2}{s+1} + \frac{k_3}{s+2}$$

として，k_1, k_2, k_3 を付録の (7) 式を用いて求める．

$$\begin{aligned}
k_1 &= sy(s)\Big|_{s=0} = \frac{5s+6}{(s+1)(s+2)}\Big|_{s=0} = 3 \\
k_2 &= (s+1)y(s)\Big|_{s=-1} = \frac{5s+6}{s(s+2)}\Big|_{s=-1} = -1 \\
k_3 &= (s+2)y(s)\Big|_{s=-2} = \frac{5s+6}{s(s+1)}\Big|_{s=-2} = -2
\end{aligned}$$

と求められ，

$$y(s) = \frac{3}{s} - \frac{1}{s+1} - \frac{2}{s+2}$$

となる．これをラプラス逆変換して，

$$y(t) = 3 - e^{-t} - 2e^{-2t}$$

問題 6.1

$s^4 + 6s^3 + 11s^2 + 6s + 5 = 0$ の解の実部が負かどうかを判別する．4 次なのでラウスの方法を用いる．まず，係数はすべて正であることが確認できる．次に，ラウス表をつくってみると，下の表になる．

第 1 行	1	11	5
第 2 行	6	6	·
第 3 行	10	5	·
第 4 行	3	·	
第 5 行	5		

最も左の列は

$$\begin{array}{c}1\\6\\10\\3\\5\end{array}$$

であり，すべて正なのでシステムは安定である．

問題 7.1

伝達関数が $G(s)$ のシステムに $u(t)=\sin\omega t$ の入力を与えると，出力は時間の経過とともに $y(t)=|G(j\omega)|\sin(\omega t+\angle G(j\omega))$ となる．問題文から $\omega=2$ のときのゲイン $|G(2j)|$ が $\sqrt{2}$，位相 $\angle G(2j)$ が $-\pi/4$ であることがわかる．これより，

$$G(2j)=1-j$$

が得られる．上式は

$$G(s)=\frac{a}{s^2+s+b}$$

を用いると，

$$\frac{a}{-4+2j+b}=1-j$$

と書ける．これより，$a=-4+2j+b+4j+2-bj$，すなわち，$(a-b+2)+(b-6)j=0$ が成り立ち，$a=4, b=6$ であることがわかる．

問題 8.1

特性方程式は

$$k(s-1)+(s-6)(s-3)=s^2+(k-9)s-k+18=0$$

となる．2 次方程式なので，係数がすべて正であれば解の実部は負となり，制御系は安定となる．係数がすべて正の条件は $k-9>0$ ，$-k+18>0$，すなわち $9<k<18$ のとき制御系は安定となる．

問題 10.1

ゲインが 0 dB のときの位相を読みとると，およそ –85 deg なので，位相余裕（–180 deg までの余裕）はおよそ 95 deg である．位相が –180 deg のときのゲインを読みとると，およそ –16 dB なので，ゲイン余裕（0 dB までの余裕）はおよそ 16 dB である．

問題 11.1

r から y への伝達関数は

$$\frac{G(s)K(s)}{1+G(s)K(s)}$$

であることから，r がステップ信号のときの y の最終値は，

$$\lim_{t\to\infty} y(t) = \frac{G(0)K(0)}{1+G(0)K(0)} = \frac{\frac{4}{1}\cdot\frac{1}{1}}{1+\frac{4}{1}\cdot\frac{1}{1}} = \frac{4}{5}$$

これより定常偏差は

$$\lim_{t\to\infty} e(t) = \lim_{t\to\infty} r(t) - \lim_{t\to\infty} y(t) = 1 - \frac{4}{5} = \frac{1}{5}$$

（あるいは，(11.3) 式を使っても計算できる）

問題 16.1

まず，$u(t)$ と $y(t)$ の関係式を

$$\ddot{y}(t) = -2y(t) - 4\dot{y}(t) + 3u(t)$$

と変形する．これより，

$$\begin{bmatrix} \dot{y}(t) \\ \ddot{y}(t) \end{bmatrix} = \begin{bmatrix} 0 & 1 \\ -2 & -4 \end{bmatrix} \begin{bmatrix} y(t) \\ \dot{y}(t) \end{bmatrix} + \begin{bmatrix} 0 \\ 3 \end{bmatrix} u(t)$$

$$y(t) = \begin{bmatrix} 1 & 0 \end{bmatrix} \begin{bmatrix} y(t) \\ \dot{y}(t) \end{bmatrix}$$

となる．よって，

$$\boldsymbol{A} = \begin{bmatrix} 0 & 1 \\ -2 & -4 \end{bmatrix}, \quad \boldsymbol{B} = \begin{bmatrix} 0 \\ 3 \end{bmatrix}, \quad \boldsymbol{C} = \begin{bmatrix} 1 & 0 \end{bmatrix}$$

問題 16.2

$$\begin{aligned} G(s) &= \boldsymbol{C}(s\boldsymbol{I} - \boldsymbol{A})^{-1}\boldsymbol{B} \\ &= \begin{bmatrix} 1 & 0 \end{bmatrix} \begin{bmatrix} s & -\frac{1}{4} \\ \frac{1}{3} & s + \frac{2}{3} \end{bmatrix}^{-1} \begin{bmatrix} 0 \\ \frac{1}{3} \end{bmatrix} \\ &= \frac{1}{s(s+\frac{2}{3}) + \frac{1}{12}} \begin{bmatrix} 1 & 0 \end{bmatrix} \begin{bmatrix} s + \frac{2}{3} & \frac{1}{4} \\ -\frac{1}{3} & s \end{bmatrix} \begin{bmatrix} 0 \\ \frac{1}{3} \end{bmatrix} \\ &= \frac{1}{12s^2 + 8s + 1} \end{aligned}$$

問題 17.1

$$|\lambda\boldsymbol{I} - \boldsymbol{M}| = \left| \begin{bmatrix} \lambda & 0 \\ 0 & \lambda \end{bmatrix} - \begin{bmatrix} 1 & 2 \\ -3 & 1 \end{bmatrix} \right| = \begin{vmatrix} \lambda - 1 & -2 \\ 3 & \lambda - 1 \end{vmatrix}$$
$$= (\lambda - 1)^2 - (-2)\cdot 3 = \lambda^2 - 2\lambda + 7$$

より，$\lambda^2 - 2\lambda + 7 = 0$ を解いて，$\lambda = 1 \pm \sqrt{6}j$ が固有値である．

問題 18.1

$$\boldsymbol{x}(t) = \boldsymbol{e}^{\boldsymbol{A}(t-t_0)}\boldsymbol{x}(t_0) = \boldsymbol{e}^{\boldsymbol{A}(t-1)} \begin{bmatrix} 1 \\ 1 \end{bmatrix} = \begin{bmatrix} e^{-3(t-1)} & 0 \\ 0 & e^{2(t-1)} \end{bmatrix} \begin{bmatrix} 1 \\ 1 \end{bmatrix}$$

$t = 3$ を代入して，

$$\boldsymbol{x}(3) = \begin{bmatrix} e^{-6} \\ e^{4} \end{bmatrix}$$

問題 19.1

$\boldsymbol{A} = \begin{bmatrix} -1 & 2 \\ -3 & 0 \end{bmatrix}$ の固有値を調べる.

$$|\lambda \boldsymbol{I} - \boldsymbol{A}| = \begin{vmatrix} \lambda + 1 & -2 \\ 3 & \lambda \end{vmatrix} = \lambda^2 + \lambda + 6$$

なので, $\boldsymbol{A}$ の固有値は $\lambda^2+\lambda+6=0$ の根であり, $-1/2 \pm (\sqrt{23}/2)j$ である. 実部が負なので, システムは安定である. したがって, $\boldsymbol{x}(t)$ は発散しない.

問題 20.1

(1)

$$\begin{aligned} \dot{\boldsymbol{z}}(t) &= \begin{bmatrix} -1 & 0 & 0 \\ 0 & -2 & 0 \\ 0 & 0 & -3 \end{bmatrix} \boldsymbol{z}(t) + \begin{bmatrix} 1 \\ 1 \\ 1 \end{bmatrix} u(t) \\ y(t) &= \begin{bmatrix} 1 & 1 & 1 \end{bmatrix} \boldsymbol{z}(t) \end{aligned}$$

(2)

$$G(s) = \frac{1}{s+1} + \frac{1}{s+2} + \frac{1}{s+3} = \frac{3s^2+12s+11}{s^3+6s^2+11s+6} \text{ より,}$$

$$\begin{aligned} \dot{\boldsymbol{z}}(t) &= \begin{bmatrix} 0 & 1 & 0 \\ 0 & 0 & 1 \\ -6 & -11 & -6 \end{bmatrix} \boldsymbol{z}(t) + \begin{bmatrix} 0 \\ 0 \\ 1 \end{bmatrix} u(t) \\ y(t) &= \begin{bmatrix} 11 & 12 & 3 \end{bmatrix} \boldsymbol{z}(t) \end{aligned}$$

(3)

$$\begin{aligned} \dot{\boldsymbol{z}}(t) &= \begin{bmatrix} 0 & 0 & -6 \\ 1 & 0 & -11 \\ 0 & 1 & -6 \end{bmatrix} \boldsymbol{z}(t) + \begin{bmatrix} 11 \\ 12 \\ 3 \end{bmatrix} u(t) \\ y(t) &= \begin{bmatrix} 0 & 0 & 1 \end{bmatrix} \boldsymbol{z}(t) \end{aligned}$$

問題 21.1

(1) $\boldsymbol{U}_c = \begin{bmatrix} \boldsymbol{B} & \boldsymbol{AB} \end{bmatrix} = \begin{bmatrix} -1 & -2 \\ 1 & 2 \end{bmatrix}$

$|\boldsymbol{U}_c| = \begin{vmatrix} -1 & -2 \\ 1 & 2 \end{vmatrix} = (-1)\cdot 2 - (-2)\cdot 1 = 0$ なので不可制御である．

(2) $\boldsymbol{U}_o = \begin{bmatrix} \boldsymbol{C} \\ \boldsymbol{CA} \end{bmatrix} = \begin{bmatrix} 0 & 1 \\ 2 & 4 \end{bmatrix}$

$|\boldsymbol{U}_o| = \begin{vmatrix} 0 & 1 \\ 2 & 4 \end{vmatrix} = 0\cdot 4 - 1\cdot 2 = -2 \neq 0$ なので可観測である．

(3) $G(s) = \boldsymbol{C}(s\boldsymbol{I} - \boldsymbol{A})^{-1}\boldsymbol{B} = \begin{bmatrix} 0 & 1 \end{bmatrix} \begin{bmatrix} s-3 & -1 \\ -2 & s-4 \end{bmatrix}^{-1} \begin{bmatrix} -1 \\ 1 \end{bmatrix}$
$= \dfrac{s-5}{(s-2)(s-5)} = \dfrac{1}{s-2}$（不可制御のため，極零消去が生じていることに注意）

問題 22.1

(1) 制御しないとき $u(t) = 0$ なので

$$\dot{\boldsymbol{x}}(t) = \begin{bmatrix} 4 & 2 \\ -7 & -5 \end{bmatrix} \boldsymbol{x}(t)$$

の安定性を考える．$\boldsymbol{A} = \begin{bmatrix} 4 & 2 \\ -7 & -5 \end{bmatrix}$ としてこの固有値を調べる．

$$|\lambda\boldsymbol{I} - \boldsymbol{A}| = \begin{vmatrix} \lambda-4 & -2 \\ 7 & \lambda+5 \end{vmatrix} = (\lambda-2)(\lambda+3) = 0$$

の根は 2 と -3 であり，正の固有値があるので不安定である．

(2) $\boldsymbol{U}_c = \begin{bmatrix} \boldsymbol{B} & \boldsymbol{AB} \end{bmatrix} = \begin{bmatrix} 0 & 2 \\ 1 & -5 \end{bmatrix}$

$$|\boldsymbol{U}_c| = \begin{vmatrix} 0 & 2 \\ 1 & -5 \end{vmatrix} = 0 \cdot (-5) - 2 \cdot 1 = -2 \neq 0$$ なので可制御である．

(3) $\boldsymbol{F} = \begin{bmatrix} f_1 & f_2 \end{bmatrix}$ とする．

$$\begin{aligned} &|\lambda \boldsymbol{I} - (\boldsymbol{A} - \boldsymbol{B}\boldsymbol{F})| \\ &= \left| \begin{bmatrix} \lambda & 0 \\ 0 & \lambda \end{bmatrix} - \begin{bmatrix} 4 & 2 \\ -7 & -5 \end{bmatrix} + \begin{bmatrix} 0 \\ 1 \end{bmatrix} \begin{bmatrix} f_1 & f_2 \end{bmatrix} \right| \\ &= \lambda^2 + (1 + f_2)\lambda + 2f_1 - 4f_2 - 6 \end{aligned}$$

これを $(\lambda+1)(\lambda+2) = \lambda^2 + 3\lambda + 2$ と一致させるためには

$$f_2 + 1 = 3, \quad 2f_1 - 4f_2 - 6 = 2$$

を満たせばよい．これを解いて $f_1 = 8 \quad f_2 = 2$ となるので

$$\boldsymbol{F} = \begin{bmatrix} 8 & 2 \end{bmatrix}$$

問題 23.1

$\boldsymbol{L} = \begin{bmatrix} \ell_1 \\ \ell_2 \end{bmatrix}$ とする．

$$\begin{aligned} &|\lambda \boldsymbol{I} - (\boldsymbol{A} - \boldsymbol{L}\boldsymbol{C})| \\ &= \left| \begin{bmatrix} \lambda & 0 \\ 0 & \lambda \end{bmatrix} - \begin{bmatrix} 1 & 4 \\ -2 & 3 \end{bmatrix} + \begin{bmatrix} \ell_1 \\ \ell_2 \end{bmatrix} \begin{bmatrix} 1 & 1 \end{bmatrix} \right| \\ &= \begin{vmatrix} \lambda - 1 + \ell_1 & -4 + \ell_1 \\ 2 + \ell_2 & \lambda - 3 + \ell_2 \end{vmatrix} \\ &= \lambda^2 + (\ell_1 + \ell_2 - 4)\lambda - 5\ell_1 + 3\ell_2 + 11 \end{aligned}$$

これを $(\lambda+2)(\lambda+3) = \lambda^2 + 5\lambda + 6$ と一致させるためには

$$\ell_1 + \ell_2 - 4 = 5, \quad -5\ell_1 + 3\ell_2 + 11 = 6$$

を満たせばよい．これを解いて $\ell_1 = 4 \quad \ell_2 = 5$ となるので，$\boldsymbol{L} = \begin{bmatrix} 4 \\ 5 \end{bmatrix}$ である．

索引

著者略歴

村松　鋭一（むらまつ　えいいち）

1991年	名古屋大学大学院修士課程修了（情報工学専攻）
1991年	住友金属工業株式会社入社
1995年	神戸商船大学（現在，神戸大学海事科学部）助手
1998年	博士（工学）（大阪大学）
1999年	大阪府立大学講師
2002年	山形大学助教授
2007年	山形大学准教授
	現在に至る

JCOPY ＜（社）出版者著作権管理機構　委託出版物＞

2013

2010年3月8日　第1版発行
2013年2月25日　訂正第2版

制御工学入門

著者との申し合せにより検印省略

定価（本体3200円＋税）

著作者　村松鋭一（むらまつえいいち）

発行者　株式会社　養賢堂
代表者　及川　清

印刷者　株式会社　真興社
責任者　福田真太郎

〒113-0033 東京都文京区本郷5丁目30番15号
発行所　株式会社養賢堂
TEL 東京(03)3814-0911　振替00120
FAX 東京(03)3812-2615　7-25700
URL http://www.yokendo.co.jp/

ISBN978-4-8425-0466-7　C3053

PRINTED IN JAPAN　製本所　株式会社三水舎